L'ART

DE

CONSERVER ET DE NATURALISER

LES ANIMAUX

H.-L. Alph. BLANCHON

L'ART

DE

CONSERVER et de NATURALISER

LES ANIMAUX

(Vertébrés et Insectes)

ET

d'Utiliser leurs Dépouilles

(Fourrures, Plumes, etc.)

PARIS

GARNIER FRÈRES, LIBRAIRES-ÉDITEURS

6, RUE DES SAINTS-PÈRES, 6

1910

INTRODUCTION

Ce manuel a un double but : Il s'adresse aux naturalistes, aux collectionneurs d'objets d'histoire naturelle, aux entomologistes, leur indiquant les moyens les plus pratiques de conserver et de naturaliser les animaux, de former des collections d'insectes, de les préserver contre toutes causes de destruction. Mais tout le monde n'est pas naturalistes et les désirs plus modestes de plusieurs se résument à pouvoir garder comme souvenir d'une chasse heureuse la victime qui prouve l'adresse du chasseur, l'auteur n'a pas omis de traiter longuement l'art d'établir ces trophées qui peuvent décorer nos demeures. Une autre envie bien légitime vient à beaucoup, celle de pouvoir profiter d'une façon utile de la dépouille des animaux tués ; des chapitres spéciaux ont été consacrés à la préparation des fourrures, à la confection de tapis avec les peaux, à l'utilisation des plumes comme garnitures de chapeaux, de vêtements ; allant encore plus loin, l'auteur s'est efforcé de montrer le parti qu'avec un peu de soin on pourrait retirer des dépouilles, si souvent laissées de côté, de nos mammifères et oiseaux domestiques.

Ce volume est donc destiné non seulement aux naturalistes et entomologistes, mais aux chasseurs, aux pêcheurs, aux maîtresses de maison, en un mot à toutes les personnes qui habitent la campagne.

PREMIÈRE PARTIE

ANIMAUX
VERTÉBRÉS ET ARTICULÉS

L'Art de conserver les Animaux

CHAPITRE I

GÉNÉRALITÉS

On obtient la conservation des dépouilles des animaux, soit en enlevant les parties les plus putrescibles telles les chairs, les viscères et en enduisant les autres d'une préparation préservative, soit encore en les plongeant dans une liqueur conservatrice ou en injectant cette liqueur dans leurs veines, ou bien en les faisant dessécher et les mettant à l'abri des dévastations des insectes rongeurs de matières animales.

Nous décrirons ces divers procédés, mais auparavant il convient de passer en revue les principaux instruments nécessités pour la naturalisation des animaux, d'étudier les diverses préparations conservatrices.

OUTILLAGE DU NATURALISTE PRÉPARATEUR

1° **Scalpels.** — Le scalpel est un instrument tranchant à lame ouverte et à manche aplati à son extrémité. On s'en procurera de deux sortes, un scalpel ordinaire à un seul tranchant (*fig.* 1) et un scalpel à deux tranchants (*fig.* 2).

Fig. 1. — Scalpel à un seul tranchant.

Fig. 2. — Scalpel à deux tranchants.

2° **Pinces Brucelles.** — On choisira des pinces brucelles (*fig.* 3) de diverses grandeurs suivant les travaux à faire.

3° **Pinces à dissection** (*fig.* 4). — Ce sont des pinces de la forme des brucelles avec les extrémités légèrement recourbées et crénelées à l'intérieur, permettant de saisir les plus petits fragments de peau, muscles ou nerfs.

Fig. 3. — Pinces Brucelles.

4° **Pinces à bourrer ou pinces de chasse** (*fig.* 5). — Les pinces ordinaires sont souvent trop courtes pour certains travaux, il faut se procurer des pinces dites à bourrer, dont les branches sont très longues, elles servent à bourrer les animaux, quand on les met en peaux ou qu'on les prépare ; elles permettent aussi, lorsqu'on est en chasse, de fouiller dans les troncs d'arbres ou sous les rochers pour y récolter des insectes ou autres animaux.

Fig. 4. — Pinces à dissection.

Fig. 5. — Pinces de chasse ou à bourrer.

5° **Pinces longues à oreille** (*fig.* 6). — Seront également très utiles au préparateur, elles lui serviront à débourrer les parties

Fig. 6. — Pinces à longues oreilles.

qu'il veut retoucher; en chasse il pourra s'en servir
particulièrement pour saisir les
reptiles.

6° **Pinces diverses.** — Le matériel
comprendra aussi des pinces ordinaires à mâchoires plates (*fig.* 7),
à mâchoires ou mors ronds (*fig.* 8),

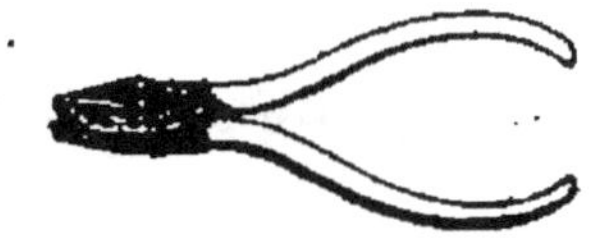

FIG. 7. — Pinces
à mâchoires plates.

qui serviront à monter les carcasses, et tordre ensemble les fils de fer qui les
composent ; des pinces coupantes (*fig.* 9) et même des
tenailles (*fig.* 10) qui serviront à
sectionner les dits fils de fer.

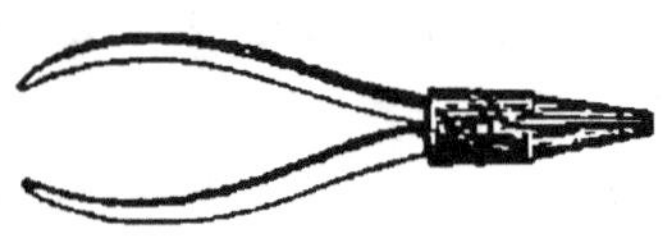

FIG. 8. — Pinces
à mâchoires rondes.

7° **Ciseaux.** — Les ciseaux
devront être de divers modèles. Les ciseaux ordinaires du commerce ont en gé-
néral l'axe des deux branches
trop près des oreilles, ne permettant pas à l'opérateur une
complète sûreté de main nécessaire pour les opérations délicates qu'il est obligé de faire,

FIG. 9.
Pinces coupantes.

il est préférable
d'adopter des modèles spéciaux.

Ce seront des ciseaux droits
(*fig.* 11), des ciseaux à branches
courbes (*fig.* 12) ; le modèle à
branches courbes est indispensable pour le dépouillement des

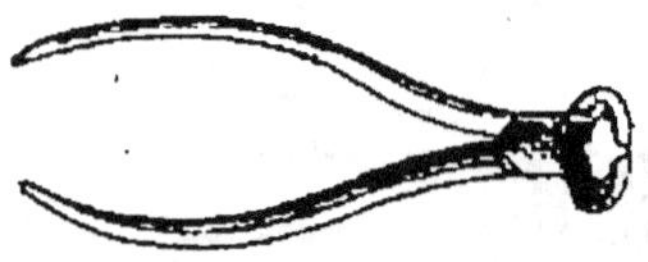

FIG. 10. — Tenailles.

oiseaux ou des petits mammifères, les lames recour-

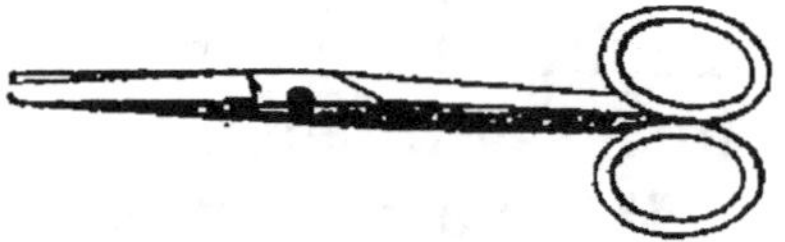

FIG. 11.
Ciseaux droits.

FIG. 12.
Ciseaux à branches courbes.

bées permettant de pénétrer dans les articulations

partout où ne peuvent aller les ciseaux droits. Une paire de très forts ciseaux, dits ciseaux à filasse (*fig.* 13)

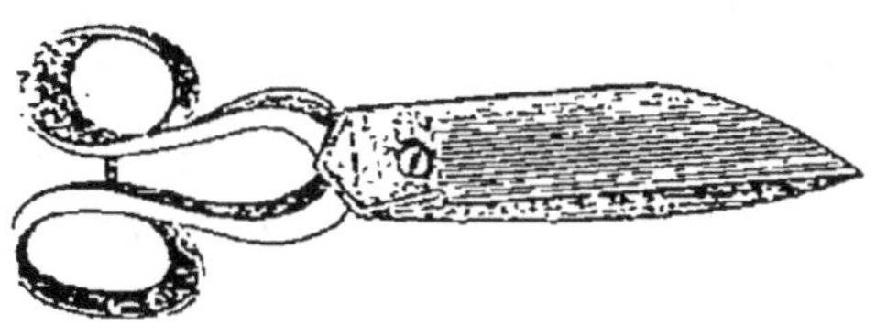

FIG. 13. — Ciseaux à filasse.

sera aussi très utile, non seulement pour couper le coton ou la filasse qui sert au bourrage, mais aussi lors du dépouillage pour dédoubler les peaux, enlever le muscle épidermique souvent fort adhérent, sectionner les os un peu fort, etc.

8° **Scie à os** (*fig.* 14). — La scie à os, munie d'une lame interchangeable, bien trempée et à dents très fines, est nécessaire pour scier les os, agrandir le trou occipital, etc. C'est une scie ordinaire à métaux genre Bocfil, mais on la

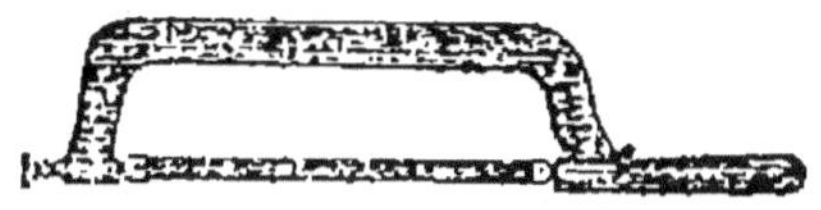

FIG. 14. — Scie à os.

réservera seulement pour le sectionnement des os.

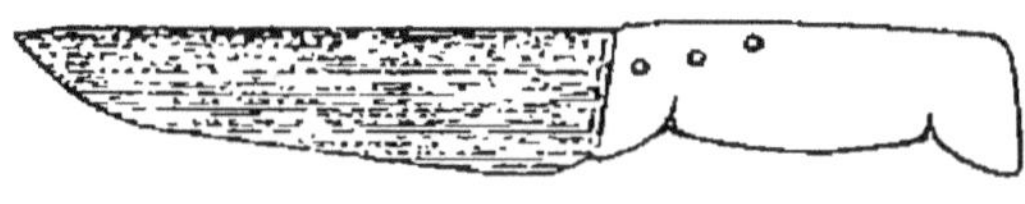

FIG. 15. — Couteau de naturaliste.

9° **Couteau de naturaliste** (*fig.* 15). — C'est un fort couteau, qui peut au besoin être remplacé par un couteau de cuisine et qui sert au dépouillement des gros sujets.

10° **Cure-crâne** (*fig.* 16). — Petit instrument en bois ou en

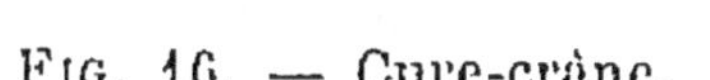

FIG. 16. — Cure-crâne.

acier qui sert à nettoyer l'intérieur du crâne des animaux dépouillés, à bien nettoyer la cervelle.

11° **Outils de menuisier.** — A cet outillage spécial du préparateur naturaliste, nous devrons ajouter tout un assortiment d'outils de menuisier qui nous serviront à faire les socles et supports pour monter les animaux et pour diverses opérations qui se présenteront lors des diverses phases de la naturalisation : ce sont des scies ordinaires, des rabots, des râpes à bois, des limes à bois et à métaux, des vrilles de différentes grosseurs, un marteau avec des pointes de diverses forces et différentes longueurs. Nous n'avons pas à entrer dans le détail de ces outils que tout le monde a sous la main.

12° **Pinceaux.** — Les pinceaux en poils, dénommés brosses par les peintres, nous seront aussi nécessaires pour étendre le préservatif dans l'intérieur des peaux et pour pouvoir atteindre tous les recoins, il en faudra de diverses grandeurs. L'étendage du vernis sur les reptiles, batraciens et poissons réclamera aussi des pinceaux en martre, d'autres encore seront utilisés pour peindre avec des couleurs à l'huile diverses membranes, le bec, les pattes, les pieds de certains sujets.

Enfin, il nous faudra un pinceau en poil de blaireau, connu dans le commerce sous le nom de *blaireau* tout court, pour lisser les plumes des oiseaux, et surtout épousseter les sujets.

13° **Brosses.** — Des brosses à habit, ou mieux des brosses fines à chapeau, nous serviront à lustrer les peaux des mammifères, à rabattre leurs poils, un peigne en cuivre ou en aluminium nous rendra également dans ce cas de grands services.

14° **Fournitures diverses.** — Une des fournitures des plus importantes est, sans contredit, le fil de fer qui servira à former les montures des animaux empaillés, il faudra le choisir galvanisé et bien recuit de façon qu'il puisse bien se plier et se tordre sans se casser. Le fil de fer se vend sous divers numéros se rapportant à la jauge, dite de Paris (*fig.* 17). Le bourrage exigera du coton cardé pour les petits sujets, de l'étoupe, filasse de lin ou de chanvre qui, suivant les cas, sera utilisée telle quelle pour garnir un os en l'enroulant tout autour, soit hachée pour garnir des cavités de petites dimensions. De la colle forte, du bois pour la confection des supports, des couleurs à l'huile, des vernis, etc.

Nous sommes forcément incomplet, d'ailleurs nous n'avons pas l'intention de faire une liste complète

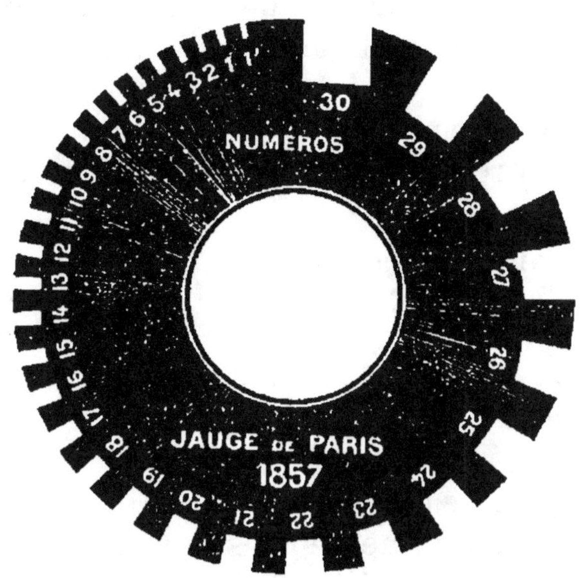

FIG. 17.

de tout ce qui est utile à un naturaliste préparateur et au collectionneur; nous avons voulu simplement résumer ce qui lui sera utile pour la généralité des travaux qu'il aura à exécuter, nous réservant, lors de la description de la façon d'opérer, de signaler les différents outils, les diverses fournitures qui lui seront nécessaires dans chaque cas.

DES PRÉSERVATIFS

1° **Préservatifs pour la conservation à l'état sec.** — Ces préservatifs ont pour but de rendre imputrescibles et de préserver de l'attaque des insectes la peau des animaux que l'on naturalise ou que l'on empaille après avoir ôté leurs viscères et autant que possible toutes les parties susceptibles de se corrompre facilement.

Les formules sont nombreuses, mais celle qui est le plus généralement suivie et qui donne les meilleurs résultats est celle communément appelée savon arsenical ou savon de Bécœur, du nom du pharmacien qui l'inventa.

Savon de Bécœur. — Le savon arsenical ou de Bécœur se prépare de la façon suivante :

Arsenic pulvérisé...............	1^{kg},000	
Sel de tartre...................	0	375
Camphre........................	0	150
Savon blanc....................	1	000
Chaux en poudre...............	0	250

On coupe le savon en très petits morceaux, on le met dans une terrine de grès sur un feu doux et on y met une petite quantité d'eau pour faire fondre à mesure que l'on remue avec une spatule en bois : lorsque le savon est bien fondu, qu'il ne reste aucun grumeau, on le retire du feu et l'on ajoute le sel de tartre pulvérisé, on remue jusqu'à ce qu'il soit bien fondu et mélangé, puis on ajoute par parties et successivement la chaux et l'arsenic ; le mélange prend de la consistance et on agite jusqu'à ce qu'il soit parfait, c'est-à-dire jusqu'à ce que les parties soient entièrement incorporées et fondues les unes avec les autres.

Lorsque le tout sera bien refroidi, on pensera à y ajouter le camphre, mais pas avant, car si la composition avait encore la moindre chaleur, celui-ci s'évaporerait en tout ou en partie. Pour cela, on le pulvérisera dans un mortier, en y mêlant un peu d'esprit de vin pour le rendre plus friable, ou bien, on le fera dissoudre dans une quantité suffisante d'alcool ; on remue avec la spatule jusqu'à ce que le mélange soit parfait, et le préservatif est bon à être employé au besoin. Pour le conserver, on le met dans un pot de grès vernissé à l'intérieur ou dans un vase de faïence, avec la précaution de le boucher le mieux possible et de le tenir dans un lieu frais pour qu'il ne se dessèche pas. Lorsqu'on veut s'en servir, on en met la quantité suffisante dans un petit récipient et à l'aide d'un pinceau dur, on le délaie dans l'eau jusqu'à consistance crémeuse, puis avec le même pinceau, on l'étend sur la peau ou sur la partie quelconque à conserver.

Ne pas oublier que le savon arsenical est un poison dangereux, il faut l'employer avec prudence et avoir la précaution de se nettoyer parfaitement le dessous des ongles avec une brosse en se lavant les mains, lorsqu'on quitte son travail, sinon on y éprouverait des douleurs, qui d'ailleurs n'auraient aucune suite dangereuse.

Si l'on ne veut pas se donner la peine de préparer soi-même son savon arsenical, on peut se le procurer en pains secs chez tous les fournisseurs pour naturalistes. Il est aussi loisible de faire exécuter la formule par un pharmacien.

Les formules suivantes sont des modifications souvent employées de celle de Bécœur :

(1)   Chlorure de mercure (sublimé)...   15 grammes
     Arsenic............................   15   —
     Alcool............................   7   —
     Camphre...........................   15   —
     Savon blanc.......................   180   —

(2)   Arsenic...........................   30 grammes
     Savon blanc.......................   30   —
     Carbonate de potasse.............   2   —
     Eau...............................   10   —
     Camphre...........................   3   —

(3)   Arsenic.......................   500 grammes
      Camphre   20   —
      Savon blanc................. 2000   —

En Angleterre pour éviter l'emploi toujours dangereux d'une préparation arsenicale, on utilise souvent
le produit connu sous le nom de *préservatif sans poison* de Brown, qui se prépare de la façon suivante :

      Blanc d'Espagne.............   750 grammes
      Savon blanc.................   225   —
      Chlorure de chaux   15   —
      Teinture de musc............   15   —
      Eau   500   —

Coupez le savon en petits copeaux, faites-le dissoudre dans l'eau bouillante et maintenez l'ébullition jusqu'à ce que le savon soit entièrement dissous,
ajoutez un peu d'eau pour remplacer celle qui s'est
évaporée, versez le blanc pulvérisé et mélangez bien.
Le tout doit avoir la consistance d'une crème épaisse,
ajoutez alors le chlorure de chaux en écartant la tête,
car il se produit alors des vapeurs désagréables. Laissez refroidir et ajoutez la teinture de musc. On peut
le conserver indéfiniment dans des vases bien bouchés ;
on l'applique tel quel ; si à la longue il s'épaissit, on
l'éclaircit par la simple addition d'un peu d'eau. Cette
préparation donne de bons résultats, mais point aussi
certains que le savon de Bécœur.

En voyage, si l'on n'avait aucun de ces préservatifs
sous la main, et qu'il fût difficile de s'en procurer, on
pourrait provisoirement les remplacer par une épaisse
solution de savon de Marseille, à laquelle on mélange
une forte quantité de poudre de Vicat (poudre de
pyrèthre) connue sous le nom de poudre à punaises
que l'on trouve partout, ou de tabac à priser. Les

fumeurs pourront incorporer avec succès dans la solution savonneuse de l'alcool qu'ils auront fait passer dans leurs tuyaux de pipe pour les nettoyer en dissolvant la nicotine. Dès qu'on le pourra, on remplacera ces préparations « de fortune » par du véritable savon arsenical.

2° Conservation par voie humide. — Les procédés par voie humide sont les seuls en usage pour la conservation de beaucoup d'objets d'histoire naturelle, tels qu'invertébrés à corps mous, petits crustacés, myriapodes, etc. Ils s'emploient de préférence pour les animaux qui comme les batraciens se prêtent mal à l'empaillage ou pour ceux auxquels on veut conserver la souplesse des tissus, qui facilite les recherches que l'on n'a pu faire sur le vivant.

Choix du liquide conservateur. — Le liquide conservateur varie selon les objets. On emploie le plus souvent l'alcool pour les grandes pièces et la glycérine pour les petites, très délicates.

Les zoologistes préfèrent parfois à l'alcool, très coûteux, les liquides composés comme ceux de Goadly, de Challande, de Lataste, etc.

La liqueur de Goadly a l'avantage, sur l'alcool, d'être plus économique et non volatile, elle convient aux animalcules non revêtus d'une enveloppe calcaire, aux tuniciers, aux mollusques nus, etc., en voici la formule :

Sel marin	140 gr.
Sublimé	0 — 3
Alun	70 —
Eau bouillante	2 litres 1/2

La liqueur de Challande est employée pour conserver les espèces marines, acalèphes, holothurides, bryozoaires, tuniciers, poissons, elle se compose de :

Alcool (85° à 90°)............... 100 parties
Glycérine................... 100 —
Eau de mer.................. 800 —

M. Lataste indique la préparation suivante pour la conservation *provisoire* des vertébrés :

Eau............................... 1 litre
Acide phénique cristallisé.......... 5 gr.
Alcool à 90° .... 5 —

L'alcool seul a toujours le grave défaut d'altérer et le plus souvent d'effacer les couleurs qui sont le spécimen. M. Fabre-Domergue a fait des recherches qui l'ont conduit à trouver la formule du sirop suivant qui jouit de la propriété de conserver les pigments colorés :

Sirop de glucose dilué par l'eau
   (25° de pèse-sel)............... 1000 parties
Glycérine blanche............... 100 —
Alcool méthylique............... 200 —
Camphre .... à saturation

On dissout la glucose dans de l'eau chaude, et, après refroidissement, l'on ajoute la glycérine, l'alcool et quelques pincées de camphre en poudre. Ce mélange étant toujours acide, doit être neutralisé par l'addition d'un peu de lessive de potasse et de soude. Après filtration au papier on laisse flotter sur la liqueur quelques fragments de camphre. Ce liquide convient très bien pour la conservation des crustacés à test solide de couleur bleue, rouge ou verte et de certains échinodermes. Les animaux mous y gardent pour la plupart leur coloration, mais en se contractant beaucoup, même en prenant la précaution de les faire passer d'abord dans des dilutions faibles. Les crevettes, toutefois, y ont pris la coloration rouge, sans doute due à l'alcool, et peut-être pourrait-on, dans ce cas, utiliser le chlorure de carbone dont M. Pouchet s'est servi avec succès pour conserver le pigment bleu du homard.

Enfin, d'après M. J. Poisson, du Museum, on obtient une conservation parfaite de tous les échantillons botaniques et zoologiques avec l'acide salicylique à la dose de 2 grammes par litre d'eau. L'acide salicylique est une poudre blanche très légère et ne coûte que 25 francs le kilogramme, c'est donc un antiseptique très facile à transporter, et très économique, qu'il est bon de recommander plus particulièrement aux naturalistes voyageurs.

Quel que soit le liquide employé, il ne doit pas titrer plus de 16 à 22 degrés de l'aréomètre Baumé; plus fort il décolore complètement la pièce qu'il imbibe, la momifie et la rend complètement méconnaissable. Il ne doit pas non plus être trop faible, car les animaux pourraient s'y corrompre.

Il arrive fréquemment que certaines espèces d'une nature molle et spongieuse décomposent l'alcool dans lequel on les met et lui font perdre ses propriétés. Dans ce cas il faut prendre des vases assez grands pouvant contenir un volume de liquide cinq à six fois supérieur à celui de l'animal, afin que l'eau contenue dans le corps de ce dernier n'affaiblisse pas sensiblement la liqueur. Il faut avoir soin de renouveler le liquide au premier signe de fermentation lorsqu'il se colore en jaune, ou du moins de filtrer l'ancien et d'augmenter son degré en ajoutant de l'alcool.

Mise en flacon. — Généralement, on n'a qu'à laver soigneusement les pièces à l'eau ou à l'alcool faible, avant de les conserver définitivement en bocal, mais certaines espèces demandent cependant des procédés spéciaux.

Les annélides marins doivent auparavant subir un

bain prolongé dans de l'alcool méthylique très fort, ou dans une solution d'acide picrique et d'acide sulfurique dont on aura augmenté progressivement le degré de saturation. L'acide chromique en solution faible est employé pour les lombrics.

On prévient toute altération des acalèphes frêles et gélatineux en les immergeant pendant un quart d'heure dans une solution d'acide osmique au millième, ce qui durcit leurs tissus sans modifier leur apparence primitive.

Pour conserver les reptiles écailleux et les mammifères chez lesquels l'endosmose à travers la peau est très difficile et très lente, il faut avoir soin d'ouvrir proprement le ventre par une incision longitudinale, afin que le liquide puisse rapidement imprégner les chairs.

Lorsqu'on s'est assuré que le sujet, quel qu'il soit, est parfaitement imbibé de la liqueur préservatrice, on le dispose dans le flacon de façon à ce qu'il soit bien étalé et qu'il conserve une attitude naturelle.

Quelques animaux comme les radiolaires et les infusoires se contractent par la mort violente, on a avantage à les anesthésier d'abord, puis à les tuer avec une solution de chloral ou de chlorhydrate de cocaïne; on les fixe ensuite par l'acide osmique au centième.

Pour faire étaler les limaces, arions, etc., on les plonge pendant quelques heures dans une légère infusion de tabac.

Dans certains cas, on est obligé de suspendre les pièces dans les bocaux. On emploie pour cela des boules de verre soufflé, vendues sous le nom de flotteurs, terminées par un anneau, qui surnagent sur la liqueur en soutenant les préparations. Ce moyen convient parfaitement pour les petites espèces; mais pour les grosses, il est préférable de se servir de crins blancs ou de fils de soie, dont on fixe les extrémités au bouchon ou sur les bords du bocal au moyen d'un peu de mastic de vitrier.

·Pour les vers et les serpents très longs, on dispose au milieu du bocal un vase cylindrique d'un diamètre plus petit, autour duquel on enroule l'animal en éloignant du corps le tête et la queue.

S'il y a plusieurs animaux ensemble dans le même bocal — ce que l'on ne saurait trop éviter — il faut veiller à ce que chacun soit bien entouré de liquide.

Fermeture des bocaux. — La forme de flacons la meilleure est un cylindre supporté par un pied (*fig.* 18)

Fig. 18.
Bocal
à pied.

mais les bocaux ordinaires à bouchon de liège ou de verre rendent aussi de grands service, surtout pour les collections d'amateurs destinées à changer souvent de local.

La grande difficulté, c'est la fermeture. L'alcool, qui est le liquide conservateur le plus employé, est très volatil ; de plus, il attaque le liège et le caoutchouc, dissout les cires et les corps gras. Lorsqu'on est forcé d'user de bouchons de liège, il faut choisir des flacons dont le goulot soit aussi étroit que possible afin de diminuer la surface d'évaporation et avoir soin de recouvrir les bouchons d'une feuille d'étain.

Lorsque les flacons sont à bouchon de verre, on rend le bouchage à peu près hermétique avec de la cire à modeler, insoluble dans de l'alcool.

Le bouchon rodé à l'émeri est préférable au bouchon de verre ordinaire, parce qu'il ferme plus justement et qu'il empêche ainsi presque complètement la volatilisation du liquide ; malheureusement il est presque impossible à sortir même en chauffant le goulot une fois qu'on l'a fortement enfoncé. On peut obvier à cet inconvénient en contournant en double anneau autour du bouchon une feuille d'étain coupée en bande, ce qui permet de le presser autant qu'on le veut et, au besoin, d'ouvrir facilement le bocal.

Voici un excellent procédé de fermeture indiqué par M. Lauth :

« Appliquer sur toute la circonférence du bord une traînée de mastic de vitrier et placer par-dessus un disque de verre épais, dont la forme correspond exactement à celle du bord ; le disque doit se reposer sur le bord du bocal et non le dépasser. On presse le couvercle sur le mastic, de manière à aplatir un peu ce dernier. Il faut que les parties du verre que l'on met en contact avec le mastic soient bien sèches, sans quoi ils n'adhéreraient pas. On passe ensuite par-dessus le couvercle un morceau de vessie de cochon bien ramollie dans de l'eau et on le fixe au col du vase au moyen de plusieurs tours de ficelle. Quand la vessie est bien sèche, on la recouvre d'une couche de vernis coloré. Quelques-uns conseillent pour mettre en équilibre l'air extérieur et le niveau du liquide, de faire passer une épingle à travers la vessie et le mastic, entre le couvercle et le bord du bocal, de manière à y former une très petite ouverture. Sans cette précaution, le couvercle se brise aux changements de température, s'il n'est pas très épais. »

On recouvre parfois la vessie d'une feuille d'étain, cela est plus élégant, mais moins pratique, car si on ne le fait point, on peut inscrire sur la vessie une foule d'indications utiles sur le spécimen que renferme le bocal.

Quelquefois au lieu de luter avec du mastic, on se contente simplement d'envelopper le disque et le haut du flacon de feuilles d'étain collées avec de la gomme arabique et de couvrir le tout d'un parchemin mouillé et tendu.

Certaines personnes conservent les serpents dans

des tubes fermés à la lampe, ce qui rend l'évaporation impossible, mais ce procédé n'est pas à conseiller parce qu'il faut briser le tube, quand pour une raison ou une autre on veut sortir l'animal.

Les bocaux doivent autant que possible être tenus dans un lieu obscur : on conserve ainsi beaucoup de teintes et de nuances naturelles.

3° Des bains. — Chez les mammifères la peau est d'une épaisseur telle que le savon arsenical ne peut la pénétrer assez pour la préserver suffisamment. On est dans l'obligation de lui faire subir avant de la monter un tannage préalable, qui s'obtient en la faisant séjourner un temps plus ou moins long dans une solution conservatrice, *un bain* en terme de métier, dont l'alun forme la plupart du temps la base. Devant nous étendre longuement sur les procédés de conservation des peaux, nous ne nous occuperons pas ici de la composition de ces bains, renvoyant le lecteur aux pages où leur composition et leur emploi sont traités avec tous les détails voulus.

4° Conservation par injection de liqueur conservatrice. — On peut conserver des animaux de petite taille en leur faisant des injections d'éther et en les faisant dessécher ensuite, voici comment il convient d'opérer, ainsi que nous l'explique Boitard : « On arrache par l'anus les viscères contenus dans le bas ventre, on bouche parfaitement avec de petits tampons de coton les trous que peuvent avoir fait les plombs du coup de fusil, puis on vide la tête en perçant le crâne dans l'orbite d'un œil et en tirant la cervelle avec un cure-dent, on y introduit de l'éther et on remplit ensuite le crâne et les orbites et le bec avec du coton. Cela fait, on se procure une petite seringue à injections et par l'anus, on injecte une bonne quantité d'éther. Le jour suivant, on recommence cette opération mais par le bec, après avoir tamponné l'anus et l'on continue ainsi jusqu'à ce que le corps, entièrement desséché et durci par le racornissement des muscles, n'ait plus rien à craindre de la putréfaction. »

M. de Brevans donne aussi les détails suivants sur le procédé de conservation par injection. « L'échantillon à préparer (pièce anatomique, petits animaux) est soigneusement lavé et injecté, autant que possible avec une solution antiseptique (solution concentrée d'acétate d'alumine, de chlorure de zinc, de borax ou d'acide borique ; solution alcoolique d'acide phénique), puis placé sous une cloche au-dessus d'un vase contenant une substance desséchante. Dans mes essais, j'ai fait usage d'acide sulfurique ; on peut employer également l'acide phosphorique, le chlorure de calcium ou la chaux vive ; cette dernière substance a l'avantage d'être d'une manipulation facile et la plus à la portée de tout le monde.

« La substance desséchante doit être renouvelée assez souvent, si la pièce à préparer est d'un volume assez considérable ; il y a même grand avantage à opérer la dessiccation dans le vide, si on dispose des appareils nécessaires pour l'obtenir.

« Pour la préparation des petits animaux, il est nécessaire d'enlever préalablement les viscères et de remplir la cavité abdominale d'ouate fortement imbibée de la solution antiseptique ; on arrivera même avec certaines précautions, à la naturalisation presque complète, la déformation est très faible dans les conditions où se fait l'expérience, la dessiccation se produisant graduellement et très lentement. Pour les autres échantillons, les précautions indiquées plus haut sont suffisantes.

« J'ai préparé de la sorte des poissons, des oiseaux et même un pied de cheval ; la conservation de ces pièces était assurée après un séjour d'un mois dans le milieu desséchant et, en effet, le pied de cheval me sert de presse-papier depuis sept ans et il n'a subi aucune altération.

« Lorsqu'on fera usage de l'acide sulfurique, qui est la substance déshydratante qui conviendrait le mieux, sans le danger que présente sa manipulation, on évitera l'emploi d'un grand excès de réactif, en prenant le soin de disposer au fond du vase une couche de sable siliceux grossier, de pierre ponce concassée ou de verre pilé, que l'on imbibera d'acide ; cette masse, étant très poreuse, absorbera plus rapidement l'humidité que l'acide employé seul ; elle devra aussi être renouvelée plus souvent. »

Malgré les excellents résultats obtenus par M. de Brevans, nous considérons ce mode de conservation comme peu intéressant ; d'abord la déformation, le raccornissement plus ou moins sensible dénature l'aspect de l'animal, en outre, si sur certains échantillons comme sur un sabot de cheval cette déformation est de peu d'importance, il faut reconnaître que la préparation demande un temps considérable et des soins répétés qui font donner la préférence aux procédés ordinaires de naturalisation.

CONSERVATION DES ANIMAUX NATURALISÉS

Les animaux naturalisés ont trois grands ennemis : 1° la lumière ; 2° l'humidité ; 3° les insectes dévastateurs.

1° **La lumière.** — Si la lumière et le soleil en particulier n'amènent pas en réalité la destruction des animaux empaillés, elle joue néanmoins une action néfaste en faisant pâlir leurs couleurs au point de les faire passer et de les détruire complètement chez certains spécimens comme les poissons et les reptiles.

Le remède est bien simple, il suffit de maintenir les collections dans un local sombre ou mieux dans des armoires vitrées munies de rideaux, on ne les exposera à la lumière que lorsqu'on voudra les examiner.

2° L'humidité. — L'humidité est plus dangereuse que la lumière, car non seulement elle détruit les couleurs mais les tissus eux-mêmes. Lorsque les oiseaux et les mammifères sont exposés à l'air humide, la peau se ramollit et ses fibres se relâchant laissent échapper les plumes ou les poils, les moisissures s'emparent des pattes et du bec, en rongent l'épiderme coloré et laissent l'os à nu, les fils de fer de la monture s'oxydent et se cassent, détruisant eux-mêmes toutes les parties qu'ils touchent; en un mot c'est une décomposition générale.

Sur les serpents, les poissons, l'humidité cause tantôt des moisissures qui s'étendent rapidement détruisant la peau, tantôt des taches brunes qui détruisent les couleurs et corrompent l'épiderme.

Il est donc de toute nécessité de placer les collections dans des pièces très sèches, et, si on les maintient enfermées dans des armoires, il est utile d'y disposer un récipient contenant du chlorure de calcium, qu'on changera de temps en temps; cette substance absorbera l'humidité à l'air.

3° Insectes. — Nous n'essaierons pas de cataloguer les nombreux insectes : *dermestes, teignes, anthrènes, bruches* qui s'attaquent aux plumes, au poil et à la peau même des animaux naturalisés, plus ils sont petits plus ils sont dangereux, car ils se glissent, invisibles, partout. Ils se glissent dans les plumes, dans le poil, dans tous les tissus qui ne sont pas bien pénétrés de préservatifs, ils les rongent; les reptiles, les poissons deviendraient aussi rapidement leur proie, si leur peau nue ne laissait apercevoir aussitôt leurs dégâts, permettant d'y mettre promptement ordre.

Lorsque les pièces sont enfermées dans des vitrines, le meilleur moyen de se préserver des insectes est de placer dans un coin du camphre et de la naphtaline en boule, en ayant soin de remplacer ces substances dès qu'elles se sont évaporées.

Les mammifères seront visités assez fréquemment, battus à l'aide d'une baguette tous les mois et brossés soigneusement tous les ans au printemps, non seulement afin d'enlever la poussière mais aussi pour chasser les insectes et expurger leurs œufs. Si on les croit tant soit peu attaqués, le mieux est de passer sur tout leur corps une forte couche d'une liqueur composée de 45 grammes de sublimé dissous dans 2 litres d'alcool, l'alcool ne pouvant dissoudre tout ce sublimé, décantez et conservez le dépôt pour une nouvelle préparation ; ajoutez à la solution 2 litres d'eau.

Pour les oiseaux les visites fréquentes sont aussi nécessaires, on les époussètera soigneusement avec un blaireau et on les induira de benzine si on les croit attaqués par les insectes. On peut aussi les enduire avec une solution de sublimé ainsi faite : faites dissoudre du sublimé à saturation dans de l'alcool, puis ajoutez progressivement de l'alcool jusqu'à ce qu'une plume noire trempée dans la solution, puis séchée, ne montre pas trace de dépôt blanchâtre.

Pour les poissons et les reptiles, il suffira en général de les enduire une fois l'an d'essence de térébenthine ; s'ils sont particulièrement attaqués, il faudra utiliser les solutions au sublimé et y revenir à plusieurs reprises.

En tout cas si un sujet quelconque est envahi par une certaine quantité de ces parasites, il ne faudra le remettre auprès des autres que lorsqu'on se sera assuré que tous les insectes qu'ils portaient sont bien détruits.

Enfin, si un animal est particulièrement attaqué, le mieux est de le placer durant quelques heures dans une étuve chauffée à une température assez grande pour tuer les insectes, leurs larves, leurs œufs, mais pas assez elevée pour détériorer les plumes ou le poil, par exemple celle d'un four dont on vient de sortir le pain.

CHAPITRE II

LES OISEAUX

CHASSE, DÉPOUILLEMENT, MISE EN PEAU

Nous abandonnons la classification habituelle en commençant par les oiseaux, pour deux raisons : d'abord, parce que ce sont les êtres que l'on a le plus souvent l'occasion de naturaliser, et, ensuite, parce que leur préparation étant plus aisée servira en quelque sorte d'introduction aux opérations un peu plus difficiles que nécessitent les mammifères.

CHASSE

Bien entendu, il n'est point dans notre intention de faire ici un traité de chasse, et nous laisserons absolument de côté les moyens de se procurer des oiseaux ; il existe des traités fort bien faits à ce sujet et nous y renvoyons le lecteur, nous contentant de lui indiquer comment il devra s'y prendre pour conserver dans les meilleures conditions possibles les victimes qu'il vient de faire.

Quel que soit le mode de chasse adopté — et ils sont nombreux, fusils, filets, pièges, glue, etc., — le naturaliste devra toujours emporter avec lui une petite provision de papier, de coton cardé, de filasse hachée, de plâtre pulvérisé. Il se munira aussi d'une pince brucelles. Le transport des prises s'effectuera dans la

carnassière habituelle du chasseur, c'est une erreur
de croire que les oiseaux sont plus à l'abri de la chaleur dans une boîte en fer-blanc comme celles utilisées pour les herborisations ; l'expérience apprend
bien vite que de pareilles boîtes hâtent la décomposition au lieu de la retarder ; quand on vient de tuer
un oiseau, on commence par jeter abondamment du
plâtre sur ses blessures, afin d'en absorber le sang.
Si elles sont trop larges et trop profondes pour que
le plâtre suffise, on y introduit un peu de coton ou
d'étoupes et on saupoudre le tout.

On passe ensuite un fil dans la mandibule supérieure en le faisant passer de l'intérieur du bec en
dehors, ce fil servira à suspendre l'oiseau de façon à
permettre aux plumes de reprendre leur position naturelle.

Le bec de l'oiseau sera soigneusement visité pour
le débarrasser de tous les corps étrangers qu'il pourrait contenir. Il faut ensuite ouvrir le bec de l'animal
et y verser une certaine quantité de plâtre et l'on
tamponne le fond de la gorge avec une forte bourre
de coton cardé. Cette précaution est indispensable,
car les gros oiseaux, les Rapaces en particulier, dégorgent après leur mort par le bec et les narines une
humeur fétide et gluante à odeur nauséabonde dont
il est bien difficile de débarrasser le plumage ; aussi
certains naturalistes ont-ils également le soin de
boucher au plâtre les narines, opération plutôt dangereuse, car on peut en altérer la forme et détruire
ainsi des caractères souvent très importants. Cette opération n'est point du reste indispensable, si l'on a soin
d'enfoncer le tampon de coton bien avant dans la
gorge, interceptant ainsi la communication des fosses
nasales avec l'œsophage.

S'il s'agit d'un oiseau pêcheur, un héron, par
exemple, il faut non seulement visiter le bec, mais

encore vider complètement l'œsophage. Pour cela on suspend l'oiseau par les pattes et l'on presse légèrement le cou de distance en distance en commençant par la poitrine et arrivant peu à peu jusqu'au bec, en prenant grand soin de ne pas renverser et surtout briser les plumes. Les aliments refluent ainsi vers le bec et l'opération terminée on saupoudre de plâtre et on tamponne avec du coton.

Il est bon, surtout durant les chaleurs, pour assurer une plus longue conservation du sujet, de verser quelques gouttes d'acide phénique et d'imbiber également de ce liquide le coton qui forme le tampon.

Ces précautions prises, l'opérateur saisit l'oiseau par le bec ou mieux par le fil passé au travers des narines et souffle fortement d'en haut en bas dans la direction des plumes de la tête et du cou afin de les ramener dans leur position naturelle.

On fait ensuite avec du papier gris ou mieux du buvard un cornet d'une capacité proportionnée au volume de l'oiseau, on prend celui-ci par les pattes et par la queue, puis on l'introduit la tête première dans le cornet qu'on ferme en évitant de froisser les plumes de la queue et des ailes.

Si l'oiseau est trop gros pour pouvoir être renfermé dans un cornet, on lui enveloppe la tête et le cou dans du papier, et après en avoir entouré le corps, on le place dans la carnassière, mais, dans ce cas, il ne faut pas oublier de mettre dans un coin particulier les cornets contenant des oiseaux de petite espèce pour que le poids des gros spécimens ne les écrase pas.

L'oiseau pris à un piège quelconque doit être étouffé sur-le-champ; il suffit pour cela de le saisir sous les ailes avec le pouce et l'index et d'exercer une forte pression sur les parties latérales de la poitrine; au bout de quelques instants il a cessé de vivre.

Il peut arriver que, lorsqu'on est en chasse, surtout

dans les contrées éloignées, qu'il ne soit pas possible de préparer dans les délais habituels les oiseaux tués, il faut donc retarder le plus possible la putréfaction. Il est évident que l'emploi de la glace est tout indiqué, mais généralement ce produit manque justement dans les circontances où la prolongation de la conservation est nécessaire. Dans ce cas on peut opérer comme suit : Chaque sujet étant soigneusement placé dans un cornet de papier, on dispose au fond d'une boîte, d'une caisse quelconque, une couche de 10 centimètres de charbon de bois pilé, bien sec ; on place au-dessus les cornets en ayant soin de maintenir entre eux une distance de 10 centimètres, on recouvre le tout d'une couche de charbon pilé de la même épaisseur que la première, on peut faire ainsi plusieurs lits d'oiseaux.

On peut ainsi prolonger leur conservation d'une huitaine de jours et plus, suivant la température extérieure, mais il faut avoir grand soin toutes les fois que l'on touche à la caisse de ne découvrir que le seul oiseau qu'on veut préparer.

Certains explorateurs ont utilisé, avec le même succès, du sable fin ramassé au bord de la mer et bien séché au soleil tout en lui conservant tout son salin.

On prend parfois les oiseaux avec la glu ; ils sont souvent fort abîmés, car ils ont laissé partie de leurs plumes aux gluaux ; pourtant si un sujet rare a conservé assez de plumes, on peut tenter de le préparer. Voici d'après Boitard comment il convient d'opérer pour enlever la glu : « On se procurera du beurre frais et on en frottera les plumes tachées jusqu'à ce que la glu et le beurre soient parfaitement mélangés, ce que l'on reconnaîtra lorsque cette matière aura cessé d'être gluante. Alors avec le tranchant d'un scalpel ou d'un couteau, on raclera les plumes une à une, de manière à ne laisser sur leurs barbes que le moins gros possible, puis on les lavera avec de l'eau contenant une forte dissolution de potasse ; quand on s'apercevra que la graisse est bien enlevée, on les lavera une seconde fois avec de l'eau pure et on les séchera avec de la poussière ou du plâtre.

« S'il arrivait que l'on ne puisse se procurer de la potasse, on y suppléerait en remplissant de cendres jusqu'à la moitié de sa hauteur un gobelet de verre ou un autre vase de cette dimension, en achevant de le remplir avec de l'eau très pure et on la laisserait reposer sur la cendre pendant 24 heures ; au bout de ce temps, on la verserait dans un autre verre, lentement et avec adresse pour ne pas la troubler en la mêlant avec les cendres déposées au fond du vase et on s'en servirait comme on aurait fait de la dissolution d'eau de potasse. On peut encore employer, mais avec moins d'avantage, de l'eau de savon très épaisse et dans ce cas il faut laver plusieurs fois de suite avant de réussir à nettoyer complètement les plumes. Enfin, quelques préparateurs, après avoir frotté les plumes avec du beurre, versent dessus de l'éther sulfurique qui dissout le corps gras, puis ils se contentent de faire ensuite quelques frictions avec un peu d'étoupe pour sécher les plumes. Cette méthode est sans contredit la plus expéditive, mais elle a l'inconvénient de roussir la robe de l'oiseau et de le priver par là de sa principale beauté, qui est toujours la fraîcheur. »

Lorsqu'on habite les grandes villes, un excellent moyen de se procurer des oiseaux, des raretés qu'il serait parfois difficile de trouver autrement, consiste à visiter les halles durant la période de l'ouverture de la chasse. Pourtant avant d'acheter les spécimens voulus que l'on vous vendra comme gibier, il convient d'examiner attentivement si l'animal est dans un état lui permettant d'être monté plus tard. Le premier coup d'œil se portera sur les pattes, le bec, et les grandes pennes des ailes et de la queue.

Lorsqu'il ne manque aucune de ces parties indispensables, lorsqu'elles sont bien entières, il convient de s'assurer que le crâne n'est point fracassé. Beaucoup de chasseurs ont l'habitude d'écraser avec le pouce la tête des oiseaux pris au filet ou d'achever ceux qui sont blessés en frappant fortement leur tête contre la crosse de leur fusil, ou encore de les envoyer à trépas avec un coup de talon de leurs bottes appliqué sur la tête ; dans tous ces cas la mort provenant d'une fracture du crâne, qui est sans inconvénient pour le consommateur, est d'une grande importance pour le naturaliste, car si la boîte crânienne est brisée, il est très difficile de rendre à l'animal la vraie forme de sa tête ; en outre, l'extrémité d'un des fils de la carcasse métallique devant justement s'appuyer sur le crâne, l'oiseau monté manquera toujours de solidité.

Un autre point essentiel à considérer, c'est l'état de fraîcheur du sujet. Il doit être dans un état de conservation suffisante pour que les plumes restent attachées à la peau lorsqu'on l'écorchera. L'odorat ne donne pas toujours une indication bien précise, car la blessure peut déjà dégager une odeur infecte alors que le restant du corps ne soit pas trop décomposé pour l'œuvre du naturaliste. Le meilleur examen consiste en celui des petites plumes qui garnissent l'extrémité du bec et des joues : si elles restent solidement fixées à la peau, l'oiseau peut se monter, si au contraire elles restent attachées au doigt que l'on passe à leur surface, si la peau paraît humide sur les points où ses petites plumes ont été enlevées, on ne doit pas tenter la préparation ; durant l'opération l'animal se déplumerait entièrement et tomberait même en lambeaux.

Lorsqu'on doit envoyer des oiseaux pour les faire préparer par un naturaliste, il est bon de faire l'expédition le plus tôt possible et de mettre dans le bec, autour des yeux et sur la blessure ainsi que sur les parties environnantes du gros sel, afin d'empêcher les mouches de pondre en ces endroits.

PRÉPARATION DES OISEAUX

La préparation des oiseaux, comme celle de tous les vertébrés, comporte deux opérations bien distinctes : le *dépouillement* et le *montage* ; nous pourrions en vérité en indiquer une troisième qui, après le dépouillement, consiste à bourrer la peau sans procéder au véritable montage, cette *mise en peau* permettra d'attendre, sans crainte de voir la dépouille s'abîmer, le moment où l'on voudra pratiquer le montage. Quelques amateurs préfèrent d'ailleurs garder leurs spécimens en peau, trouvant une plus grande facilité à conserver ainsi une collection qui, moins encombrante, peut être conservée dans des tiroirs.

DÉPOUILLEMENT

Outils et accessoires. — Le seul outil vraiment *indispensable* est un instrument bien tranchant, bien affilé, canif, rasoir, tranchet ou mieux un scalpel spécial. Lorsqu'il s'agit de petits oiseaux, il est utile, et nécessaire pourrions-nous dire, d'avoir sous la main une pince *brucelles* pour soulever la peau au fur et à mesure qu'on la détache du corps avec la lame, car avec les doigts on risquerait de l'endommager.

A ce matériel des plus réduits, il convient d'ajouter quelques accessoires utiles qui, sinon indispensables, rendront des services aisés. D'ailleurs ce travail est des plus faciles, il ne demande que quelques précautions toujours faciles à prendre.

Ainsi au lieu de déposer l'oiseau sur une table, il y aura avantage à le mettre sur une planche carrée de petites dimensions que l'opérateur placera sur ses genoux et qu'il lui sera loisible de retourner dans tous les sens avec la plus grande facilité.

Cette planche sera recouverte d'un linge, qui empêchera les plumes de se froisser et offrira au praticien toujours de quoi s'essuyer les doigts ou nettoyer ses instruments.

A portée de main se trouvera habituellement **un bol** rempli de plâtre fin ou à la rigueur de cendres tamisées ; il importe que les plumes ne soient point collées ou salies par les surfaces sanguinolentes mises à nu, en les saupoudrant de ce plâtre ou de cendres, on évite sûrement cet accident.

Il faut aussi préparer à l'avance du coton, de la filasse, pour pouvoir bourrer immédiatement les cavités d'où s'échapperaient des humeurs.

Une petite spatule en bois de 18 à 20 centimètres de longueur que l'on pourra fabriquer soi-même en taillant un morceau d'une essence dure en forme de rame de bateau et en le polissant bien au papier de verre, sera aussi très avantageuse pour bourrer avec son côté rond les cavités de coton ou d'étoupe et avec son côté plat pour aider à soulever la peau incisée par le scalpel.

Ajoutons aussi une pince coupante, qui servira à casser l'os des ailes lorsqu'on aura à traiter des oiseaux de taille un peu forte.

Du fil et des aiguilles compléteront le matériel.

Le savon de Bécœur est le préservatif généralement adopté, on s'en munira d'une certaine quantité ainsi que d'un pinceau pour pouvoir l'étendre à l'envers de la peau.

Précautions préliminaires. — Nous avons déjà indiqué comment il fallait traiter les oiseaux qui venaient d'être tués pour éviter que leur plumage ne soit sali, mais malgré tous les soins pris, il peut arriver que pendant le transport les plumes soit souillées, il se peut aussi que l'oiseau soit envoyé par un correspondant ignorant les précautions nécessaires pour une bonne année. Voici comment il convient d'agir dans ces deux cas et cela sans aucun retard, avant si possible que le sang ou les matières visqueuses ne se soient desséchés sur les plumes.

Prenez un peu d'eau dans laquelle vous avez fait dissoudre un peu de savon, puis avec un pinceau pas très dur que vous tremperez souvent dans l'eau, lavez soigneusement les taches en ayant grand soin que le liquide sanguinolent qui coulera ne touche pas aux autres plumes ; lorsque toutes les taches auront disparu, rincez encore à l'eau claire à l'aide d'un pinceau et essuyez avec un linge très sec et très mou (un chiffon usé par exemple).

Il faut ensuite sécher le plumage d'une façon absolue, pour cela prenez de l'argile smectique très sèche et bien pulvérisée (terre à foulon ou terre de Sommières que l'on trouve chez tous les droguistes) ou à son défaut simplement du plâtre, couvrez les parties mouillées avec cette poudre et, dès qu'elle est imbibée, faites-la tomber pour faire une nouvelle application et cela plusieurs fois de suite, soulevez à l'aide d'un canif les plumes encore mouillées pour que l'argile pénètre jusqu'à la peau et au bout de quelques minutes le plumage absolument sec aura repris toute sa fraîcheur.

Il ne faut pas craindre que l'argile ou le plâtre altère les plumes et leur éclat, il suffit pour faire disparaître jusqu'à la dernière parcelle de diriger jusqu'au fond du duvet le souffle d'un puissant soufflet.

Lorsque, par l'effet d'une blessure, de la graisse a transsudé et a sali quelques plumes, on l'enlève aisément en frottant avec un pinceau chargé d'essence de térébenthine, on rince avec un pinceau à l'eau claire et on sèche avec de l'argile, comme il est dit plus haut.

L'oiseau étant alors bien propre, on change les tampons des blessures et du bec, et on met de nouveau dans le bec une pincée de plâtre et un nouveau tampon pour éviter que durant le dépouillement les liquides de l'œsophage ne salissent l'animal. Enfin on passe un fil sous la mandibule inférieure et on fait un nœud aux deux extrémités de ce fil sur l'os frontal, afin de tenir le bec fermé : on laisse aux deux extrémités du fil au-dessus de ce nœud une longueur un peu égale à celle de la tête et du cou réunis.

On peut alors procéder au dépouillement. Il est pourtant bon avant d'aller plus loin de prendre quelques mesures qui seront fort utiles lors du montage de la pièce, ce sont : 1° la longueur du cou ; 2° la longueur du corps depuis la naissance du cou jusqu'au croupion ; 3° la distance des épaules à la naissance des cuisses ; 4° la distance du bout des ailes au bout de la queue.

Les diverses méthodes de dépouillement. — Tous les naturalistes ne sont pas d'accord sur la manière dont on doit dépouiller un oiseau, les uns veulent inciser la peau sur le côté, les autres le fendent depuis la pointe du sternum jusqu'à l'anus, d'autres encore font l'incision sur le dos. Le premier de ces procédés est celui qui présente le plus de désavantage. En effet il est dans la suite difficile de bourrer d'une manière bien égale un oiseau ouvert sous l'aile, car les tiraillements exercés sur les lèvres de l'incision par la couture opérèrent dans la forme du corps et l'arrangements des plumes des modifications qu'il est impossible de réparer. Préférable au premier, le second procédé offre aussi des inconvénients, car en incisant la peau de l'abdomen, si le coup de scalpel n'est pas donné par une main exercée, il traverse les muscles, perce les intestins et donne issue à un torrent d'excréments dont les plumes se trouvent bientôt inondées. La manière d'ouvrir l'oiseau sur le dos n'offre que l'inconvénient d'offrir après montage une couture sur les parties où se repose le plus fréquemment la vue, mais il y a avantage à s'en servir pour certains palmipèdes dont le ventre est couvert d'un épais duvet et particulièrement pour les espèces à ventre blanc où la couture à la longue forme une trace peu agréable.

La méthode généralement adoptée l'emporte sur toutes les autres autant par la facilité de son exécution que parce que, en opérant sur des parties recouvertes de masses musculaires considérables, on ne court pas le risque d'intéresser les viscères de l'oiseau et de souiller son plumage ; elle consiste dans une incision faite depuis la pointe du bréchet jusqu'à un ou un demi-centimètre de l'anus, depuis la fourchette du sternum jusqu'à l'appendice xiphoïde.

Pratique du dépouillement. — On commence par faire exécuter quelques mouvements aux jambes et aux ailes, afin de faire cesser la raideur survenue au moment de la mort ; cette précaution atténue, dans une large mesure, certaines difficultés, que l'on aurait pu rencontrer dans le dépouillement, si les membres eussent restés contractés.

Ceci fait on opère comme suit :

1° **Incision longitudinale.** — Placer l'oiseau sur le dos, la tête du côté de l'opérateur et écarter avec précaution de façon à ne pas les endommager les plumes sur la ligne médiane du corps, de façon à former une sorte de raie que l'on maintient ouverte de la main gauche de façon à bien mettre la peau à nu. Prendre le scalpel de la main droite et inciser la peau suivant cette raie ou ligne médiane en partant de la pointe du sternum pour aboutir tout près de l'anus (à 1 centimètre à 1 centimètre 1/2 suivant la grosseur de l'oiseau) (*fig.* 19). Cette incision AB doit être faite avec de grandes précautions, car il faut veiller à ne pas perforer l'abdomen ; il faut opérer en *dodelant*, c'est-à-dire en incisant couche par couche jusqu'aux muscles.

Il s'agira maintenant de soulever la peau, lentement, délicatement, sans la déchirer, sans endommager ou maculer les plumes.

A cet effet l'oiseau étant disposé comme nous venons de le dire, l'opérateur saisit *de la main gauche* soit avec les doigts, soit avec les pinces brucelles le bord de l'incision situé à sa gauche, puis il insinue sous la peau soit le tranchant du scalpel, soit son manche, soit la petite spatule en bois. Il parvient ainsi, de proche en proche à détacher la peau et

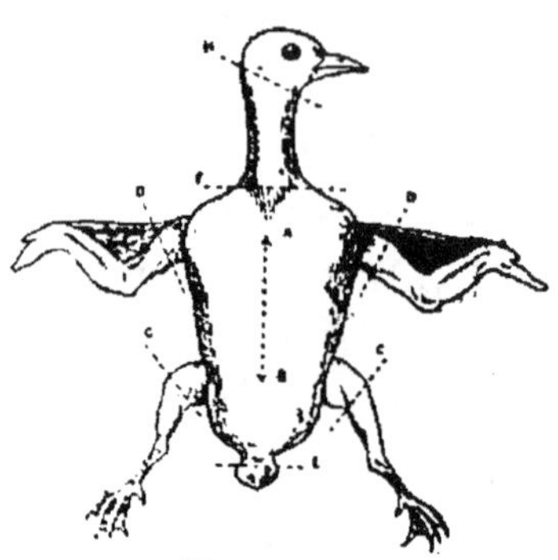

FIG. 19.
Dépouillement
d'un oiseau.

AB, incision longitudinale. C, section des os des cuisses. D, section des os des ailes. F, section des vertèbres au niveau de la poitrine. H, section des vertèbres occipitales. E, section du coccyx.

à la séparer de la chair jusqu'à l'insertion des membres. Tout en opérant et à mesure qu'on soulève la peau, on saupoudre à chaque instant la chair mise à nu avec du plâtre afin d'éviter soit que la peau se recolle, soit que les plumes n'y adhèrent et aussi pour absorber le sang ou la graisse qui pourraient tacher le plumage. Une recommandation essentielle est de ne point ménager le plâtre, mais de s'en servir avec abondance toutes les fois que le besoin s'en fera sentir.

La peau soulevée sur un côté on retourne l'oiseau et on répète l'opération sur l'autre partie.

2º **Séparation des membres.** — Lorsqu'on a mis à découvert les muscles, qui unissent l'aile au corps, on les coupe avec des ciseaux, on appuie ensuite avec le pouce et l'index entre les deux épaules, en rabaissant la peau sur le cou ; cette manœuvre met à nu l'articulation de l'humérus. On passe la pointe des ciseaux et on sépare tout à fait l'aile du corps, on sépare également le cou en le coupant le plus près possible du tronc ; on fait de même pour la seconde aile que pour la première.

On retourne alors aux cuisses dont on tranche l'articulation comme pour les ailes, mais avec plus de facilité, car on met plus rapidement à découvert l'articulation du fémur avec le tibia qui est celle qu'on coupe (voir n° 3).

3° Dépouillement des jambes. — (Nota. Il existe chez différents naturalistes des divergences sur l'ordre où doivent se poursuivre les opérations; les uns commencent par dépouiller les ailes avant de passer au croupion, d'autres continuent par le croupion pour revenir aux ailes et aux pattes — ceci d'ailleurs est d'une importance très relative, la manière d'opérer, quel que soit l'ordre, restant toujours la même.) Les jambes ou membres postérieurs (inférieurs) des oiseaux sont formés par des rayons osseux présentant beaucoup d'analogie dans leur partie supérieure avec ceux des mammifères. Le bassin qui, dès le plus jeune âge, ne forme qu'une seule pièce avec les vertèbres lombaires et sacrés repose par l'intermédiaire d'une cavité cotyloïde sur un *fémur*. — Celui-ci est articulé d'autre part avec la *rotule*, le *tibia* et le *péroné*. Ce dernier, qui est en rapport avec le fémur d'une façon très distincte, se soude cependant au tibia vers le milieu de celui-ci. L'os qui fait suite au tibia et le soutient n'est pour tous les anatomistes qu'un métatarsien, il n'y a donc ni calcaneum ni d'autre os représentant le tarse des animaux supérieurs. Cette absence est la cause d'une confusion dans le langage, car la zoologie descriptive ne continue pas moins à donner le nom de *tarse* à cette région que l'anatomie comparée nous dit être le métatarse : à ce dernier membre font suite les *doigts* qui forment le pied.

Si les dénominations scientifiques descriptives commettent déjà des erreurs, les appellations communes sont encore plus erronées ; ainsi on appelle *cuisse* ou *pilon* ce qui est en vérité la *jambe* tibia de l'oiseau, la *cuisse* véritable recouvrant le *fémur* est collée au corps et ne sort pas en dehors du corps. La partie que l'on désigne sous le nom de *jambe* et qui est ordinairement recouverte d'écailles ou scutelles est le *tarse*, sa jointure avec l'os supérieur (tibia) constitue le talon.

En résumé, le membre inférieur de l'oiseau se compose : 1º de la vraie *cuisse* recouvrant le *fémur* (celle au corps et non visible) ; 2º de la jambe recouvrant le *tibia* (désigné vulgairement sous le nom de *pilon* ou de *cuisse*) ; 3º du tarse (recouvert d'écailles désigné vulgairement sous le nom de *jambe*) ; 4º des doigts.

Dans l'opération précédente, on a tranché l'articulation du fémur avec le tibia, c'est-à-dire l'articulation du sommet du pilon. Il s'agit maintenant de dégager toute la peau entourant le pilon de façon à pouvoir enlever les chairs qui le forment afin de mettre à nu le tibia et cela jusqu'au talon, c'est-à-dire son articulation avec le tarse. Pour cela, on fait sortir le sommet du pilon (tibia) en poussant le tarse, on le dégage en coupant les quelques muscles qui restent encore attachés à la peau et au corps, on tire ensuite l'os en dehors en rabattant la peau. Ne pas oublier de saupoudrer de plâtre durant l'opération, afin que les plumes qui se rabattent un peu dans tous les sens ne se collent pas. En continuant cette opération on dégage ainsi le pilon (tibia et chairs l'entourant) jusqu'au talon. Avec le canif, on enlève toutes les chairs de manière à ne laisser que l'os, on enveloppe cet os, toujours attaché au talon, avec du papier ou de l'étoupe après l'avoir enduit de préservatif (savon de Bécœur), et on saupoudre toutes les parties retournées de la peau avec du plâtre.

On pratique la même opération sur le deuxième membre.

4° **Séparation du croupion.** — (Certains naturalistes séparent le croupion du reste du corps après avoir traité la jambe droite, puis ils passent à la jambe gauche.) Pour séparer le croupion du reste du corps il faut agir avec prudence en ayant bien soin de laisser les deux dernières vertèbres coccygiennes adhérentes à la peau, pour soutenir les rectrices dans leur position normale. Voici comment il convient d'opérer : Prenez la queue de la main gauche et repliez-la à angle droit avec le corps, puis avec des ciseaux (ciseaux à *bouts ronds*, car des ciseaux pointus entameraient la peau) coupez les os à la hauteur de l'anus tout en maintenant un doigt de la main gauche appuyé au dehors en dessus de façon à s'assurer que les ciseaux n'intéressent point la peau. Il faut agir très lentement dans cette opération quitte à y revenir plusieurs fois, car si la peau venait à être tranchée, cet accident compromettrait grandement le résultat final. On s'aperçoit que le croupion est complètement détaché lorsque la queue ne tient plus que par la peau.

5° **Dépouillement des ailes.** — Quelques mots sur l'ossature des ailes seront utiles. Le premier os qui s'articule avec le corps (articulation que nous avons tranchée dans l'opération n° 2) et forme l'avant-bras est l'*humérus*; viennent ensuite deux os presque appliqués l'un contre l'autre dans toute leur longueur, ce sont le *radius* et le *cubitus*; les autres os qui prolongent l'aile et la finissent sont le *métacarpe* et le *carpe*.

Il s'agit d'enlever la plus grande partie possible des chairs qui entourent les os. Les conseils de Boitard sont bons à suivre dans cette opération. « Si l'oiseau est d'une petite espèce, c'est-à-dire ne dépassant pas la grosseur d'une alouette, on enlève exactement toutes les chairs, muscles et tendons de l'humérus, on découvre une partie seulement du radius et du cubitus, on les nettoie de leurs muscles, on applique partout une bonne couche de préservatif, et, en tirant l'aile en dehors, on remet les os dans leur position. On remarquera que nous ne recommandons pas de remplacer les chairs enlevées par du coton ou de l'étoupe comme pour les pattes ; la raison en est que les ailes n'ayant pas de fosses pectorales pour se placer, parce qu'on ne peut guère les ménager en bourrant la peau, moins elles auront de grosseur, plus il sera facile de leur donner une position naturelle et gracieuse ». Si l'oiseau était d'une grosseur au-dessus de celle que nous venons de mentionner, il faudra découvrir le plus possible le cubitus et le radius afin de les bien nettoyer, il faudrait même pour certaines espèces arriver jusqu'au métacarpe. Mais il faut bien veiller durant cette opération à ne pas détacher les pennes qui sont implantées sur ces os, car il serait ensuite presque impossible de les remettre en place. Lorsqu'il y a nécessité d'arriver jusqu'au métacarpe, il est préférable de faire une incision en dedans de l'aile, le nettoyage est plus facile et l'aile une fois fermée la suture est invisible. On se contente d'ordinaire de faire pénétrer aussi profondément que possible, sous la peau, du coton bien enduit de savon arsenical.

Il importe de ne pas séparer l'humérus du radius, il vaut mieux laisser une assez forte proportion des tendons qui relient ces deux os entre eux, sans cela on éprouverait des difficultés lors du montage.

6° **Dépouillement du cou et de la tête.** — Pour le plus grand nombre d'espèces le dépouillement du cou est très facile, on saisit de la main gauche l'extrémité inférieure du cou de l'oiseau et de la droite, on renverse la peau sur elle-même en la faisant descendre doucement et sans secousses sur le bec; afin de ne pas la déchirer on la détache légèrement avec les ongles ou la petite spatule en bois, on continue ainsi jusqu'à la base du bec. Lorsqu'on a déjà mis à nu les os du crâne, on arrive à un point où les sacs de l'oreille s'implantent dans les os du crâne ; on les détache avec la pointe des ciseaux à leur point de jonction avec l'os afin de les laisser adhérents à la peau. S'il est impossible d'arracher la membrane entièrement, on la coupe aussi profondément que possible et l'on continue de renverser la peau jusqu'à ce qu'on soit parvenu aux yeux, on coupe alors la membrane qui unit la paupière aux bords des cavités des os formant l'orbite, en prenant grand soin de ne point crever le globe de l'œil, car il s'en épancherait aussitôt une assez grande quantité de liquide qui coulerait sur les plumes du cou et les gâterait complètement. On note la couleur de l'iris de l'œil et on l'arrache, le moyen le plus simple de faire cette opération sans crever cet organe est de passer au-dessous avec les pinces brucelles et de saisir le nerf que l'on tire fortement à soi.

On détache alors le crâne du cou en sectionnant l'extrémité des vertèbres et on coupe même une partie de l'occiput, pour agrandir le trou et pouvoir retirer plus aisément du crâne la cervelle que l'on remplace immédiatement par un peu de mastic ou par une boulette de savon arsenical, on enlève la langue et les muscles reliant les mâchoires sans toutefois les séparer, enfin on râcle bien toutes les parties du crâne, qui, devant être conservé attaché à la peau, doit être privé de toutes les chairs qui pourraient y adhérer.

Telle est la méthode ordinairement employée, mais elle a besoin d'être modifiée pour certains oiseaux, comme les Pintades, les Calaos, etc., leur tête étant plus grosse que le diamètre du cou il est impossible de renverser cette dernière. Il convient donc pour pouvoir opérer le dépouillement de faire depuis la gorge en descendant une fente de plusieurs centimètres de longueur par laquelle on fera passer la tête pour bien la dépouiller.

Dès le sectionnement du crâne avec les vertèbres on peut jeter le corps qui est complètement détaché et dont on n'a plus besoin.

7° Application du savon arsenical et retournement de la peau. — L'application du préservatif, qui empêche la putréfaction des chairs qui peuvent encore adhérer à la peau ou à divers os, est importante et doit être faite avec grand soin.

Nous commencerons d'abord par la tête. Voici comment on y procède : au moyen d'un pinceau on enduit de préservatif l'intérieur du crâne, les mandibules, les orbites, on en met aussi sur les pariétaux, les temporaux et sur la surface intérieure de la peau, en évitant avec soin d'en répandre sur les paupières ce qui ne manquerait pas de gâter les plumes; l'intérieur du crâne est rempli de mastic comme nous l'avons indiqué, si cela n'avait pas été fait, on ne le négligerait point à ce moment. Certains opérateurs se contentent de bourrer l'intérieur de la boîte crânienne avec de l'étoupe ou de la filasse mélangée à du savon Bécœur, le résultat est tout aussi bon au point de vue de la conservation, mais le mastic lors du montage offrira au fil de fer qui s'enfoncera dans le crâne, une assise plus solide que ce crâne seul; on remplit également de coton haché les abatis, et très légèrement la surface des mandibules, spécialement la mandibule inférieure. Il est utile pour certaines espèces de remplacer les chairs enlevées sur les os de la tête, soit par du mastic de vitrier, soit par une pâte spéciale que l'on trouve chez les fournisseurs, sans cela la tête n'aurait pas sa forme naturelle et l'oiseau serait méconnaissable.

Il faut enduire de savon arsenical avec un soin tout particulier tous les endroits où malgré les précautions du préparateur, il aurait pu rester un peu de chair.

Retournement de la peau. — Ceci fait on peut procéder au retournement de la peau sur la tête et le cou.

Pourtant un naturaliste fort habile conseille de placer les yeux en verre qui remplacent les yeux naturels qui ont été arrachés. « Nous n'ignorons point, nous dit-il, que peu de préparateurs conseillent de placer les yeux artificiels dans l'orbite avant de retourner la peau sur la tête, ils préfèrent les placer lorsque l'oiseau est sec, mais alors il faut les faire passer par les paupières et le diamètre de l'œil étant plus grand que celles-ci, on est exposé à les déchirer ou tout au moins à les déformer. Si au contraire l'œil est placé avant, il est très facile de le mettre bien au centre de l'orbite, de bien le fixer à l'aide de mastic et de coton, de lui donner le *relief* qu'il doit avoir afin que le regard de l'oiseau soit bien naturel ». Nous sommes entièrement de l'avis de M. Verlac et procédons comme lui ; que l'œil soit placé ou non ceci d'ailleurs n'a aucune importance pour le retournement de la peau de cette partie du corps, on saisit la tête avec la main gauche et on fait remonter la peau par-dessus peu à peu jusqu'à ce qu'on aperçoive le bout du bec.

Une fois que la peau a dépassé la hauteur des oreilles, on la tire légèrement de la main gauche, tandis que de la droite on tire le bec dans un sens opposé, avec un peu d'adresse et d'habitude, on parvient aisément à retourner proprement la tête par ce moyen.

On prend ensuite l'oiseau par le bec, on souffle fortement de haut en bas sur les plumes de la tête et du cou et à l'aide de la pince brucelles, on leur fait reprendre leur position naturelle.

Il est essentiel de ne pas différer le retournement de la peau sur la tête, car si on donnait à la peau le temps de sécher, elle se déchirerait lorsqu'on le pratiquerait.

Il y a lieu de faire ici une observation importante. Il ne faut pas soit lors du dépouillement, soit lors du retournement tirer sur la peau du cou de façon à la distendre en longueur. Si on a le malheur de l'allonger, de quelque manière que l'on cherche à y remédier le cou de l'oiseau restera toujours mince et fluet.

Le cou et la tête étant retournés, on passe une couche de savon arsenical sur toutes les parties intérieures encore visibles de la peau, puis tirant sur la queue, les ailes et les jambes on termine le retournement.

L'oiseau est alors secoué et lissé pour faire tomber tout le plâtre qui adhère à son plumage, il est alors posé à plat sur une table dans la position où il était lors du commencement de l'opération ; avec un pinceau que l'on introduit par l'incision longitudinale, on enduit de savon préservatif les parties que l'on n'avait pu atteindre précédemment et si l'on n'a pas l'intention de le monter aussitôt, on remplit la peau de coton, on fait quelques points de suture et l'oiseau placé dans un cornet de papier peut attendre le montage définitif ou une mise en peau plus soignée.

Le point important dans l'application du préservatif et de l'opération du retournement consiste dans la plus grande propreté.

Il faut absolument éviter de tacher les plumes avec le savon arsenical. L'opérateur devra avoir toujours à sa disposition de l'eau pour se laver les mains, ce qu'il fera toutes les fois qu'elles seront tachées par le préservatif ; il est aussi prudent d'avoir à portée de main une cuvette à demi remplie d'eau additionnée de quelques gouttes d'acide phénique, de telle sorte qu'on puisse s'y tremper les mains, si on venait à se couper.

L'oiseau sera toujours placé sur une feuille de papier propre que l'on changera autant de fois que besoin, on s'appliquera à saisir les parties enduites de savon à l'aide d'un petit morceau de papier saupoudré de plâtre. Pour retourner les ailes le petit tour de main suivant est surtout fort utile : De la main droite on saisit, à l'aide d'un morceau de papier propre, une aile par ses grandes et fortes plumes et on la sort avec précaution par l'ouverture de la peau en faisant rentrer les os, il suffit de tirer doucement de haut en bas en gardant la main gauche immobile. Cette aile sortie, il est bon de jeter dessus du plâtre dans le voisinage de la peau, on prend les mêmes précautions pour l'autre aile.

Observations particulières. — Lors des premiers essais, le débutant se plaindra de la longueur de l'opération qui se fait très rapidement avec de la pratique ; il lui arrivera souvent de faire quelques trous dans la peau, surtout si l'on fait ce premier essai avec un oiseau un peu gras dont la peau est toujours fine et facilement déchirable. Pour faire les réparations que nécessitent ces déchirures, il faut une main très habile ; aussi nous ne conseillons pas aux amateurs de l'essayer, il vaut mieux rejeter le sujet.

Si l'animal est très gras et que la peau présente des pelotes de graisse, il faut gratter avec le scalpel en saupoudrant de plâtre afin d'enlever toute cette graisse, de même que les parties de chair qui pourraient y adhérer encore. Mais, comme nous le disions plus haut, le dépouillement d'un oiseau très gras est toujours fort difficile par suite de la finesse de la peau.

Il convient aussi de ne pas pousser le dépouillement de la peau de la tête jusqu'à la base même du bec, car, en général, la peau est très adhérente en cet endroit et se déchire facilement, il faut avoir une grande expérience et une grande délicatesse de main pour réussir en cet endroit.

Comme nous l'avons déjà fait remarquer, chez les canards et autres oiseaux aquatiques, le dessous du corps est revêtu d'un plumage soyeux excessivement serré et le plus souvent d'une couleur claire. Le procédé d'ouverture par l'abdomen a l'inconvénient de laisser des traces qu'il est difficile de faire disparaître, ces traces ne proviennent pas de l'incision et de la couture elle-même qu'une préparation habile arrive toujours à cacher, mais d'un phénomène dû à la capillarité du fil qui dans un temps plus ou moins long s'imbibe un peu de la graisse restée à l'extérieur de la peau et donne une teinte de rouille au duvet environnant, formant ainsi sur la poitrine claire une ligne des plus désagréables, il est donc préférable de les dépouiller à l'aide d'une incision faite dans le dos. Pour cela, faites une incision au milieu de cette partie depuis la base du cou jusqu'à la hauteur des jambes. Dépouillez jusqu'aux ailes et au cou que vous séparez du tronc, suspendez l'oiseau verticalement à un clou par le fil passant le bec, dégagez le pied jusqu'aux jambes que vous tranchez, continuez en séparant le croupion, puis passez à la poitrine. Il faut bien veiller en dépouillant la peau de cette partie du corps de ne point la tirer, sinon les plumes se sépareraient suivant une ligne et ne pourraient être remises en place, formant une raie de l'effet le plus disgracieux.

Les oiseaux d'eau ont les pieds palmés, on badigeonnera ceux-ci de savon arsenical en ayant soin de les envelopper après dans des linges, afin de ne point souiller le plumage. Le papier est à rejeter, car il se collerait aux parties enduites et c'est dans la suite tout un travail pour le détacher.

Le dépouillement des rapaces nocturnes offre certaines difficultés à la face et à la queue; la peau est en ces parties d'une grande finesse et se déchire facilement si l'on n'y prend garde. Les sacs des oreilles sont de dimensions très volumineuses et si on les détache, il est peu commode de les remettre en place.

La meilleure méthode est de dépouiller jusqu'aux oreilles et de les laisser en place, on continue l'opération jusque sur le dessus du crâne de manière à pouvoir faire sauter l'œil avec une alène recourbée que l'on glisse entre la peau et l'os. On peut aussi faire sauter la partie inférieure du crâne formant le palais et retirer ainsi la langue et la cervelle. Dans tous les cas, il faut éviter de toucher à la face, sinon il serait difficile de rétablir l'aspect particulier de ces oiseaux de nuit.

Souvent la tête des oiseaux est munie d'une crête, d'une aigrette qui demande à être ménagée, ou bien elle est trop grosse pour pouvoir être ménagée (nous avons déjà indiqué nº 6 un mode opératoire pour ce dernier cas); il ne convient pas alors de retourner la peau sur la tête. On fait sur le crâne une incision qui commence près de la huppe ou de la crête, s'il en a, et qui se prolonge jusque sur les dernières vertèbres du cou ou plus loin s'il est nécessaire. On dépouille et on prépare la tête comme à l'ordinaire par cette ouverture et lorsqu'elle est bourrée et enduite de préservatif, on la fait rentrer dans la peau et on fait une couture. (Pour la manière de faire cette couture qui est semblable à celle faite pour réunir les lèvres de l'incision de l'abdomen voir page 67.) On termine le dépouillement de la façon ordinaire.

Différents oiseaux ont aussi sur la tête soit une crête charnue, soit des caroncules, il y a deux façons d'opérer. Dans le premier on fait dessécher ces parties en les maintenant étendues le mieux possible, avec des épingles et des fils de fer, puis on leur rend leurs couleurs en les peignant à l'huile et en passant ensuite une couche de vernis. C'est la méthode la meilleure lorsqu'on se contente d'avoir des oiseaux en peau pour l'étude; l'autre plus artistique peut-être consiste à refaire ces organes avec un mastic spécial, nous nous étendrons sur la façon d'opérer en traitant du montage.

MISE EN PEAU

Nous avons laissé la dépouille de notre oiseau bourré sommairement d'un peu de coton, nous pouvons soit la monter sur une carcasse de fil de fer pour donner, à l'animal l'attitude de la vie, soit plus simplement procéder à un bourrage plus complet afin de lui rendre à peu près ses formes primitives et le conserver *en peau* dans la collection.

Outils et matériaux. — Les outils nécessaires se composeront de pinces brucelles (pour certains oiseaux à longs cous, il est utile d'en avoir une très longue) du fil et d'aiguilles, et d'une petite broche en bois grosse comme une allumette, ou un porte-plume suivant la grosseur de l'oiseau à traiter, et d'une longueur un peu inférieure à celle du corps de l'oiseau, jusqu'à la hauteur des deux yeux. Les deux extrémités de cette brochette que l'on fait soi-même sont taillées en pointe aiguë. Les matériaux employés pour le bourrage sont : soit du coton, soit de l'étoupe ou filasse; soit encore de la mousse; on peut employer toutes substances végétales dont les fibres sont douces et flexibles, mais on doit toujours rejeter les matières de provenance animale, telles que laine et poils, car les insectes rongeurs que ces matières recèlent ne tarderaient pas à détruire l'animal dans lequel on aurait eu l'imprudence de renfermer ces foyers de destruction.

La tête de l'oiseau a eu lors du dépouillement les cavités de la tête convenablement garnies d'étoupe ou de coton, nous n'aurons plus à nous occuper de cette partie du corps, notre travail se bornera donc à rendre par le bourrage les formes primitives du cou et du tronc.

Mode opératoire. — Il y a deux façons d'opérer, l'une sans brochette, l'autre plus moderne avec brochette.

Dans la première méthode, on place l'oiseau sur le dos, dans la position qu'il avait lors du commencement du dépouillement. On écarte soigneusement les plumes de l'incision abdominale, et, si l'oiseau a été dépouillé depuis quelque temps à l'aide d'un long pinceau, on passe une nouvelle couche de préservatif sur toute la surface interne de la peau du cou. Avec les brucelles, on prend une boulette de coton plus ou moins grosse suivant le diamètre de l'organe (ou de la filasse), et on l'enfonce jusqu'à la base du crâne en maintenant avec les doigts de la main gauche, l'incision ouverte et la peau fixée sur la table. On lâche la boulette de coton dès qu'elle est arrivée à la base du crâne. On retire légèrement les pinces, puis maintenant leurs branches fermées, on les enfonce dans le milieu de la boulette ; écartant alors les branches on force le coton à s'étendre, on l'y aide par divers mouvements de la main de façon à ce que la matière pénètre partout où se trouvaient de la chair et des os. On tâte extérieurement avec les doigts pour s'assurer que ce résultat est bien obtenu. On introduit alors une seconde boulette que l'on traite de même, puis une troisième et ainsi de suite jusqu'à ce que tout le cou se trouve convenablement bourré en entier. Le diamètre du cou allant généralement en augmentant à mesure qu'il s'approche de la poitrine, on augmente proportionnellement la grosseur des boulettes ; l'organe doit être complètement, uniformément rempli de coton ou de filasse ; mais sans exagération, en évitant soigneusement qu'il ne soit plein, ayant l'air d'éclater comme sont tentés de le faire les débutants. Il faut aussi bien prendre garde ne ne pas allonger la peau du cou, l'effet final, irréparable, serait fort disgracieux.

Il s'agit maintenant d'attacher un fil aux os de chaque aile ; cette opération qu'il serait même bon de faire lors du dépouillement est surtout indispensable pour pouvoir bien exécuter plus tard le montage; si l'on tardait trop à le faire la peau ayant séché il y aurait de sérieuses difficultés. Avec les doigts ou avec les pinces suivant la taille de l'oiseau, on saisit l'humérus d'une aile et on le tire vers le milieu du dos et on redonne avec de l'étoupe ou du coton tourné sur ces os, la forme qu'avait cette partie avant le dépouillage; sur le radius vers son milieu, on attache un fil qu'à l'aide d'une aiguille, on fait passer au travers de la bourre qui entoure l'humérus et près de la tête de ce dernier, puis on replie l'aile dans la position du repos en tirant sur ce fil; il est donc essentiel que son attache avec le radius ne glisse pas; il est bon afin que le nœud soit solide et fixe d'employer du fil ciré. Avant de recouvrir l'humérus, il est bon de l'enduire de préservatif, ainsi que la surface interne de l'aile avant de la replier. On opère de même pour l'autre aile et on rapproche les bouts des deux fils et on les noue ensemble de manière à maintenir les deux ailes à une distance variable, suivant la grosseur de l'oiseau; cette distance comptée d'une articulation de l'humérus à l'autre est de 3 à 5 millimètres pour les très petits oiseaux, de 5 à 8 millimètres chez ceux de la taille d'une chouette et plus grande proportionnellement pour des espèces plus grosses. On termine en plaçant une bonne bourre de filasse entre les humérus de chaque aile pour les maintenir dans la position donnée et éviter qu'ils ne se rapprochent. On passe encore sur toute la surface intérieure du corps une bonne couche de préservatif, pour l'appliquer convenablement au coccyx, il est préférable de le faire sortir à nouveau de la peau en refoulant la queue, on le remet en place en tirant sur les plumes de cet organe; avoir grand soin de ne pas tacher les plumes dans cette opération.

Il ne nous restera plus qu'à bourrer le corps. Dans cette opération il faut s'appliquer à rendre à l'oiseau sa forme primitive en évitant surtout de le bourrer comme sac, il vaut mieux que le bourrage soit trop faible que trop abondant. Prenez avec les brucelles une bonne pelote de coton ou de filasse et placez-la dans la partie de la peau qui doit former le devant de la poitrine et cela de façon à ce qu'elle touche la matière qui bourre déjà le cou. On la pousse, on l'étend avec l'aide des pinces de façon à la pousser contre la peau. On introduit ensuite une seconde bourre, puis une troisième, ainsi de suite jusqu'à ce que le vide intérieur de la peau soit suffisamment garni. Il faut veiller à ce qu'aucun repli de la peau ne doit rester vide.

Comme nous le disions plus haut, il ne faut pas exagérer le bourrage, les matières introduites ne doivent pas être trop serrées, lorsqu'on prend l'animal en main et qu'on le serre, son corps ne doit pas offrir une résistance plus grande que celle d'une éponge.

La seconde méthode consiste dans l'utilisation d'une brochette en bois dont nous avons donné les dimensions plus haut, ce procédé empêche de faire des peaux d'oiseaux à cou long et maigre, ce qui arrive souvent aux débutants qui suivent le procédé que nous avons décrit en premier lieu. Nous croyons que ce procédé est dû à M. Maindron, tout au moins à notre connaissance c'est le premier auteur qui en a parlé. « Cette brochette, nous dit-il, est taillée en pointe aux deux extrémités et on enroule autour d'elle du coton ténu très lâche, jusqu'à lui donner une grosseur moindre d'un quart environ du volume du cou de l'oiseau. On entre cette brochette, cette poupée ainsi faite, par l'ouverture de la peau et on la dirige vers la tête en la faisant glisser doucement jusqu'à ce qu'elle pénètre dans la partie supérieure du bec où on la fiche en appuyant celle-ci dessus. Cette opération, pour être menée à bien, veut que la brochette tenue verticale de la main gauche, ce soit la main droite qui tienne le bec et le pousse sur le bois. On fait alors passer la brochette dans la main droite, on saisit l'oiseau par le bec de la main gauche et on pousse le coton, en remontant, de manière à ce que le coton aille dans la gorge et le cou, tandis que la main gauche appuie fortement sur le bec.

« On fixe ensuite l'autre bout de la brochette dans le croupion, et, la peau couchée sur la table, le ventre en l'air, on bourre doucement de bas en haut en allant vers la tête. La main droite tient la pince chargée de petites balles de coton et les pousse vers la gorge ; la main gauche tient celle-ci, la modèle et soulève la peau à mesure qu'elle se bourre.

« Quand on est arrivé à la hauteur des ailes, on remet celles-ci en place en les repliant le long du corps dans la position qu'elles doivent occuper ; on les maintient avec la main gauche tandis qu'on continue à bourrer. Puis, quand toute la poitrine est bourrée, on les laisse tomber à plat sur la table. On bourre le ventre, puis on ramène les plumes avec la peau pour cacher l'ouverture. »

M. Trouessart, le savant professeur du Museum, conseille aussi l'emploi d'une sorte de brochette, consistant en une tige de fer. Voici ce qu'il dit à ce sujet.

« Prenez une tige de fer proportionnée à la taille de l'oiseau et que vous coupez de façon à ce qu'elle ait à peu près la longueur de l'animal allongé sur la table, depuis le sommet du crâne jusqu'à l'extrémité des plumes de la queue. Roulez autour de cette tige en spirale, une ou plusieurs longues touffes de filasse, de manière à lui donner sensiblement le volume du cou et induisez cette filasse de savon de Bécœur. Poussez alors cette tige dans le cou de manière à ce que son extrémité aille se loger dans la cavité du crâne, en évitant d'allonger le cou au delà de ses dimensions naturelles. Enduisez ensuite la surface interne de la peau du tronc d'une couche bien égale et pas trop épaisse de savon de Bécœur. Entourez les os des ailes et des pattes avec des spirales de filasse, de manière à donner à ces membres la forme et le volume qu'ils avaient lorsqu'ils étaient recouverts par les muscles et enduisez cette filasse de préservatif ; puis repoussez ces membres dans leur place naturelle. Attachez alors une ficelle à chacun des deux humérus et réunissez les deux ficelles sur la ligne médiane afin d'empêcher les ailes de s'écarter. Remplissez ensuite la peau de chaque côté de la tige médiane avec de la filasse coupée par touffes courtes et en vous servant (en guise de bourroir) d'une pince assez longue pour pénétrer jusqu'à l'extrémité du cou près du crâne. Dans cette opération délicate, attachez-vous à matelasser bien également toutes les parties de manière à rendre au corps de l'oiseau sa forme et son volume primitifs, en évitant de le bourrer comme un sac, il est préférable de rester plutôt au-dessous de la vérité, l'important c'est que la peau, surtout celle du cou, ne se racornisse pas en séchant. »

Comme on le voit, la méthode de M. Trouessart diffère peu de celle de M. Maindron, ce sont celles que nous conseillons aux débutants.

L'oiseau étant bourré, on le place sur le ventre et poussant les ailes vers le milieu du corps, on fait rentrer les humérus dans les cavités pectorales. On replace l'oiseau sur le dos et avec les pinces brucelles on donne à chaque plume la position qu'elle avait lorsque l'oiseau était vivant. On tourne la tête un peu de côté et à l'aide d'une petite épingle on réunit les deux bords de l'ouverture du milieu du corps en évitant de la coudre.

On place ensuite les jambes étendues dans toute

leur longueur, de manière à ce que la face du talon se trouve tournée du même côté que le dos de l'animal.

La plupart des collectionneurs ont l'habitude de réunir par un point avec du fil les deux talons des pattes, l'oiseau ainsi arrangé a meilleur aspect.

En dernier lieu on lisse bien tout le plumage avec un pinceau. On prend alors une feuille de papier fort et on le roule de façon à former un cornet capable de contenir l'oiseau (il le faut plutôt plus étroit que trop large) on y introduit l'animal la tête première en ayant soin que les ailes ne se déplacent point. On colle ensuite sur le milieu du cylindre des bandes circulaires sur lesquelles on a soin d'inscrire le nom de l'oiseau, son sexe, s'il est adulte ou de jeune âge, s'il est en mue, etc., etc. On notera aussi la couleur des yeux et des pattes afin de ne pas faire de méprise lorsqu'on aura à le monter. Ces précautions qui paraissent minutieuses sont de la plus grande importance et on ne doit jamais les négliger.

Lorsque les peaux préparées appartiennent à de grosses espèces telles que l'aigle, le vautour, la grue, la cigogne, etc., il n'est pas possible de les renfermer dans des cornets en papier, on se contente alors d'entourer les ailes et le corps avec des bandes de linge ou de papier.

Au bout d'une semaine, d'une quinzaine au plus la peau est complètement sèche et peut se conserver indéfiniment. On attache alors à l'une des pattes une petite étiquette sur laquelle on inscrit les indications qui se trouvent sur la bande du carnet.

Emballage des oiseaux en peau. — Les diverses dépouilles d'oiseaux sont généralement expédiées en peaux des pays d'outre-mer, voici comment il convient de les emballer.

On place d'abord au fond de la caisse, un lit

d'étoupe ou de coton [1]. On range d'abord les plus grosses peaux et on met une nouvelle quantité de coton, de peur qu'elles ne se froissent entre elles jusqu'à ce que la caisse soit pleine.

Il vaut pourtant mieux laisser les peaux dans leurs cornets; on place alors chaque cornet par rang de taille et on met entre eux une certaine quantité de coton afin qu'ils ne ballottent pas.

Lorsque les caisses sont entièrement remplies, on les cloue et on bouche exactement toutes les ouvertures qui pourraient donner passage à l'air.

Si les caisses doivent voyager par mer, il est prudent de les recouvrir d'une enveloppe imperméable pour que l'eau ne puisse y pénétrer.

Conservation des collections des oiseaux en peau. — Les oiseaux en peau se conservent très bien soit dans des tiroirs, soit dans des boîtes; ces collections offrent le grand avantage de n'être point encombrantes et de conserver intacts le brillant et les couleurs du plumage, ce qui n'a pas lieu avec les sujets montés conservés dans des armoires vitrées, la lumière les atténuant considérablement à la longue.

Il faut simplement veiller à ce que les peaux ne soient pas atteintes par les insectes parasites; on y arrive facilement en maintenant toujours dans les tiroirs du camphre, de la naphtaline, de l'acide phénique et de l'essence de thym, etc., ainsi qu'un petit flacon débouché et garni d'une éponge imbibée de sulfure de carbone. Le camphre et la naphtaline n'ayant aucun effet sur le plumage peuvent être seuls laissés en contact direct avec lui, les autres substances seront mises sur un tampon de coton que l'on mettra dans un coin du tiroir ou de la boîte en évitant qu'il ne touche directement les plumes.

1. La paille de bois peut très bien remplacer l'étoupe et le coton.

CHAPITRE III

LES OISEAUX (Suite)

MONTAGE, MÉTHODE CLASSIQUE, MONTAGES DIVERS

Le montage consiste à donner à l'oiseau l'apparence de la vie en soutenant sa peau dépouillée par une sorte de carcasse en fil de fer remplaçant les os et par un bourrage soigneusement fait remplaçant les chairs enlevées.

Outillage et matériaux. — 1° Du fil de fer de diverses grosseurs pour constituer la carcasse ou armature intérieure (on trouve ces carcasses préparées dans le commerce);

2° Des pinces à mors plats et à mors ronds pour tordre et contourner le fil de fer; des pinces coupantes pour le couper ;

FIG. 20. — Bourroir.

3° Un bourroir (*fig.* 20), instrument en fer dont l'extrémité légèrement aplatie avec une encoche sert à bourrer, à tasser les matières dont on garnit le corps de l'oiseau ;

4° Un jeu de poinçons d'acier fin bien aigus et longs, plats et fins, des vrilles ordinaires, des aiguilles et du fil ;

5° Du coton, de la filasse, de l'étoupe (et même du menu foin ou de la mousse pour les pièces de très fortes dimensions) ;

6° Des yeux artificiels, des supports et autres accessoires appropriés.

Préparation de la peau. — La peau, étant dépouillée comme nous l'avons dit, débarrassée de toute chair et surtout de toute graisse qui y adhéraient et enfin bien enduite de préservatif, peut être montée de suite sans aucune autre préparation. Il est même préférable d'agir ainsi, le résultat final sera obtenu bien plus facilement, le bourrage sera moins délicat, les formes seront mieux conservées.

Cela n'est pourtant pas toujours possible, soit par suite de manque de temps, soit par suite de sujets qui arrivant de loin ne peuvent être expédiés que déjà en peaux.

Les oiseaux en peaux, afin de pouvoir être montés, doivent subir une préparation préalable, qui a pour but de ramollir leurs tissus déjà desséchés.

Voici comment il convient d'opérer : on commence par enlever l'épingle qui attache les bords de l'incision du milieu du corps, ensuite avec les pinces brucelles on débourre entièrement l'oiseau préparé en peau. On arrache aussi les matières qui remplissent le cou. Lorsqu'on est certain que la tête ait été bien préparée, il est prudent d'enlever aussi les tampons qui s'y trouvent.

La peau étant débourrée, il faut la ramollir. Pour cela on prend de l'étoupe mouillée ou mieux du coton hydrophile et avec les pinces brucelles ou un bourroir on en introduit une petite portion dans le cou; on pousse cette première bourre jusque dans le crâne. On en introduit successivement de nouvelles quantités jusqu'à ce que le cou soit garni, alors on remplit également tout le reste du corps, mais durant cette opération il faut bien prendre garde de répandre de l'eau sur les plumes, car il serait difficile de leur rendre leur fraîcheur première; on prévient aisément cet accident en mettant entre les bords de l'ouverture du corps et de l'étoupe mouillée, une petite quantité de filasse sèche.

On enveloppe ensuite les pattes jusqu'au talon, avec de la filasse mouillée (pour les individus de la grosseur d'un aigle et au-dessus il est bon de traiter les pattes plusieurs jours avant le corps), enfin on couche l'oiseau sur le dos et on le recouvre d'étoupe sèche afin de le garantir du contact de l'air qui absorberait l'humidité. On le porte dans une cave ou tout autre lieu humide et on le laisse dans cet état jusqu'à ce que la peau ait repris une partie de sa souplesse.

Pour les petits oiseaux et en particulier ceux aux couleurs délicates qui nous arrivent des îles, on peut opérer comme suit : après avoir mouillé du coton hydrophile, on l'exprime le mieux possible pour en extraire l'eau en excès, on bourre avec soin la peau avec ce coton, puis on suspend l'oiseau à l'aide d'un fil par ses pattes et, à l'aide d'une pipette, on arrose le coton jusqu'à saturation. L'eau qui est de trop s'écoule par le bec et les plumes ne sont jamais mouillées. Lorsque la peau est ainsi préparée, on enveloppe les pattes de coton humide et d'une feuille de papier gommé pour empêcher l'évaporation de l'eau et on porte le tout dans un endroit frais.

La durée du temps nécessaire pour bien ramollir une peau dépend de la grosseur de l'espèce ; quelques heures suffisent pour les très petites espèces, mais il faut 1 jour à 3 et 4 jours pour les animaux plus gros. On ne saurait assez engager les amateurs à ne faire ce travail que durant l'hiver, car pendant les chaleurs et malgré toutes les précautions, il arrive parfois qu'une peau un peu ancienne mise en contact avec l'eau est décomposée avant d'avoir atteint la souplesse nécessaire. Alors tout est perdu.

Quelques naturalistes conseillent une autre manière d'opérer ; dans une caisse de zinc, dans une marmite quelconque, ou même sur le sol d'une cave, faites un petit tas de sable ou de grès pulvérisé que vous aurez bien mouillé au préalable avec une eau additionnée d'un peu d'acide phénique pour empêcher les moisissures, l'eau ne devra pas être pourtant en excès, le sable devant être simplement humide ; placez l'oiseau dans ce tas de façon à ce qu'il soit complètement recouvert ; néanmoins pour empêcher que le bec ne se décolle, laissez-le sortir du sable ; pour éviter que le même accident n'arrive aux écailles des pattes enduisez-les d'une couche d'huile. Laissez la peau dans le sable mouillé un temps variable : vingt-quatre à quarante-huit heures suffisent pour les oiseaux petits et moyens ; ce procédé donne en général de bons résultats pour les peaux qui ne sont pas très vieilles, mais pour celles-ci, on est dans l'obligation de courir au premier procédé. Revenons-y ; lorsque la peau est suffisamment ramollie, ce qu'un examen attentif permet facilement de reconnaître, on enlève la filasse que l'on avait mise autour des pattes. On extrait ensuite du cou l'étoupe ou le coton humide qu'on y avait introduit, on arrache les matières qui se trouvent dans la jambe et l'on met le tibia à découvert. On écarte avec précaution les plumes qui recouvrent les bords et l'ouverture du corps, on passe du préservatif dans la tête et le cou et on en met partout, au croupion spécialement.

On monte alors l'oiseau comme s'il s'agissait d'une peau nouvellement dépouillée.

Armature ou carcasse. — L'armature est destinée à remplacer le squelette de l'oiseau, elle doit donc en présenter la disposition générale, c'est-à-dire se composer d'une tige médiane remplaçant la colonne vertébrale et de deux tiges latérales assurant solidement l'insertion des pattes au tronc ; lorsque les ailes sont représentées au repos, elles n'ont en général point besoin d'armature, étant maintenues en position par les fils attachés au radius et reliant les deux jointures des humérus.

Lorsqu'elles sont étendues, elles ont besoin au contraire d'être soutenues ; il faut ajouter deux autres fils de fer qui se relieront aux autres. L'armature ne doit pas être assemblée à l'avance, car alors il serait impossible de l'introduire en cet état dans l'intérieur du corps ; elle se compose de différentes pièces que l'on réunit après les avoir disposées dans l'intérieur de la peau.

Il faut donner la préférence au fil de fer galvanisé, car il ne se rouille pas et la rouille détruit en peu de temps les peaux les plus solides partout où elle a été en contact avec elle.

La grosseur et par conséquent la rigidité de ce fil de fer doivent être calculées d'après la grosseur de l'oiseau ; trop fort il empêcherait de donner à l'ensemble une souplesse suffisante, mais trop mince il fléchirait sous le poids : il n'est rien de pénible, lorsqu'on croit avoir terminé son travail, comme de voir un oiseau ne pouvant rester rigide sur ses pattes parce que la monture est trop faible.

Voici quelques renseignements propres à guider le choix du fil de fer. Nous prenons comme point de comparaison les oiseaux les plus connus. Le chiffre qui suit le nom est un numéro de force appartenant à la jauge ou filière dite de Paris, très en usage :

Oiseau-mouche 1 ; roitelet 2 ; serin 3 ; alouette 4 ; moineau 5 ; martinet 6 ; merle 7 ; étourneau (sansonnet) 8 ; tourterelle 9 ; épervier 10 ; perdrix 11 ; pigeon 12 ; corbeau 13 ; faisan doré 14 ; poule 15 ; pintade et grande buse 16 ; oie, dindon, héron 17 ; cigogne, aigle 18 ; cygne 20.

La tige médiane doit être coupée un peu plus longue que la distance qui existe entre le sommet du crâne et le croupion, car ses extrémités doivent sortir au-dessus du crâne et sous la queue. Au quart de la longueur de cette tige il faut avec une pince appropriée en contournant le fil de fer sur lui-même former un anneau comme le représente la (*fig.* 21); cet anneau est destiné à l'insertion des tiges latérales provenant des pattes (et parfois des ailes lorsque des tiges supplémentaires sont nécessaires).

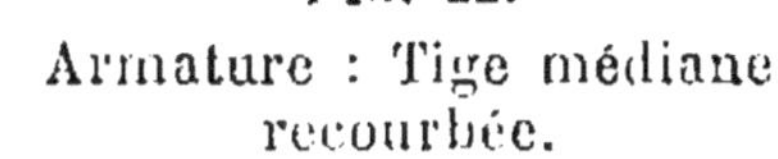

Fig. 21.
Armature : Tige médiane.

Cela fait, on recourbe l'extrémité A de la tige médiane comme le représente la (*fig.* 22). Cette extrémité recourbée est destinée à être introduite dans le cou de l'oiseau, tandis que la tige doit s'enfoncer dans le croupion. Ces deux extrémités auront été façonnées avec une lime en pointe très aiguë et bien aiguisée.

Fig. 22.
Armature : Tige médiane
recourbée.

Il importe que l'anneau B se trouve en dessous pour ne pas former une saillie apparente sur le dos de l'animal.

Cette pièce une fois prête, on passe à la confection des tiges latérales ; simples morceaux de fil de fer dont l'extrémité inférieure est seule aiguisée en pointe. Il faut leur donner une grosseur suffisante pour qu'ils puissent bien supporter le poids du corps de l'oiseau empaillé, tout en étant assez souple pour qu'on puisse facilement leur donner la position voulue ; il y a aussi avantage à ce que, tout en étant assez résistantes, elles soient aussi minces que possible afin de ne pas érailler la peau écailleuse des tarses en les enfonçant le long des os.

Il ne faut pas craindre de donner à ces tiges une longueur double de celle de la patte, car plus les extrémités que l'on aura à replier le long de la tige médiane (en les dirigeant du côté de la queue) seront longues, plus l'ensemble du système sera solide ; en outre l'autre extrémité doit dépasser la partie inférieure de la patte, de façon à traverser le support sur lequel reposera l'oiseau et être repliée dessous ou enroulée autour du bois rond du perchoir.

Mise en place de l'armature. — Prenez d'abord la tige médiane représentant la colonne vertébrale et tournez en spirale autour de la partie de ce fil de fer qui doit pénétrer dans le cou du coton ou de la filasse, de façon à obtenir une sorte de manchon ayant le diamètre de l'organe. Il est bon de faire remarquer que chez les oiseaux vivants, cette portion du corps étant presque toujours repliée sur elle-même en S et cachée par les plumes, le cou, sauf pour les grands échassiers tels que les hérons, cigognes, etc., doit toujours être plus court que nature. Prenez alors le fil de fer garni et après l'avoir bien enduit de savon de Bécœur, introduisez-le dans le cou en faisant entrer l'extrémité pointue dans le crâne qu'elle doit traverser pour ressortir de tout ce que le fil de fer a de trop long, car il convient de disposer cette tige médiane de façon à ce que l'anneau qu'il porte soit à la hauteur des cuisses.

Mise en place des ailes. — (Nota : Cette opération peut se faire soit à ce moment, soit après que les pattes ont été montées.) Si l'oiseau doit avoir les ailes fermées, attachez au radius (si ce n'est pas encore fait comme nous l'avons indiqué) des fils et après avoir enroulé une certaine quantité de filasse autour de l'humérus, nouez les deux fils de façon à maintenir les deux jointures d'humérus à une distance variable suivant la taille de l'animal, comme nous l'avons expliqué plus haut.

Si l'oiseau doit avoir les ailes étendues ou même légèrement ouvertes, l'opération est tout autre. Étendez les ailes de façon à mettre les os sur la même ligne droite, passez un fil de fer le long du radius et du cubitus entre les deux os, en ayant soin que la pointe pénètre bien au centre de l'articulation, faites-le suivre entre l'os et la peau le plus loin possible, de telle façon qu'il tienne bien toute l'aile ; recommencez la manœuvre, si le fil de fer vient à se tordre avant d'être complétement enfoncé, car il est absolument indispensable que l'opération soit bien faite. Attachez très solidement l'humérus au fil de fer, qui doit être laissé de 7 à 8 centimètres plus long que cet os. Si le fer dépasse le bout de l'aile, vous le couperez après le montage et la pointe cachée par les plumes ne paraîtra pas. Les deux ailes ainsi préparées, faites passer les extrémités des fils de fer des ailes dans l'anneau de la tige médiane, tordez-les ensemble 3 ou 4 fois, puis ramenez-les le long de cette tige médiane dans la direction de la queue et vous enroulerez toute la longueur libre autour de cette tige.

Montage des pattes. — Il s'agit maintenant d'introduire les fils de fer dans les pattes, pour cela on pratique une petite ouverture à la peau du pied, en arrière de la division des doigts et on y introduit un des fils. On le fait glisser entre la peau et le tarse, on lui fait traverser le talon et suivre la direction du tibia, jusqu'à ce que son extrémité dépasse la pointe de cet os ; saisissant ensuite le tibia et le fil de fer, on les fait sortir de la peau en les tirant d'arrière en avant et lorsqu'on les a mis à découvert, on s'occupe de faire la jambe factice. Si on opère sur un petit oiseau, on se sert de coton ; si on prépare un individu de grosse espèce, on emploie de l'étoupe.

On commence par entourer la partie intérieure du tibia avec l'une ou l'autre de ces substances et on procède ainsi de bas en haut, en augmentant progressivement jusqu'à ce que le fil de fer et l'os se trouvent garnis d'un volume d'étoupe ou de coton égal à celui des chairs qui formaient la jambe.

Il est bon d'observer ici qu'on doit toujours laisser

libre le bout supérieur du fil de fer de la jambe afin de la fixer à l'anneau de la tige médiane.

Lorsque la jambe factice est terminée, on l'enduit de préservatif et on la fait rentrer dans sa situation naturelle. Après avoir opéré de même façon sur l'autre jambe, on introduit les bouts libres du fil de fer dans l'anneau de la traverse médiane et après les avoir croisés à angle droit formant une boucle, on les tord fortement autour de la tige médiane à l'aide d'une pince ; les extrémités tordues sont recourbées en arrière vers la queue et en dessous.

Il convient aussi de faire observer qu'il faut conserver en dessous des pattes une certaine longueur de fil de fer dont l'extrémité sera laissée en pointe suivant les besoins et qui servira à fixer l'oiseau solidement sur une planchette ou sur un perchoir.

FIG. 23.
Armature de la queue doublée en fourche.

Nota. — Nombreux sont les naturalistes qui opèrent en sens contraire, c'est-à-dire qu'au lieu d'introduire le fil de fer par la partie postérieure de la patte, ils le glissent par le haut de la cuisse ; le résultat est le même, nous croyons pourtant que les débutants trouveront plus de facilité à agir comme nous l'avons indiqué.

Montage de la queue. — On prend l'extrémité de la tige médiane et on l'enfonce dans le croupion de façon à ce que son extrémité le traverse entièrement et ressorte sous les plumes de la queue.

Lorsqu'on prépare un oiseau dont la queue est très large, comme le dindon, le paon, etc., ou lorsqu'on veut représenter le sujet la queue écartée, le support de la queue doit être fourchu. On lui donne aisément cette forme, en adoptant un second fil au premier et en écartant leurs branches (*fig.* 23). Dès que le fil de la queue, après avoir traversé le croupion, vient à reparaître au milieu des pennes, on le saisit avec une pince et appuyant de la main gauche sur l'anneau du milieu du corps, on tire fortement de la droite la traverse de la queue jusqu'à ce qu'on lui ait donné la position qu'elle doit avoir ; on prend ensuite chaque jambe et on la tire en dehors, afin de l'éloigner du centre du corps et de la ramener à sa situation naturelle.

Notre peau renferme maintenant dans son intérieur une charpente solide qui permettra le bourrage et le montage.

Différents modèles d'armature. — Nous avons indiqué le mode d'armature ou de carcasse le plus simple et que chacun peut établir soi-même. Les fournisseurs pour naturalistes en vendent de toutes préparées, dont il faut se méfier, car ils ne les emploient pas eux-mêmes, nous devons pourtant faire exception pour le modèle Deyrolle. Cette carcasse (*fig.* 24) se compose de 4 (ou 6 si les ailes ont besoin d'être soutenues) morceaux de fil de fer terminés à une extrémité par un anneau de

Fig. 24. Armature à anneaux de Deyrolle.

même grandeur ; la pièce de la queue est fourchue à son autre extrémité. On place ces différentes pièces comme nous l'avons indiqué dans le système précédent ; le premier dans le cou sa pointe traversant le crâne, deux autres dans les pattes, deux autres si cela est nécessaire dans les ailes et l'extrémité de la dernière va s'enfoncer dans la queue, on combine la longueur laissée en dehors du corps de toutes ces différentes pièces, de façon que tous les anneaux se trouvent en un même point au centre du corps ; voici d'ailleurs les explications que nous donne à ce sujet M. Deyrolle lui-même. « Au centre du corps de l'oiseau, il y aura donc l'anneau de la tête, celui de la queue, les deux des ailes si elles doivent être étendues et ceux des pattes, soit 4 ou 6 anneaux suivant la posture que doit occuper l'animal ; si les ailes n'en ont pas, tous ces anneaux devront se trouver au-dessus du fil attachant les ailes.

« A la base de l'anneau de la tête, on attachera solidement un fil ciré, deux autres fils y seront fixés sur la circonférence, le divisant ainsi à peu près en trois parties égales, les extrémités internes de ces trois fils seront passées dans tous les anneaux qui seront placés dans l'ordre que nous avons indiqué (la tête, la queue, les ailes et les pattes) puis on liera fortement chaque fil avec son extrémité correspondante, de telle sorte que tous les anneaux se placent à peu de chose près les uns sur les autres ; après un premier lien, il est bon de repasser à nouveau les fils sous l'anneau pour faire un second nœud au-dessus et donner plus de solidité à cette attache qui a besoin d'être absolument fixe. C'est l'âme de notre monture ; si un anneau bouge, il est indispensable d'ajouter de nouveaux nœuds jusqu'à ce que l'on ait obtenu une fixité parfaite. »

Ce système est particulièrement à recommander aux débutants qui éprouveraient des difficultés à tordre solidement les fils des pattes et des ailes autour de la tige médiane de la monture ordinaire ; on doit aussi l'adopter pour les très gros oiseaux comme les aigles, la force du fil de fer que l'on doit employer ne permettant pas de faire ces torsions.

Un procédé à peu près analogue est souvent employé en Angleterre. On coupe à la longueur voulue des fils de fer : 1° pour la tête ; 2° pour les pattes ; 3° pour les ailes ; 4° pour la queue. Une des extrémités du fil de tête est terminé par un gros morceau de bouchon taillé en forme d'œuf, l'extrémité des autres fils de fer viennent s'enfoncer dans le morceau de liège, et se trouvent ainsi réunis les uns aux autres comme ils l'étaient dans le système précédent par la réunion des anneaux. Pour assurer une parfaite solidité, les fils doivent traverser entièrement le bouchon et être rabattu contre lui à angle droit contre le côté opposé.

Le morceau de liège taillé en forme d'œuf a l'avantage d'offrir une fondation solide aux matières que l'on introduira lors du bourrage.

Bourrage. — L'oiseau est placé sur le dos (l'incision abdominale en dessus) on passe une bonne couche de préservatif, si on ne l'a pas déjà fait, sur toute la surface interne de la peau et on procède au bourrage en introduisant d'abord avec les pinces brucelles de petites masses de coton ou de filasse sous l'anneau, point de réunion des fils de fer de l'armature, afin de former le dos de l'animal, il est à remarquer que c'est généralement parce que le dos n'est pas assez bourré que les oiseaux préparés par les débutants ont mauvaise tournure et offrent une apparence *étriquée* des moins agréables. Bourrez ensuite le côté des ailes, puis celui des pattes, faites ensuite la poitrine, puis le ventre. C'est avec la main droite qu'à l'aide des pinces brucelles, l'on introduit les matières par petites quantités à la fois, on divise le plus possible les masses introduites en cherchant à les faire garnir plutôt la surface de la peau que l'intérieur du corps, la main gauche durant toute l'opération soutient la peau et c'est en pressant avec elle que l'on juge si la quantité introduite est suffisante ; servez-vous du bourroir pour bien refouler les matières dans les cavités; il est bien difficile de donner des indications précises, la nature est le meilleur et le seul guide sûr, il faut chercher à imiter l'oiseau vivant, lui rendre sa forme, n'exagérez pas, arrêtez-vous à temps, mais d'autre part il faut bourrer suffisamment.

Couture. — Pour fermer l'ouverture abdominale on recoud la peau à points croisés avec un fil ciré. Voici les précieux conseils que nous donne Boitard sur la manière d'opérer. « On aura une aiguille enfilée avec du fil de force proportionnée à l'épaisseur et la dureté de la peau de l'animal. Soit que l'on commence la couture en haut ou en bas de l'incision, on saisira le bord d'un des côtés de la peau, on en écartera les plumes et l'on implantera l'aiguille en dessous de la peau pour la faire sortir en dessus, on tirera le fil dont le bout sera fixé à cause du nœud qu'on y aura fait d'avance. On saisira l'autre bord de l'incision, on le piquera de dessous en dessus, et en tirant le fil, on réunira le mieux possible et sans rien déchirer les deux bords de la peau, les plumes qui se trouveraient prises sous le fil sont retirées avec la pointe d'une aiguille ou une petite pince. On reviendra au premier bord, puis à l'autre et ainsi de suite toujours en piquant de dessous en dessus de manière à ce que la couture soit disposée de la même manière que le lacet d'un corset. Arrivé à l'autre bout de l'incision, on fera un bon nœud au fil pour empêcher la couture de se défaire et on le coupera avec des ciseaux au-dessus de ce nœud » (*fig.* 25). La couture demande une grande légèreté de main surtout lorsqu'il s'agit de la peau fragile des petits oiseaux.

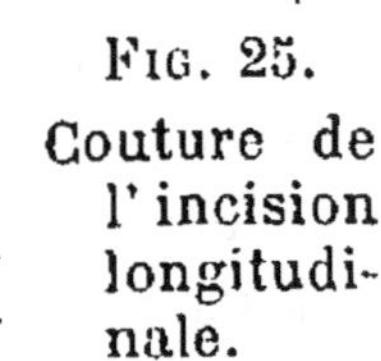

Fig. 25.
Couture de l'incision longitudinale.

Retouche après la couture. — La pression exercée par le fil lors de la couture, se répercutant sur toute la peau, amène forcément des modifications dans le bourrage, une retouche est imminente. L'opérateur pour l'effectuer introduit un poinçon effilé ou une alène dans le corps aux places utiles, et particulièrement sur les parties latérales. Il se sert de cet instrument comme d'un levier, pour remuer, écarter ou resserrer les masses de la substance introduite dans le corps. Il rétablit ainsi les formes que la couture a pu altérer.

Ensuite on place l'oiseau sur le ventre et on fait rentrer successivement chaque humérus dans les cavités pectorales. On replace l'oiseau sur le dos, la tête tournée vers la gauche de l'opérateur et appuyant de la main gauche sur le corps sur la partie où se trouve l'anneau de la tige médiane, on fait ressortir la jambe en la poussant d'arrière en avant et de dedans en dehors, avec la main droite.

Si les jambes se trouvent plus longues qu'elles ne doivent l'être, on les remet en état en les refoulant légèrement vers le corps ; si au contraire elles sont trop courtes, il suffit de tirer un peu dessus pour réparer ce défaut. On fléchit ensuite le tarse sur le tibia, afin de rendre le talon saillant (cette opération ne doit pas se faire avec certains oiseaux de mer comme les mouettes qui ont les jambes toujours droites). La saillie du talon doit toujours se trouver en dehors et en regard du dessous de la queue. L'animal ainsi préparé est prêt à être mis sur pied.

Fig. 26.
Perchoir en bois.

Montage sur le perchoir.—D'une façon générale, les oiseaux percheurs se montent sur des perchoirs à pied et en forme de T (*fig.* 26). Les oiseaux marcheurs sont posés sur simples planchettes. Il existe d'autres manières de monter les oiseaux. Nous les passerons rapidement en revue plus tard : en tout cas il y aurait ironie de mettre un pingouin sur une branche, quoique à la rigueur on puisse aussi bien représenter un faisan sur un arbre que sur le sol, il y a là une question de connaissances des mœurs des oiseaux qui doit guider le préparateur.

Donc pour les oiseaux percheurs ayant choisi un support proportionné à sa taille et à la longueur de ses doigts, on pratique sur la surface supérieure du cylindre, à distance convenable, deux trous qui sont destinés à recevoir le fil de fer des jambes, une vrille est utile pour percer ces trous. On prend alors l'oiseau et on introduit les fils de fer des pattes dans ces trous, on tire sur les fils de fer avec une pince et on les roule autour du cylindre qui forme la traverse.

Quant aux individus qui ne se perchent pas, on les pose sur une planchette que l'on a percée de deux trous placés à des points différents selon que l'on veuille représenter un oiseau au repos ou un animal marchant. On introduit les fils de fer de ces pattes dans ces trous et on recourbe leurs extrémités en dessous de la planchette, ensuite avec un marteau, on les assujettit de manière qu'ils ne puissent se déranger.

Lorsque l'individu qu'on prépare appartient à la famille des palmipèdes dont les doigts sont reliés par une membrane, on étend ces membranes et on les maintient en position en les fixant sur la planche avec des épingles ; on passe ensuite avec un pinceau une couche d'essence de térébenthine sur les pattes et membranes et on les laisse sécher.

Attitude définitive. — Jusqu'ici nous n'avons eu à faire que des opérations tout à fait manuelles, maintenant l'empailleur se double d'un artiste, il faut modeler pour ainsi dire la peau bourrée que vous avez devant vous, en faisant appel à vos souvenirs de chasseur et d'observateur de la nature afin de donner à votre sujet la forme et l'attitude, qui le caractérisaient pendant la vie.

Ici, nous devons nous contenter encore de n'indiquer que la voie, l'étude, l'observation, la consultation de dessins de livres bien faits feront le reste.

Nous énumérons seulement les positions diverses que l'on peut donner au corps d'un oiseau ou à chacune de ses parties.

Le *corps :* allongé, ramassé, traînant, horizontal, vertical, oblique.

Le *dos :* arrondi, aplati, arqué, voûté.

La *poitrine :* arrondie, bombée, à saillies osseuses.

La *tête :* ronde, pleine, pointue, à joues aplaties.

Le *cou :* rentré, renflé, allongé, étroit, vertical, fléchi en avant ou en arrière, recourbé.

Les *jambes :* hautes, très hautes, basses, très basses, droites, fléchies.

Les *tarses :* rapprochés, écartés, droits, inclinés, très inclinés, parallèles, panards.

Les *talons :* découverts ou non par les plumes du ventre, écartés, rapprochés.

Les *ailes :* collées au corps, écartées du corps, couvertes ou non par les plumes du collier ou du manteau, baissées, horizontales, relevées derrière, à extrémités croisées, etc.

Les *doigts*, écartés, rapprochés, l'ensemble tourné en dehors ou dans la direction du corps, etc.

La *queue :* abaissée, appuyée sur le support, relevée, très relevée en arc, allongée en éventail, en dôme, écartée en fourche, en toit.

Les *yeux* enfoncés, saillants, petits et grands.

Un grand nombre d'oiseaux nous sont d'ailleurs d'une vue si familière que nous n'éprouvons aucune difficulté à les naturaliser exactement. La première chose à vérifier, l'oiseau étant fixé sur son support, c'est si son aplomb est parfait, car rien n'est plus désagréable qu'un oiseau ayant l'air de tomber — la chose est d'ailleurs facile à modifier en tirant plus ou moins sur les fils des pattes. Si le bec doit rester fermé, plantez sous le bec pour le tenir fermé une épingle autour de laquelle vous attacherez un fil. Si au contraire le bec doit rester ouvert, maintenez-le avec une boule de coton, on saisit ensuite le bout du fil de fer qui traverse le crâne et on le tire d'une main, tandis que de l'autre on appuie sur la tête, en refoulant le tronc vers le cou, ou en l'allongeant, selon que le cas l'exige, on a donné en même temps au cou et à la tête l'attitude qu'ils doivent conserver. On ne peut rien prescrire à cet égard. Cependant, en général, il est bon de tourner la tête soit à droite, soit à gauche, quelquefois même on dirige légèrement le bec en l'air ; ces positions produisent toujours un bon effet ; il convient d'éviter que la tête soit dirigée en avant si l'on veut que l'animal ait un air animé et de la grâce.

On s'occupe ensuite des ailes ; leur position varie selon les espèces et le goût des préparateurs. Tantôt elles sont couvertes, c'est-à-dire qu'elles sont cachées dans les plumes de la poitrine et des parties latérales du corps qui se relèvent de bas en haut et de devant en arrière. Tantôt elles sont découvertes, c'est-à-dire que leurs bords supérieurs ne se trouvent point cachés par les plumes de la poitrine et que leurs bords supérieurs paraissent jusqu'à leur extrémité, ou encore elles sont plus ou moins étendues.

La première de ces positions sert à représenter un oiseau quand il a froid ou qu'il est au repos, la seconde le représente prêt à prendre son vol, et le dernier effectuant ce vol.

La première position est donnée naturellement par les fils attachés au radius et reliant les jointures des humérus que nous avons nouées à l'intérieur du corps (voir page 49) ; les autres s'obtiennent en étendant plus ou moins le fil de fer de l'armature que nous avons glissé contre les os de ces ailes.

Quoiqu'il en soit, surtout lorsque les ailes sont un peu fortes, il est bon de les soutenir pendant le séchage avec un morceau de fil de fer (qui sera retiré lorsque l'animal sera parfaitement sec), on passe donc un morceau de fil de fer dont une extrémité est taillée en pointe dans la partie supérieure de l'aile droite, on lui fait traverser le corps de l'animal et la même partie supérieure de l'aile gauche. On prend ensuite un second fil de fer très fin, on lui fait un crochet à un des bouts et on fixe ce crochet aux grandes pennes d'une des ailes vers le tiers supérieur de leur longueur, on l'arrondit en le courbant sur le dos et on vient saisir avec un crochet fait à son autre extrémité les pennes de l'autre aile ; par ce moyen, on les maintient toutes deux en place avec la plus grande facilité.

Avec les très petits oiseaux, on peut se contenter d'un fil que l'on passe au moyen d'une aiguille à travers les ailes et le corps et dont on noue les deux bouts vers le milieu du dos.

Il est bon de soutenir aussi la queue en la serrant entre deux fils de fer assez fortement pour empêcher les pennes de se rapprocher quand on a jugé bon de les écarter.

On vérifie si les paupières ne se sont pas relâchées ou fermées, dans ce cas on les ouvre et on les arrondit avec les pinces brucelles et l'on bourre l'œil avec du coton pour les maintenir pendant leur dessiccation et empêcher qu'elles ne se contractent et se déforment.

Ceci fait on *lisse*, on *peigne* l'oiseau, cette opération consiste à passer sur tout le plumage un gros pinceau en poil de blaireau ou de martre, de manière à bien unir toutes les plumes ; s'il s'en trouve quelques-unes de dérangées on les saisit avec les branches de la pince brucelles et on les remet en place, si elles se montrent récalcitrantes et ne veulent pas rester dans la position qu'on leur donne, on les y maintient en les reliant par des fils à de longues épingles plantées dans le corps de l'animal. Ces fils seront coupés avec des ciseaux et les épingles enlevés quand l'oiseau sera bien sec.

Afin que pendant le séchage il ne se produise aucune déformation, il faut linger l'oiseau : voici comment on y procède. On prend trois bandelettes de linge d'une grandeur proportionnée au volume de l'animal. On fait tenir par un aide le support sur lequel il est fixé, puis on enveloppe la partie inférieure du cou avec des bandelettes et en croisant les deux extrémités sur le dos, on les serre convenablement et on les assujettit au moyen d'une épingle. La seconde bandelette est placée vers le milieu du corps et recouvre la poitrine et la partie moyenne des ailes. La troisième embrasse l'abdomen de l'oiseau et vient s'attacher un peu au-dessus du croupion. En plaçant ces bandelettes il faut toujours agir dans le sens des plumes, c'est-à-dire d'avant en arrière.

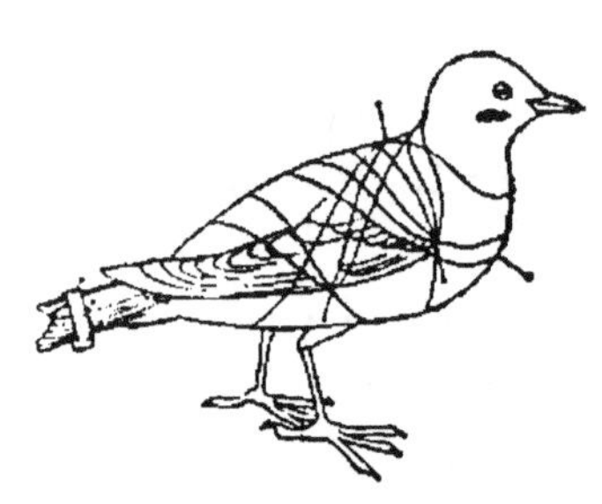

Fig. 27. — Oiseau ficelé.

Quelques naturalistes ne lingent pas leurs spécimens, ils les *ficellent*, pour cela ils plantent un peu partout dans le corps de longues épingles et passent sur tout le plumage un fil en spirales plus ou moins rapprochées qui sont maintenues par les épingles (*fig.* 27). Suivant les cas on serre plus ou moins les fils.

Fig. 28.

Oiseau aux ailes déployées avec bandes de carton.

Lorsque l'oiseau a les ailes dans la position du vol ou la queue étendue, une bonne précaution pour maintenir définitivement les ailes dans leur position consiste à les enserrer entre deux bandes de carton assez fort réunies par des épingles. On place trois de ces doubles bandes à chaque aile étendue et une seule à la queue. (*fig.* 28). On laisse l'individu dans cet état jusqu'à ce qu'il soit parfaitement sec ce qui demande trois semaines environ, on enlève alors les bandes de linge ou les ficelles, les épingles et les bandes de carton; on n'oubliera pas non plus de retirer le fil de fer destiné à supporter les ailes et la queue durant le séchage.

Avec des pinces coupantes, on tranche les extrémités des fils de l'armature qui traverse la partie supérieure des ailes. on coupe aussi juste au niveau de la tête (afin que les plumes puissent le cacher) le bout du fil de fer du cou de l'armature, qui ressort en dessus du crâne après avoir percé ledit crâne ; on achève ensuite d'éplucher l'oiseau et de remettre les plumes dans leur état naturel.

La dernière opération consiste à placer les yeux factices dans les orbites[1]. Pour ne point commettre d'erreurs relativement à leur couleur le préparateur a eu bien soin d'observer la couleur de ceux de l'oiseau qu'il a traité. Les yeux en émail se trouvent chez les fournisseurs d'articles pour naturalistes. On les fabrique soit en noir, soit en couleur; les yeux noirs n'ont ni iris ni pupille, ils sont en émail entièrement noir; les yeux de couleur ont la pupille ronde et noire, l'iris varie de couleur, il est jaune paille, jaune citron, orange, carmin, rouge vif, rouge brique, noisette, sépia, brun foncé, blanc, vert, bleu franc, bleu cendré, etc., le naturaliste aura bien soin de choisir une couleur correspondante à celle qu'avaient les yeux du sujet vivant; le prix des yeux en couleur varie suivant leur diamètre de 0 fr. 10 à 3 fr. 50 la paire, ils sont désignés dans le commerce sous des numéros correspondant à leur diamètre, nous donnons les numéros qui conviennent aux principales espèces : 1 et 2, oiseau-mouche ; 3, roitelet; 4, perruche ondulée ; 5, fauvette, gobe-mouche ; 6, bec-croisé ; 7, tourterelle mâle, 8, épervier, picvert; 9, geai, perroquet, coucou,

---

1. Nous avons dit page 42 que plusieurs naturalistes placent avec raison les yeux lors du dépouillement, au moment du retournement, dans ce cas l'opération étant faite il n'y a pas lieu de s'en occuper maintenant.

cormoran ; 10, coq ; 11, busard Saint-Martin, chevêche ;
12, grue cendrée, cigogne ; 13, moyen-duc, buse ;
14, autour, héron cendré ; 15, grande outarde ;
16, aigle ; 17, vautour ; 18, gypaète ; 19 à 23, casoar,
nandou, autruche ; 24 et 25, chouette harphang ;
26, grand-duc.

On commence par ôter un peu du coton qui tient
les paupières entr'ouvertes et on remplace ce coton
par une petite quantité d'étoupe mouillée, au bout
d'une heure le ramollissement est complet et on peut
enlever l'étoupe et placer les yeux.

Les yeux convenables ayant été choisis, on écarte
les paupières avec une pince fine, on introduit dans
l'orbite, par petites quantités, une quantité de mastic
à peu près égale à une fois et demie le volume de
l'œil, on coupe avec une pince le fil de fer qui relie
les deux yeux et on en place un dans chaque orbite,
on glisse une épingle sous la paupière pour la ramener
partout sur l'œil ; avec une épingle aussi on repousse
la peau de tout le pourtour de l'œil afin que la paupière soit bien en place.

Le montage est alors terminé.

OBSERVATIONS COMPLÉMENTAIRES

Différents montages. — Nous n'avons décrit que les
deux modes de montage les plus usités, montage sur
perchoir, ou montage sur plateau ; mais ils peuvent
varier à l'infini, ainsi les pics se font *grimpants*
(*fig.* 29), c'est-à-dire attachés au tronc d'un arbre, les
oiseaux de proie se montent souvent sur des branches
fixées à un socle permettant de s'accrocher au mur
(*fig.* 30), des perroquets sur des perchoirs en métal
(*fig.* 31), des flamands en lampe de parquet (*fig.* 32),
c'est-à-dire soutenant dans leur bec une lampe, etc.,

nous ne pouvons nous étendre plus longuement sur
ces différents genres qui dépendent de la fantaisie et
de l'imagination de l'opérateur. D'ailleurs au point de
vue technique le procédé opératoire est toujours le

Fig. 29. — Oiseau monté
grimpant (pic).

Fig. 30. — Oiseau monté
sur branche (rapace).

même, les fils des pattes sont toujours introduits perpendiculairement ou obliquement dans des trous
percés dans la planchette, branche ou tronc d'arbre
qui les supporte. Il n'en est pas de même pour les
oiseaux montés au vol (*fig.* 33) qui s'accrochent au
plafond, que leur vol soit plongeant ou non ; ils sont
suspendus à l'aide d'un cordon se passant dans un
anneau placé sur le dos, en un point permettant d'équi-
librer le corps ; cet anneau est attaché à l'aide d'un fil
de fer à la tige médiane de l'armature ; ceci n'offre
aucune difficulté et ne demande pas de plus longues
explications.

Les oiseaux montés en nature morte (*fig.* 34 et 35),
s'appliquant sur un panneau, suspendus soit par une
patte, soit par le bec n'exigent non plus aucune préparation spéciale, l'anneau de suspension correspond
suivant le cas au fil de tête de l'armature ou à l'un des

fils des pattes; la seule difficulté réside dans l'attitude à donner aux différentes parties du corps afin de bien rendre la position d'un oiseau ainsi suspendu.

Accidents. — Il peut arriver soit pendant le dépouillement, soit pendant le montage, qu'une déchirure se produise dans la peau qui est très fine chez certaines petites espèces et surtout chez les sujets gras. Si la déchirure est petite, on négligera de la boucher et on bourrera ce point avec de la filasse grossière, mais si elle est assez considérable pour que la filasse puisse y passer au travers, une réparation est nécessaire, mais elle est délicate et demande une main exercée. Elle consiste en une couture faite au dedans de la peau en suivant la méthode indiquée pour la couture de l'incision abdominale; à

Fig. 31.

Perroquet monté sur perchoir.

chaque point de suture il faut regarder en dehors pour voir si le passage du fil ne déplace pas quelques plumes de leur direction naturelle, auquel cas on les replace de suite avec les pinces.

Lorsqu'une plume est cassée, on peut essayer de la réparer en la coupant franchement et en introduisant dans le tuyau une petite brochette en bois garnie de colle arabique qui réunira les deux parties. Un oiseau

Fig. 32.
Flamant monté
en lampe de parquet.

Fig. 33.
Oiseau monté au vol
(mouette).

est parfois détérioré par la perte, dans quelque endroit, d'un nombre plus ou moins grand de plumes. Si le mal n'est pas trop grand on peut le réparer, on prend sur un autre sujet ou s'il y a impossibilité de le trouver, sur une partie correspondante du même sujet des plumes semblables à celles qui manquent et on les arrache, mais en évitant de trop dégarnir afin que cela ne paraisse pas. Lorsqu'on en a une quantité suffisante on les place devant soi dans une petite boîte. On prend alors une plume avec les pinces brucelles et on coupe d'un coup de ciseau son tuyau au bas de la naissance des barbes. On plonge sa base, c'est-à-dire l'endroit coupé, dans un petit pot contenant de la gomme arabique et soulevant de la main gauche armée d'une aiguille les plumes qui bordent la place dénudée, on introduit à l'aide des pinces brucelles la nouvelle plume, on l'y fixe en appuyant légèrement sur la surface gommée. Il faut placer la nouvelle plume de façon que les autres que l'on a soulevées la cachent aux deux tiers lorsqu'on les laisse retomber, Ceci fait, on prend une autre plume que l'on ajuste de la même manière que celle-ci en la recouvrant un peu sur le côté, on en

Fig. 34.
Oiseau monté en nature morte (canard).

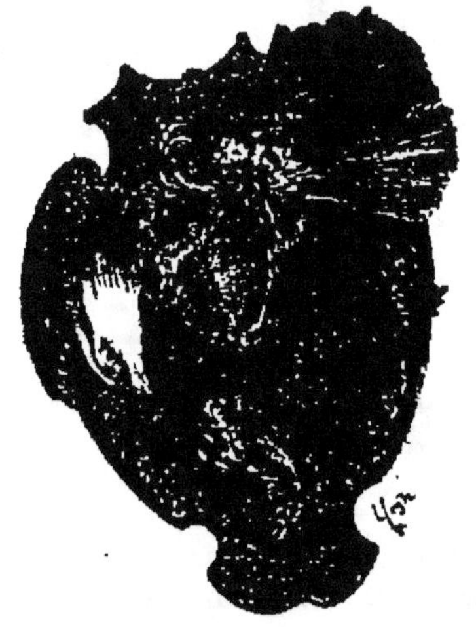

Fig. 35.
Oiseau monté en nature morte sur écusson (gélinotte).

place une troisième, une quatrième, ainsi de suite. Lorsque ce premier rang est placé, on soulève le bout des deux premières plumes collées et par dessous on en colle une nouvelle, qui doit être recouverte aux trois quarts de sa longueur par les deux côtés des autres, on en ajuste une seconde, une troisième et ainsi de suite, puis on recommence un second rang, un troisième, un quatrième. On peut commencer par en bas au lieu de par le haut et au lieu d'ajuster les plumes les unes sur les autres, les placer les unes dessus les autres, c'est peut-être plus facile. Dans tous les cas, on doit faire recouvrir absolument les unes et les autres comme les tuiles d'un toit en ménageant avec adresse celles qui auraient encore pu rester sur la peau.

Becs de couleurs. — Chez les palmipèdes et les échassiers en particulier le bec et les pattes sont souvent parés de couleurs brillantes, mais il arrive assez fréquemment que ces couleurs se ternissent soit par suite d'une mauvaise préparation, soit surtout par suite d'un séchage trop lent. Pour réparer ce défaut il faut donner à ces organes une couche de peinture, employer des couleurs fines à l'huile en tubes et donner une couche finale de vernis pour obtenir le brillant.

Arcade sourcilière des rapaces. — Certains rapaces, les aigles en particulier, offrent au-dessus de l'œil un petit os que l'on dénomme arcade sourcilière, recouvrant l'œil comme un sourcil très saillant, il convient de le conserver lors du dépouillement; si on ne l'avait fait, on le remplacerait par un petit morceau de carton que l'on insérerait sous la peau au-dessus de l'œil.

Crêtes charnues, caroncules. — Nous avons déjà indiqué qu'il fallait faire dessécher les crêtes, caroncules ou autres organes charnus que certains oiseaux possèdent sur la tête ou le cou; mais ce procédé, intéressant au point de vue scientifique, n'est pas suffisamment agréable à l'œil chez un oiseau monté.

Il vaut alors mieux supprimer complètement ces organes et les remplacer par d'autres artificiels que l'on modèle avec une matière plastique qu'on trouve chez les fournisseurs pour naturalistes. Boitard nous donne une formule excellente. « On prendra deux tiers de blanc d'Espagne, très fin et très pur, et un tiers de blanc de céruse, on les jettera dans un mortier de marbre ou de cuivre et l'on y versera un peu d'huile de noix rendue dessiccative selon la méthode des peintres[1]. Si on en n'avait pas de préparée ainsi, on pourrait la remplacer par de l'huile de noix ordinaire mais très vieille. On triture le tout jusqu'à ce que la composition ait acquis de la consistance et un certain degré de finesse. On la laisse ainsi fermenter pendant vingt-quatre heures au moins, après quoi on recommence à la triturer en y remettant de l'huile, lorsqu'elle a sous la main la mollesse et la ductilité convenable, c'est-à-dire lorsqu'elle ne s'attache plus aux doigts, on la retire et on possède un très bon mastic, d'un assez beau blanc. Si on le désire d'une autre couleur, il faut en le triturant y mêler du noir de fumée pour l'avoir gris ou noir, du minium pour l'avoir d'une belle couleur chair, du vermillon et du cinabre pour imiter les appendices de certains animaux, un peu d'indigo mêlé au rouge précédent pour obtenir le violet des membranes du dindon, de l'oie pour le jaune, etc., etc. On conserve ce mastic dans un vase ou un sac de peau et plus il est vieux, meilleur il est, pourvu qu'on ne l'ait pas laissé dessécher. Lorsqu'on veut s'en servir, il ne s'agit que de le pétrir à nouveau avec de l'huile pour lui rendre sa première mollesse. »

Membranes des palmipèdes. — Les membranes palmées qui se trouvent entre les doigts des palmipèdes sont sujettes à se recroqueviller à la longue ; on évite cet accident en glissant entre elles et la planchette support un petit morceau de carton coupé aux dimensions exactes de chaque membrane ; on cloue cette dernière au carton à l'aide de pointes très fines.

1. L'huile de lin siccative peut remplacer l'huile de noix. (N. D. L. A.)

PRÉPARATION DES OISEAUX EN SAINT-ESPRIT

Le nom que l'on donne à cette façon de préparer les oiseaux vient de leur attitude définitive qui est celle que les peintres religieux donnent à la colombe par laquelle ils représentent le Saint-Esprit. Cette méthode est assez simple et mérite d'être signalée.

Les sujets sont dépouillés d'après la méthode ordinaire, mais en y laissant très peu de matière osseuse, on coupe le crâne le plus près possible de la base des mandibules du bec, en ayant grand soin de laisser celles-ci intactes. On laisse les os du tarse, seulement chez les petits sujets. On enlève soigneusement toutes les chairs et matières grasses de la peau en les grattant à l'intérieur avec le scalpel et on l'enduit de savon arsenical. Lorsqu'elle est aux trois quarts sèche, on la place sur une feuille de papier Joseph ou gris non encollé et on étend les ailes à droite et à gauche ainsi que les pieds, que l'on rejette un peu sur les côtés. On place un peu de coton dans la tête pour lui donner la même épaisseur que le bec et on met des yeux en émail. On prend grand soin de bien arranger et lisser les plumes, on étend sur le tout quelques feuilles de papier buvard ou Joseph et l'on met en presse entre deux planches que l'on charge légèrement. On visite journellement changeant les papiers dès qu'ils sont humides et cela jusqu'à dessiccation complète.

Ce procédé étant autrefois surtout destiné à former des collections peu encombrantes sur carton, voici comment on y procédait, comme l'indique Boitard en 1825. « L'oiseau sec, on le pose sur une feuille de carton et l'on y fixe, au moyen de très minces fils de fer qui le saisissent par le cou, les pattes et les ailes et vont se nouer par-dessus le carton. On pose sur son plumage, une feuille de papier mince et une autre plus épaisse par dessus celle-ci. Lorsqu'on possède un bon nombre d'oiseaux préparés de cette manière, on peut les réunir en espèces de cahiers fort intéressants. »

Il conviendra de visiter de temps en temps ces cahiers afin de voir si les plumes et la peau ne sont pas attaquées par les insectes, dans ce cas on les enduira d'une solution alcoolique de sublimé.

Nous n'approuvons pas cette collection en cahiers, et à notre avis il vaut mieux simplement conserver les spécimens en peau, mais au point de vue décoratif, la préparation en Saint-Esprit est intéressante, permettant l'application d'oiseaux sur des paravents, des écrans, etc., etc.

PRÉPARATION DES OISEAUX EN DEMI-BOSSE

Nous devons aussi à ce vieil auteur Boitard le mode de préparation des oiseaux en demi-bosse. « Sur un carton épais, ou même une petite planchette d'une ligne ($0^m,22$) d'épaisseur on colle un mannequin de liège dans les proportions justes du corps d'un oiseau dont on aurait enlevé la moitié sur un des côtés. Après avoir dépouillé un oiseau selon la méthode ordinaire, on coupe sa peau en deux parties égales, avec des ciseaux très fins. On commence à couper à côté de la queue, qui doit rester entière dans la portion de la peau à employer, on suit le long du dos, du cou pour arriver au bec et celui-ci doit aussi rester entier après la peau. On fait la même opération en dessous, en suivant exactement la ligne du milieu du corps et l'on vient finir au même point où l'on a commencé. Avec une petite scie faite avec un ressort de montre, on partage le crâne en deux en commençant vers le milieu du trou occipital et sciant un peu de travers pour finir sur le côté du bec ; on conçoit que c'est la partie la plus grande qui doit rester attachée à la peau.

Fɪɢ. 36. — Scène de *Chantecler* en oiseaux montés en demi-bosse.

« Lorsque tout est ainsi préparé, on donne à la peau une couche de préservatif, et l'on remplit le crâne de pâte gommeuse[1]. On bourre la cuisse selon la méthode ordinaire et l'on applique sur toute la peau une couche épaisse de pâte gomme, recouvrant entièrement celle de préservatif, on colle le plus proprement possible sur le mannequin, on remplit le cou de coton haché, puis on pose la tête dans une bonne attitude. Elle se trouvera naturellement un peu tournée du côté du spectateur. On s'occupera alors de placer la queue et la patte, qui toutes deux seront restées pendantes et on les fixera, l'une le long du fond, au moyen de deux ou quatre épingles, l'autre sur un petit juchoir implanté ou collé sur une cheville. Si l'oiseau appartenait à une espèce qui ne se perchât pas, on collerait contre le fond, au lieu d'un juchoir, un petit morceau de liège gommé et saupoudré de sable fin, pour représenter un terrain. On prend la patte qui reste attachée au morceau de peau inutile, on la coupe, on la colle contre le fond, derrière l'autre qui doit en être plus ou moins écartée. On fixe l'aile avec des épingles, on lisse et on arrange les plumes, on place l'œil de la manière ordinaire et l'opération est finie. »

Boitard nous indique cette méthode de préparation

1. La pâte gommeuse de Nicolas, autrefois très employée, se compose de :

Coloquinte	2 parties
Gomme arabique	4 —
Amidon	6 —
Coton haché menu	1 —

On fait bouillir la coloquinte découpée en petits morceaux dans huit fois son poids d'eau, on passe la liqueur à travers un linge, puis on y délaie la gomme et l'amidon, on fait cuire le tout sur un feu modéré, en le remuant continuellement et lorsque le mélange forme une bouillie épaisse, on y jette le coton haché et on agite bien le tout. Pour bien conserver cette pâte ajouter en dernier un peu d'alcool.

pour utiliser un oiseau précieux et très difficile à se procurer dont une moitié du corps se trouve si abîmée qu'on ne peut le monter de la manière ordinaire; au point de vue décoratif on peut tirer parti de ce procédé pour faire sur un sujet quelconque des applications d'oiseaux en relief avec leurs plumes (*fig.* 36 et 37).

Fig. 37.

Oiseau demi-bosse sur écran.

OISEAUX EN TABLEAUX

Pour exécuter ce véritable travail de patience, on prend une feuille de papier ou mieux un morceau de carton bristol, on dessine les contours exacts, comme formes et dimensions du profil de l'oiseau que l'on veut reproduire, on enduit de colle de gomme arabique épaisse toute la surface intérieure de ce profil en arrachant successivement toutes les plumes de l'oiseau. On commence par les plumes de la queue ayant soin de les couper dans le sens de la longueur contre le tuyau pour que cet organe se présente en perspective, puis successivement celles des couvertures, du corps et des ailes, on peut alors soit coller l'aile entière, dépouillée des os et des muscles, soit les pennes seulement. Continuez par les couvertures des ailes, les épaules et la tête. Certains opérateurs peignent à l'aquarelle le bec, l'œil et les pattes, d'autres fixent en le cousant par derrière le carton un œil en émail et ayant coupé par le milieu de leur longueur les mandibules du bec, les ajustent sur le carton ou sur le papier, ils opèrent de même pour les pattes dont on ne conserve que la peau écailleuse et les ongles.

Ainsi que nous le disions, ce travail demande une grande patience, car il faut placer toutes les plumes sans exception dans leur ordre, de façon à ce qu'elles se recouvrent naturellement les unes les autres... et le résultat final est insignifiant pour ne pas dire plus, quoique certaines personnes se plaisent à faire encadrer de pareils tableaux.

OISEAUX MONTÉS EN ÉCRAN

Certains oiseaux, tout caractère scientifique étant laissé de côté, font un très joli effet, montés en écran, et c'est un moyen artistique de conserver le souvenir d'un joli coup de fusil ; les hiboux, grands et petits ducs, les mouettes et oiseaux de mer, les buses et les faucons et même-les corbeaux se prêtent particulièrement à ce mode d'utilisation.

Nous étant procuré un spécimen de ces oiseaux, avec si possible les ailes non cassées, nous le dépouillerons selon le procédé habituel, mais en faisant l'incision première sur le dos au lieu de sur le ventre ; les os, les ailes seront parfaitement nettoyés ainsi que le crâne, on coupera les ailes

Fig. 38.
Ecran: Etendage
des ailes.

ainsi que la queue avec la portion du coccyx qui la supporte ; les reins, l'arrière-ventre et les pattes ne pourront être rejetés mais on conservera tout l'avant-corps jusqu'au début des cuisses. On ouvrira les ailes et on les étendra l'une à côté de l'autre sur une planchette, les faisant partout se toucher par leur bord interne ; l'arrangement des plumes devra être tout à fait symétrique pour les deux organes (*fig.* 38) ; on les maintiendra en position jusqu'à complet séchage au moyen de fines épingles d'entomologistes, s'aidant

au besoin de bandes de carton mince pour maintenir
sur place quelques plumes rébarbatives. On passe
parfois un fil de fer le long des os des ailes comme
pour le montage, mais quoique cela donne plus de
solidité, cela n'est pas absolument nécessaire. La
queue, les plumes également déployées, est étendue
sur un coin de la même planchette ou sur une autre
séparée. La peau est alors retroussée sur la tête, le
cou et la poitrine, on passe dans l'intérieur un fil de
fer qui traverse le crâne comme pour le montage ordi-

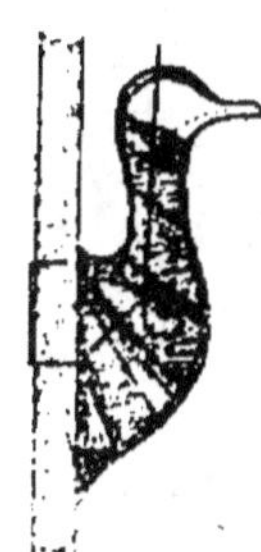

FIG. 39.
Montage
du cou.

naire ; il faut le maintenir plus long que la
partie conservée, car son extrémité postérieure doit passer dans un trou percé dans
le fond de l'écran et être recourbé par derrière. Il est bon de tordre ce fil de fer pour
former un petit anneau afin de l'empêcher
de glisser (*fig.* 39). On bourre alors avec de
l'étoupe la tête, le cou et la poitrine et on
l'applique contre le fond, le fil de fer maintenant le tout appliqué contre ce support
comme nous l'avons expliqué. Il est préférable de mettre les yeux avant de bourrer, ils sont
ainsi plus solides et notre écran peut être exposé à
des chocs.

On prend le fond qui consiste soit en une mince
planchette de bois, soit en un morceau de carton sur
lequel nous venons d'appliquer la tête et la poitrine
de l'oiseau et on le fixe à un manche. On le polit,
on le monte afin de n'avoir plus à y revenir.

Quand les ailes sont complètement sèches, on les
colle sur le fond symétriquement par rapport au
manche et de façon à entourer la base de la portion :
tête, cou et poitrine déjà placés et à garnir complètement le fond de l'écran sauf sur la partie sise en-
dessous de la poitrine qui recevra la queue étendue ;
la queue sera collée en cet endroit de la même façon

que les ailes dont les bords seront légèrement recouverts par les pennes de côté (*fig.* 40). On peut consolider le tout à l'aide de petits fils de fer qui, après
avoir enserré le tuyau de quelques plumes viendront
s'attacher par derrière le fond.

En dernier lieu on recouvrira la face de derrière
avec de la soie ou toute
autre étoffe convenable. La
façon la plus pratique consiste à couper un carton de
même grandeur, à le garnir
d'un peu de molleton et à le
recouvrir de l'étoffe dont on
rabat les bords. On colle
ensuite le tout sur la face de
derrière du fond.

En montant de cette façon
un oiseau de plus grande
dimension tel un cygne,
une oie, etc., on peut, au lieu d'un écran à main,
obtenir un écran sur pied.

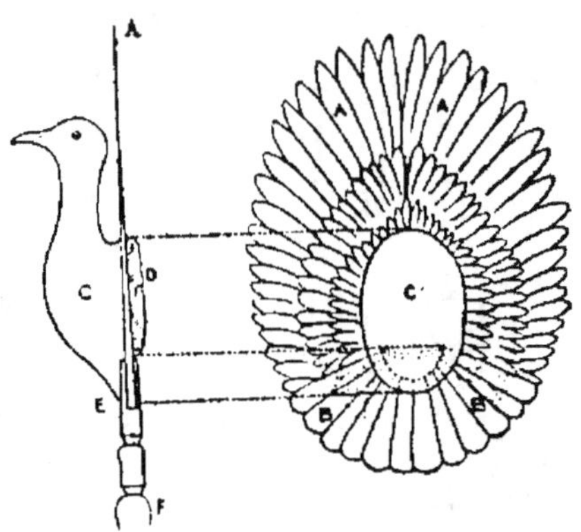

FIG. 40. — Écran.

C cou. AA ailes. BB queue. C Carton.
D Molleton. F Manche.

CONSERVATION DES ŒUFS

Les œufs des oiseaux se conservent fort bien, à la
condition qu'ils soient vidés des substances qui en garnissent l'intérieur; ces substances, si elles n'étaient
enlevées, se décomposeraient et feraient éclater la
coquille.

Vider un œuf est une opération des plus faciles. Si
le spécimen est un peu gros et de coquille résistante,
on n'a qu'à percer l'œuf de part en part avec une
aiguille très fine, puis à souffler à l'un des bouts pour
faire sortir les liquides par l'ouverture opposée; puis
faisant pénétrer de l'eau dans l'intérieur, on lave l'œuf

jusqu'à ce que l'eau sorte tout à fait propre. Il est bon de les rincer intérieurement et extérieurement avec une dissolution de sublimé corrosif dans de l'alcool; enfin l'œuf est placé sur plusieurs doubles de buvard et mis à sécher, lorsqu'il est parfaitement sec il peut être mis dans la collection.

Lorsque l'œuf est petit et à coquille tendre, l'opération est plus délicate, on se sert pour percer d'un perforateur spécial (*fig.* 41), petit instrument en acier à côtes saillantes qui permet de faire un trou régulier sans faire éclater la coquille; ce qui

Fig. 41.
Perforateur d'œufs.

arrive le plus souvent sans cet outil. On roule le perforateur entre les doigts en appliquant la pointe à l'endroit où l'on veut opérer l'ouverture ; on la proportionne à la taille de l'œuf et juste suffisante pour y insérer la pointe de la pipette en verre (*fig.* 42). Avec une fine aiguille on agite les liquides de l'intérieur afin de bien mélanger le jaune et le blanc, puis introduisant l'extrémité pointue de la pipette dans l'ouverture, on aspire doucement avec la bouche le

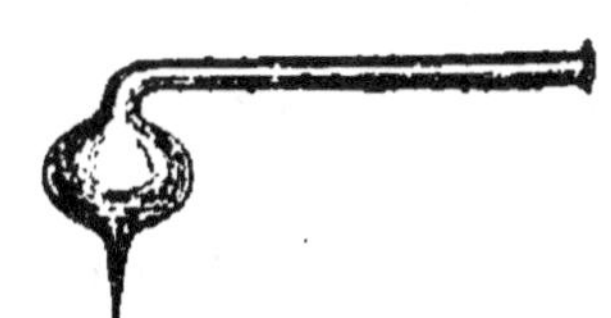

Fig. 42.
Pipette pour vider
les œufs.

jaune et le blanc qui remontent dans le tube mais s'arrêtent dans l'ampoule dont est muni l'instrument sans pouvoir atteindre la bouche.

Il faut néanmoins avoir soin de ne pas laisser remplir l'ampoule, mais bien de la vider deux ou trois fois durant l'opération. Il est bon de pratiquer en un autre point de la coquille, un très petit trou, sans quoi, par suite de l'aspiration faite, le vide se produirait dans l'intérieur de l'œuf et la moindre pression pourrait briser la coquille.

L'œuf bien vidé, on remplit la pipette d'eau que l'on

insuffle dans l'intérieur, puis on la retire en aspirant, on continue l'opération jusqu'à ce que l'eau revienne parfaitement claire. On projette de même dans la coquille la solution antiseptique de sublimé dans de l'alcool.

Cette façon d'opérer doit être adoptée pour les œufs destinés aux échanges, car actuellement les amateurs ne veulent plus d'œufs percés aux deux pôles ; ils exigent qu'ils n'aient qu'une seule ouverture sur le flanc, ce que l'on peut faire aisément avec les instruments que nous venons de décrire ; avec des précautions le deuxième trou peut être évité si les coquilles ne sont pas extrêmement tendres, et dans ce dernier cas, une ouverture microscopique suffit et on peut aisément la boucher avec un peu de cire blanche.

Lorsque les œufs sont couvés et contiennent un embryon mal attaché à la coquille ; on perce les matières solides en plusieurs endroits avec une aiguille fine ; après avoir sorti à l'aide de la pipette la plus grande quantité possible de matières liquides, on y introduit, au moyen du même instrument, de l'eau dans laquelle on a fait dissoudre du carbonate de soude. Bouchant le trou avec les doigts, on agite fortement et on laisse reposer vingt-quatre heures. La solution de carbonate de soude dissout les matières solides, et on peut aisément vider l'œuf par les moyens ordinaires. Ne pas omettre de bien rincer l'intérieur avec de l'eau pure.

Certains préparateurs pour enlever l'embryon font dans la coquille un trou proportionné à la grandeur de celui-ci, il faut se servir pour cela de ciseaux très fins et découper la coquille de façon à pouvoir en enlever un morceau entier ; l'embryon est alors retiré au moyen d'un instrument pointu tordu en spirale, dit *vide-œufs* (*fig.* 43), l'œuf vidé, on remet le morceau de coquille enlevé et on le soutient avec une pièce de papier transparent ; le collodion gommé, que vendent les pharmaciens pour appliquer sur les plaies, fait un très bon office pour réparer les œufs, néanmoins le premier moyen est préférable, causant moins de dégâts à la coquille.

Parfois les œufs à préparer sont souillés par la couveuse ; il est bon de les laver avec un linge fin imbibé d'eau, à laquelle on peut ajouter sans inconvénient un tiers ou moitié d'eau de javelle. Il faut néanmoins procéder en tâtonnant, car si la plupart des œufs supportent le lavage sans altération, il en est quelques-uns, comme ceux du Loriot et des Lagopèdes, qui se décolorent très facilement au moindre frottement.

Fig. 43. Vide-œufs.

Les collections d'œufs sont toujours très fragiles, quelques amateurs les collent sur des bourres de caoutchouc collées elles-mêmes à une planchette ou un fort carton ; d'autres les placent dans des boîtes à tiroirs partagés en cases plus ou moins grandes selon les familles, afin que les spécimens puissent s'y trouver à l'air. Le fond est garni de coton fin dédoublé, coupé aux ciseaux, et légèrement pressé en creux pour que les œufs s'y trouvent au milieu comme dans leurs nids. Il est un moyen très pratique d'obtenir ces boîtes ou tiroirs à casier : au fond d'une boîte de dimension voulue, on colle les unes à côté des autres, de manière à le garnir entièrement, des séries de petites boîtes d'un usage commun, comme intérieurs de boîtes d'allumettes tison ou suédoises, boîtes de plaques photographiques 4 1/2 × 6 ou plus grandes. Ce système est très pratique.

Il ne faut pas oublier que tous les œufs exposés à la lumière du jour se décolorent très rapidement et qu'en quelques mois une collection peut, dans ces conditions perdre toute sa valeur ; quel que soit le mode d'arrangement, il faut que les coquilles soient à l'abri de l'humidité et de la lumière.

NIDS

Nids. — Les nids d'oiseaux sont intéressants à collectionner, et l'on complète grandement la valeur des spécimens que l'on possède en leur ajoutant si possible et leurs nids et leurs œufs.

Une bonne recommandation est de ne prendre et de ne cataloguer un nid que lorsqu'on a pu surprendre la mère dessus, afin d'être certain de ne pas faire d'erreurs sur l'espèce.

Il faut autant que possible enlever les nids avec ses supports ; s'il est construit sur une branche, on coupera cette branche et on la laissera fixée au nid après avoir retranché sa base et son extrémité à quelques centimètres du nid, on peut également monter cette branche sur un petit support en bois. Ceux qui sont établis à terre ou sur des pierres, dans les branches des arbres, sur des rochers seront recueillis le plus complètement possible sans en laisser la moindre partie ; on les place sur une planchette. Les nids, qui comme ceux des hirondelles sont appliqués contre les murs, sont détachés avec beaucoup de précautions et scellés sur une planchette dans la position qu'ils avaient naturellement.

La seule préparation à faire subir à un nid consiste à le nettoyer de toutes les ordures et corps étrangers qui pourraient s'y trouver. Il est bon pour détruire les insectes de le faire passer dans une étuve chauffée à une chaleur convenable, un four dont on vient de retirer le pain convient très bien. Ce procédé détériorant plus ou moins le nid, il est préférable de le faire tremper dans un bain d'eau dans laquelle on fait dissoudre du sublimé corrosif (bichlorure de mercure) dans la proportion de 1 pour mille. On fait ensuite ressuyer le nid, qui est alors parfaitement débarrassé de ces parasites.

Les nids peuvent se conserver indéfiniment à la condition qu'ils soient maintenus à l'abri de la poussière, les cases vitrées conviennent parfaitement, mais elles sont coûteuses. Voici, rapporté par M. A. d'Hamonville, un moyen de les établir très économiquement, inventé par le docteur Bureau : on prend cinq feuilles de verre de dimensions égales et proportionnées au volume du nid que l'on veut enfermer. Les cinq feuilles posées sur une table, les unes à côté des autres, de manière à former une croix, une mince bande de baudruche est collée sur les bords de la feuille qui forme le centre de la croix; et sur un seul bord des quatre feuilles juxtaposées, de façon à faire charnière. Quand la baudruche est sèche, on soulève ces feuilles et on les rapproche pour former une cage carrée, puis on colle une nouvelle bande de baudruche aux quatre angles de la cage, qui a l'aspect d'une cloche carrée. Si on veut être élégant, on rapporte sur la baudruche une bande de papier coloré. Ceci fait, on prend un socle de bois peint à la céruse, préalablement préparé, et un peu plus large que la cage en verre, on y pose celle-ci en indiquant ses contours avec un crayon, on y fait une petite rainure dans laquelle le verre entre et, après avoir passé le nid sous la cage, il n'y a plus qu'à poser un peu de mastic pour enfermer le nid et le conserver indéfiniment.

Une bonne pratique consiste à garnir intérieurement le nid avec des œufs de l'espèce auquel il appartient.

CHAPITRE IV

LES OISEAUX (suite)

LES PLUMES, LEUR UTILISATION

Parmi tous les éléments servant à l'ornement que l'homme retire des animaux, il n'y en a pas un seul qui ait été sollicité depuis plus longtemps que le plumage des oiseaux.

Il faudrait remonter jusqu'à nos ancêtres préhistoriques pour rechercher les origines de cette mode et les monuments égyptiens nous montrent que déjà quinze ou vingts siècles avant le Christ les femmes maniaient des éventails de plumes, les guerriers se paraient d'*amazones* d'autruche.

A Rome les soldats chargés de la garde des empereurs étaient coiffés de casques ornés de panaches et les grandes dames se piquaient des plumes dans leur chevelure. Au moyen âge, les casques des chevaliers étaient ombragés de superbes panaches et le beau sexe s'affublait de coiffures monumentales dont les Autruches faisaient les frais.

A partir de la Renaissance ce motif d'ornementation devient d'un emploi plus discret dans le costume masculin, peu à peu l'homme ne le porte plus que dans la tenue militaire ; la grande épopée guerrière de la Révolution, c'est l'apogée du panache, par contre depuis le règne de Louis XIV la plume acquiert une importance considérable dans la parure de la femme, importance qui se maintient de nos jours.

La plume est comme la fourrure l'objet d'un commerce considérable, c'est à plusieurs centaines de millions que monte le chiffre des transactions auxquelles elles donnent naissance dans le monde entier.

Malgré les diverses lois restrictives en rigueur dans les pays du Nord de l'Europe et de l'Amérique du Sud, principaux centres où le marché des plumes s'approvisionne, et qui ont pour but de protéger les nombreuses espèces ailées mises à contribution par le caprice féminin, il arrive annuellement à Paris et à Londres, pour être revendus aux grands magasins et aux maisons de confection, de 1.500.000 à 2.000.000 de francs d'oiseaux. Dans une seule séance de vente en 1906 à Londres, on vendit 10.000 oiseaux-mouches, 25.000 perroquets, 17.000 martins-pêcheurs et 10.000 aigrettes.

On aura une idée du bénéfice que peut réaliser cette industrie de plumes, par ce détail relatif aux aigrettes, dont le kilogramme livré à Londres est payé 450 à 500 francs et se revend 2.800 francs. Il faut remarquer qu'il s'agit de l'aigrette de qualité moyenne, puisque l'aigrette de première qualité se cote à 175 francs l'once ou 5.300 francs le kilogramme.

Ce ne sont pas seulement les plumes des oiseaux des régions tropicales et septentrionales qui servent à l'ornementation, mais l'industrie emploie les plumes des oiseaux qu'on rencontre sous toutes les latitudes, ainsi parmi la faune de notre pays elle recherche les cigognes, courlis, cygnes, faisans, hérons, chouettes, grives, martins-pêcheurs, hirondelles, mouettes, loriots, canards sauvages, sarcelles. Parmi nos oiseaux domestiques les coqs, les poules, les pintades, les paons, les oies, les canards, les pigeons fournissent des dépouilles qui trouvent une utilisation avantageuse.

Selon l'usage auquel elles sont destinées, le commerce divise les plumes en deux grandes catégories : les plumes de parure et les plumes de literie.

A. — PLUMES DE PARURE

Les sources. — Les plumes d'Autruche forment la base de la matière première généralement employée par les plumassiers européens. La grande consommation que l'on fait des dépouilles de ces oiseaux a amené l'homme à créer des élevages de cet oiseau en *semi-domesticité* dans de vastes enclos. — C'est un Français qui eut l'idée de cette spéculation profitable, et ce furent les Anglais qui l'appliquèrent. Instruits des projets formés par nos compatriotes, mais qui n'avaient pas été mis en exécution, comme cela arrive trop souvent dans notre beau pays, les colons du Cap tentèrent dans leur domaine l'élevage de l'autruche. L'essai eut un plein succès et donna naissance à une industrie qui après celle des mines d'or et de diamant, est devenue la source de revenu la plus importante de l'Afrique australe. Une autruche fournit environ 250 grammes de plumes blanches et un kilogramme et demi de plumes noires. Le revenu annuel d'un tel animal varie de 150 à 250 francs suivant les cours.

Les *plumes* dites de *vautour* sont fournies non par le vautour, mais par le Nandou, autruche d'Amérique ou autruche des pays froids, qui s'élève et se reproduit parfaitement en France, des essais faits dans les environs de Paris ont démontré que l'élevage du Nandou pouvait donner de réels bénéfices, la plume de Nandou vaut de 100 à 200 francs le kilogramme et un oiseau peut en donner annuellement 400 grammes par an.

Les plumes de *Marabout* nous viennent principalement du Sénégal. Ces plumes sont courtes, d'une extrême légèreté, arrondies et garnies d'un duvet soyeux d'une grande délicatesse. Elles sont blanches ou grises, leur prix est très variable, souvent il atteint, aidé par la mode, des proportions inattendues, mais la plupart des plumes vendues sous le nom de marabout ne sont que des plumes de dindons noirs ou blancs ; la belle plume de dindon blanc *brute* vaut dans les 200 francs le kilogramme, celle du même oiseau noir moins rare n'atteint que le prix de 56 à 80 francs le kilogramme.

Le *héron noir* fournit des plumes d'un noir inimitable, très rares et par conséquent d'un prix très élevé, c'est ce que l'on appelle dans le commerce le *héron fin*. Ces plumes viennent d'Orient. Les hérons de nos contrées donnent des plumes d'un brun grisâtre qu'il faut teindre, c'est le *faux héron* des plumassiers.

Le *héron aigrette, garzette* ou plus simplement *aigrette*, doit ce nom à l'aigrette naturelle qu'il porte au bas du dos. Cet ornement se compose de plumes longues effilées et soyeuses, connues dans le commerce sous le nom de *crosses*, garnies de deux rangs de barbes flexibles, qui servent à faire des panaches de dais ou à orner les chapeaux des dames. Ces oiseaux se trouvent dans la Guyane, au Sénégal, à la Réunion, à Madagascar, au Siam ainsi que sur les bords de la mer Caspienne, en Silésie et au Canada ; les aigrettes fournies par ces derniers sont très inférieures à celles des autres provenances ; on emploie principalement les plumes de l'aigrette de Silésie. Le gramme de belles crosses vaut environ sept francs, on voit combien il serait avantageux de pouvoir élever l'aigrette comme l'autruche ; des essais ont été tentés avec succès dans les environs de Tunis et le revenu annuel d'un oiseau serait de 35 francs.

Les plumes connues sous le nom de *pampilles* ne sont autres que les couvertures de la queue de nos coqs domestiques, souples et longues de 15 centimètres environ, qui garnissent les reins et retombent autour de la queue. Les faucilles de la queue des mêmes oiseaux sont aussi employées pour la confection des plumets; on recherche particulièrement celles qui offrent une teinte bronzée et celles qui sont régulièrement mouchetées comme chez les Hambourg.

Les plumes *couteaux* sont les grandes plumes de l'aile de divers oiseaux, on utilise plus particulièrement celles du dindon et de l'oie qui se vendent 0 fr. 05 pièce. Enfin les peaux de cygne et d'oie garnies et leur duvet sont fort recherchés.

Ce sont là les plumes les plus communément employées, mais il faut en ajouter d'autres, les unes particulièrement rares comme les dépouilles de paradisiers, d'oiseaux-mouches, d'autres plus communes, telles celles des hirondelles, des perdrix, des geais, etc.

Préparation des plumes. — Avant de d'écrire très rapidement les procédés de préparation industrielle des plumes, il convient de faire remarquer qu'il faut les arracher soigneusement du corps de l'oiseau, afin d'éviter qu'elles ne soient maculées de sang et de les trier autant que possible par catégories.

Pour bien conserver les plumes, le meilleur moyen consiste à les introduire dans des sacs sans les tasser beaucoup et à placer ceux-ci pendant quelques heures dans un four de boulanger peu chauffé. Il faut ensuite secouer les plumes énergiquement à l'air et les remettre encore pendant une heure dans le four avant de les replacer dans le sac où l'on doit les conserver.

Les principales préparations que doivent subir les plumes avant d'être livrées aux modes peuvent se résumer en *dégraissage*, *séchage*, *battage*, puis le *blanchiment* et la *teinture* s'il y a lieu.

Les plumes sont d'abord *triées* et *assorties* de grandeur, les plumes qui ont le tuyau de consistance molle sont alors *détirées*, c'est-à-dire qu'on étend les barbes (ceci s'applique surtout aux plumes d'autruche et analogues) puis on les place par cinq ou six les unes au-dessus des autres et les prenant entre les deux mains, la paume bien étendue, on les frotte vigoureusement pour bien en détacher les filets et les faire renfler uniformément ; les plumes dont le tuyau est ferme n'ont pas besoin de pareille opération.

Les plumes, à l'exception pourtant des très grandes qui sont traitées une à une, sont *enfilées*, c'est-à-dire qu'on les attache une à une à une même ficelle en les séparant l'une de l'autre par un double nœud ; les très petites plumes sont attachées par petits bouquets, afin qu'elles ne se répandent pas dans le bain ou la *trempe* par lesquels elles doivent passer. Les ficelles ainsi garnies de plumes sont appelées *filets* en terme de métier.

Le *dégraissage* a pour but de débarrasser les plumes d'une substance grasse dont elles sont enduites et qui n'est pas sans analogie avec le suint de la laine. On prépare un bain de savon bien mousseux dans lequel on plonge à plusieurs reprises les *filets*, en frottant doucement les plumes entre les paumes des mains pendant quelques minutes. On peut renouveler le bain plusieurs fois ou, pour activer le travail, y ajouter un peu d'ammoniaque liquide. On rince ensuite à l'eau chaude jusqu'à ce que l'eau reste claire, puis on met *sécher* à la vapeur. Cette opération se fait industriellement avec des appareils spéciaux consistant en des cuves plus ou moins volumineuses munies de couvercles, percés de trous à peu près comme une passoire, sur lesquels sont étendues les plumes. On peut aisément remplacer ces appareils dans une préparation domestique en installant une véritable passoire sur une marmite pleine d'eau en ébullition. On peut au besoin faire sécher les plumes dans un four très modérément chauffé, car une température élevée les rendrait cassantes, ou encore plus simplement étendre les *filets* sur des cordes au grand soleil et à l'abri de la poussière. En tous cas un séchage rapide est nécessaire pour faire sortir toutes les molécules calcaires ou amylacées.

À mesure que la plume sèche, on la soumet au *battage;* pour cela on prend les filets, on réunit les plumes en un paquet que l'on tient à la main par les tuyaux, puis on les frappe sur une table bien propre et bien unie, après les avoir saupoudrées d'une poudre d'amidon impalpable. On voit alors la plume s'épanouir, se gonfler, augmenter de volume.

Laissons de côté pour le moment les procédés de blanchiment et de teinture pour suivre les façons que doivent encore subir une à une les belles plumes de valeur comme celles de l'autruche. Nous arrivons au *dressage*. Les plumes détachées du filet sont passées une à une dans les doigts de haut en bas afin de bien développer les barbes et redresser la côte. On examine alors s'il n'y a pas de portions gâtées ou plus courtes les unes que les autres et suivant les cas, on rogne les parties gâtées, ou en retranche l'excédent, qui nuirait à la régularité.

On *pare* ensuite les plumes afin de les rendre plus plates et de les assouplir. Pour cela on étend une plume sur une planchette tenue presque verticalement et la maintenant avec le médium de la main gauche qui tient la planchette, on enlève avec un canif manœuvré de la droite la surface intérieure de la côte. Cela fait, et la plume étant toujours couchée sur la planchette, on amincit autant que possible les deux faces de la côte en raclant avec un morceau de verre taillé en quart de cercle ou avec un racloir d'acier. Quand on juge l'opération suffisante, on donne à la plume une forme gracieuse, on la cintre, soit en la travaillant avec les mains, soit en la passant légèrement au-dessus de la vapeur d'eau.

Tel est le *parage* des belles plumes qui doivent rester simples, mais celles qui, encore belles, offrent des défectuosités plus ou moins grandes sont *doublées* afin de cacher le défaut, c'est-à-dire que l'on prend deux plumes que l'on coud l'une sur l'autre. A cet effet on commence par *assortir* en prenant deux plumes de qualité égale, mais chez lesquelles les parties endommagées ne coïncident pas. Le choix fait, on les pare mais en enlevant à l'une la surface supérieure seulement de la côte et à l'autre la partie inférieure. On les place ensuite bien exactement l'une sur l'autre, puis on les coud en dessous par un point allongé de chaînette. « L'aiguille, nous dit M. Maigne, enfilée d'un long fil ordinaire se passe délicatement entre les franges des plumes, à droite et à gauche des côtes, tout à fait au bas des tuyaux et en dessus, après quoi on fait un nœud en dessous pour maintenir le point et enlacer entièrement les côtes, on agit de même pour les barbes suivantes avec la même aiguillée; mais au lieu de faire un nœud, on passe l'aiguille dans le fil, qui se trouve ainsi solidement retenu entre les deux plumes. Enfin quand on arrive à la pointe de celles-ci, l'on arrête la couture par un nœud. »

Les plumes doublées sont naturellement plus lourdes que les simples, aussi leur valeur est moindre, on les cintre comme les autres.

Enfin les plumes d'autruches subissent en dernier lieu la *frisure* ou *frisage*. On se sert pour cela d'un couteau à tranchant très émoussé et au manche garni de lisière pour qu'il ne puisse glisser dans la main. Il faut commencer par chauffer modérément la lame du couteau, puis prenant ce dernier de la main gauche et la plume de la main droite, on serre chaque frange entre la lame et le pouce, puis on la tire à soi de façon à ce qu'elle se replie sur elle-même et se boucle comme des cheveux sur le fer à friser.

Revenons aux procédés de *blanchiment* et de *teinture* qui sont très simples. Les plumes, quoique provenant d'un oiseau qui à l'état de nature paraît avoir une parure qui puisse rivaliser avec la neige, ont après avoir été arrachées et réunies en masse un aspect jaunâtre des plus désagréables quand elles sont utilisées. On employait autrefois des procédés fort compliqués pour les blanchir, aujourd'hui on y arrive bien aisément en les trempant dans de l'*eau oxygénée*. On transforme ainsi en plumes d'une blancheur éclatante, bonnes à être employées telles ou teintes en nuances claires, des plumes dont on ne pouvait tirer partie autrefois qu'en leur donnant une couleur foncée ; ajoutons aussi que ce blanchiment préalable à l'eau oxygénée est utile pour celles qui recevront une teinture foncée, car il permet d'obtenir des nuances plus franches et plus brillantes aussi.

La teinture des plumes se fait à l'aniline et à l'alcool. Les principales couleurs employées sont : pour les rouges, la *fuchsine*, la *safranine*, l'*alizarine*, la *coralline rouge*; pour les bleus : le *bleu d'alinine*, le *bleu coupier*, l'*induline*; pour les violets : le *violet de fuschine*, le *violet de diméthylaniline*, la *mauvicine*; pour les verts : le *vert à l'iode*, le *vert au méthyle*, le *vert à l'aldéhyde*; pour les jaunes : le *jaune d'alinine*, le *jaune picrique*, la *coralline jaune*; pour les bruns : le *brun de Bismarck*, le *brun de Manchester*, le *marron d'aniline*; pour les gris et les noirs : le *gris d'argent*, le *noir d'aniline*.

Le pouvoir colorant de ces substances étant fort considérable, il en faut une très petite quantité. On la fait dissoudre dans de l'alcool, puis on étend la dissolution avec de l'eau chauffée à 40°, on plonge directement les plumes sans leur appliquer un mordant préalable ; un séjour plus ou moins prolongé dans le bain, gradue l'intensité de la couleur, on rince à l'eau claire et l'on fait sécher.

Toutes les opérations que l'on fait ensuite subir aux plumes pour les utiliser dans la parure sont fort simples, elles ont pour objet leur réunion sous une forme ou une autre et c'est surtout une question de goût, une question d'art autant que la chose le comporte.

Plumes rondes. — Collez l'une sur l'autre la face intérieure de deux plumes d'autruche, vous aurez une plume double. Cela fait tordez cette double plume en passant un point de soie de couleur assortie à chaque spirale, bien serré et perdu au milieu des franges. On appelle *plume ronde* ou *queue de chat* l'objet ainsi formé. Au lieu d'un point passé dans chaque spirale, on le fait suivre, dans une autre méthode, d'un fil de fer, de laiton ou de cannetelle de la couleur appropriée. On a besoin souvent de queues de chat plus volumineuses dans ce cas, on se borne ordinairement à ajouter d'autres plumes ; si cela suffit, on en ajoute seulement à la base et c'est l'occasion d'écouler des plumes défectueuses.

Panaches. — Pour faire un panache de dais, on prend d'abord une belle plume bien touffue, de préférence une plume ronde comme celles dont nous venons d'indiquer le mode d'obtention ; autour de cette plume simple ou double, on fixe le nombre nécessaire de plumes d'autruches auxquelles on donne, à leurs extrémités supérieures, la courbe caractéristique. Les autres panaches, destinés à la parure, s'exécutent d'après les mêmes principes, c'est-à-dire en groupant autour d'une plume un certain nombre d'autres plumes.

Houppes de plumes ou flancs. — Ils se fabriquent

généralement avec des plumes de coq ou de canard, on en choisit d'abord de petites, on les contourne en dessous pour leur donner une courbure en arrière, puis on les lie en faisceau au bout d'un fil de fer; on en prend alors de plus longues et l'on traite de même et on les lie au faisceau au-dessus des premières et ainsi de suite.

Panaches de chasseur, de bersaglieri. — Ces panaches, très souvent utilisés dans les garnitures de chapeaux, se font comme les flancs en employant des plumes plus longues, habituellement des faucilles de la queue des coqs.

Plumets. — C'est ainsi également que l'on fait les plumets militaires et ceux pour chapeaux, mais sans donner aux plumes une courbure en arrière comme dans les exemples précédents. On les confectionne surtout avec les *nageoires* (couvertures des ailes) des oies et dont les faisceaux superposés sont portés sur une tige plus ou moins longue formée de la réunion de plusieurs fils de fer.

Saules. — Le nom de ce modèle vient de la forme de branches de saule donnés aux plumes d'autruche. On commence d'abord par fendre les plumes, c'est-à-dire par ouvrir la côte dans toute sa longueur, puis on les monte sur un fil de fer, en les nouant, avec un fil bien fort, à mesure qu'on les dispose au sommet.

Aigrettes, crêtes, esprits, crosses. — Ces trois premiers articles se font avec des plumes d'aigrettes et des plumes de toucan, de geai, etc. On y ajoute parfois à la base une petite touffe de plumes d'autruche afin de les faire mieux ressortir. Elles se différencient par leur longueur, leur largeur et leur raideur, les unes sont un peu contournées avec le fer à friser, les autres ont, au contraire, beaucoup de raideur; les crosses composées de plumes d'aigrettes seules sont maintenues raides. Leur fabrication est des plus simples, on raccourcit les brins d'aigrettes à volonté, on les lie avec du fil bien gros et l'on monte sur fil de fer si besoin.

Aigrettes dorées, argenteés, aciérées. — Ce procédé, qui peut s'appliquer à toutes les plumes, consiste à semer les plumes de paillettes ou de perles métalliques. Il est très simple. Il suffit de coller à la gomme près du bout visible des plumes ou des brins de l'aigrette, des paillettes d'or ou d'argent découpées de formes gracieuses ou bizarres, ou bien d'enfiler les extrémités du brin des aigrettes dans des perles métalliques perforées dont le trou a été préalablement encollé.

Manière de faire le marabout de dindon ou d'oie. — Comme nous l'avons déjà dit, la plupart du *marabout* utilisé dans le commerce provient du dindon ou de l'oie, elle permet de faire ses tours de cou neigeux si à la mode actuellement, aussi croyons-nous intéressant d'indiquer comment on peut faire soi-même ce marabout, utilisant ainsi les plumes de nos oiseaux domestiques dont la chair aura fait le délice de notre palais.

Il faudra choisir des plumes de dindon ou d'oie ayant 15 à 20 centimètres de longueur et aussi duveteuse que possible, sans s'inquiéter de la raideur de la côte. Bien entendu ces plumes seront passées au four pour assurer leur conservation, puis *dégraissées* dans un bain savonneux, *séchées* à la vapeur et enfin *battues*. On peut les utiliser avec leur nuance naturelle ou les teindre. On se munira d'un canif bien affilé avec un manche assez fort pour bien le maintenir en main ou mieux d'un couteau à parer de plumasse. Le duvet et les barbes de ces plumes tiennent à une sorte de filet transparent qui se détache aisément en deux mouvements; le premier, en tenant la plume de la main gauche, la tête en avant et glissant le couteau soutenu de l'index gauche tout le long de la côte — côte gauche — en appuyant sur celle-ci (*fig.* 44). Arrivé aux deux tiers de la longueur, on retourne la plume pour opérer le second mouvement, qui consiste à séparer le second filet de la côte en commençant par la tête, puis à tirer délicatement à soi ce second filet. On achève de détacher le premier filet et le résultat du travail est deux franges souples, plus une côte raide dépourvue de tout duvet et qui est sans utilité. On obtient ainsi une très bonne imitation des plumes duveteuses que donne la cigogne marabout.

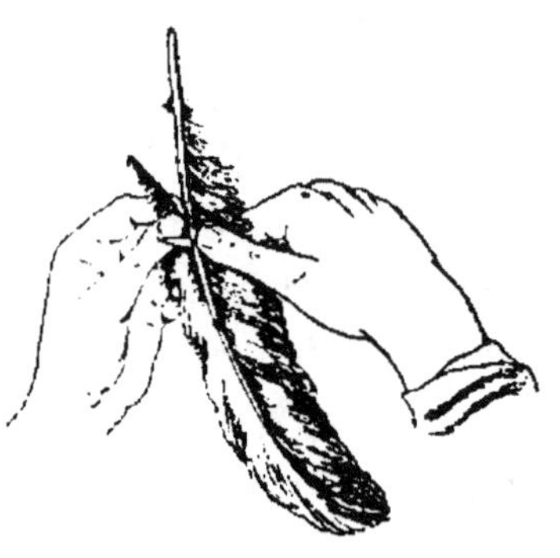

Fig. 44.
Manière de débarber
une plume.

Confection d'une chenille en plumes. — Voici la manière de confectionner une chenille en plumes, chenille qui peut servir à diverses garnitures et dont nous indiquons plus loin l'emploi dans les écharpes de plumes. Il faut se procurer en premier lieu un petit émerillon (*fig.* 45) une bobine de fil de fer nᵒ 60 et du fil pour machines à coudre nᵒ 80. On suspend à un clou l'émerillon et on passe dans son crochet inférieur le fil à machine et le fil de fer noués ensemble. Tournant alors ensemble et très serrés les deux fils, on place en travers une première plume dédoublée

Fig. 45.
Émerillon.

comme nous l'avons indiqué en parlant du marabout, que les deux fils tournés ensemble de nouveau maintiennent à 1 centimètre du pied, on place une autre plume de la même façon dont on enserre le pied entre les deux fils, puis une troisième, une quatrième, etc. ; en les frisant successivement on continue à tourner les fils ensemble en opérant en somme comme pour la fabrication d'un cordage et en présentant les plumes de telle façon que la chenille soit bien ronde.

Confection d'une écharpe de plumes avec les chenilles. — Les chenilles une fois confectionnées, leur montage en écharpe ne comporte pas de grandes difficultés. Suivant sa largeur elle comporte 4 ou 8 rangs de cette chenille coupée en longueurs variant de 2ᵐ,50 à 2ᵐ,80. On réunit ces longueurs soit par des coulisseaux de soie de nuance assortie, placées en travers et retenues à chacune d'elles par un point, soit par des traverses en même chenille laissant entre les premiers un espace suffisant pour que le duvet ait son complet développement (5 centimètres environ). On coud ces traverses par quelques points au fil doux, mais solides faits à la même monture, avec une longue aiguille à repriser, en écartant bien le duvet et le tenant serré entre les doigts pour qu'il ne fasse pas de nœuds avec le fil. On met, suivant la taille, 33 à 35 traverses espacées régulièrement dans la longueur, celles des extrémités se trouvant à 25 ou 30 centimètres environ des bouts des chenilles placées longitudinalement, de manière à ce que ceux-ci tombent librement et forment une sorte de frange.

Pour bien exécuter ce travail, il est bon de tendre les chenilles longitudinales bien parallèlement les unes aux autres, au moyen d'un fil fort sur une longue table ou autre surface plane ; on place d'abord les chenilles transversales des extrémités, puis on divise régulièrement la longueur restant pour placer les autres.

Moyen de confectionner une écharpe en plumes sans être obligé d'avoir recours aux chenilles. — On peut encore opérer plus simplement, en cousant les plumes par petits bouquets régulièrement espacés sur une doublure en florence légère. Le marabout n'est pas indispensable et l'on peut employer ainsi toute plume offrant un joli aspect et cela sans la dédoubler. Les plumes du corps de la pintade sont ainsi utilisées d'un aspect très agréable ; la florence doit disparaître entièrement sous les bouquets de plumes. L'écharpe terminée d'un côté on la double d'une seconde florence pour dissimuler les points de monture, ou bien on dispose à l'envers de la même façon d'autres plumes, soit de même couleur, soit d'une nuance différente et même provenant d'un autre oiseau, ainsi, par exemple, une écharpe en plumes noires aura l'envers garni de plumes blanches et la sorte de frange faite par la réunion des deux espèces de plumes sera noire et blanche. Si l'écharpe n'est pas doublée en plumes, on sera dans l'obligation de la border d'une chenille pour cacher la couture de la doublure.

Bordures, garnitures, manchons en plumes. — Les procédés que nous venons d'expliquer ne sont pas exclusifs aux écharpes de tour de cou, on peut en opérant de façon analogue, mais en modifiant les dimensions, obtenir des bordures, des garnitures de toutes sortes, des manchons en plumes, soit en réunissant des chenilles par des traverses en mêmes chenilles, soit en cousant sur des étoffes appropriées des bouquets de plumes rapprochés les uns des autres de façon à cacher tout le fond.

Oiseaux en entier. — On utilise souvent pour garnitures de chapeaux de dames des oiseaux en entier. Très souvent ce sont des oiseaux en peau dont on étend les ailes suivant la position voulue, d'autres fois ce sont des oiseaux entièrement montés, mais dans ce cas on ne cherche pas à reproduire l'attitude naturelle de l'animal, mais bien à lui donner un aspect aussi artistique que possible ; on y arrive en contournant selon les besoins l'armature intérieure qui doit être aussi mince que possible.

Oiseaux fantaisie. — Les formes des oiseaux varient à l'infini et l'on croirait qu'elles pourraient suffire aux exigences de la mode, il n'en est rien, il lui faut des êtres extraordinaires et l'art des plumassiers s'évertue à créer de nouveaux modèles aussi invraisemblables les uns que les autres. Examinons comment on arrive à de pareilles productions. Voici un vulgaire moineau, il servira de base à cette « création » d'un habile plumassier; il est naturalisé comme s'il devait être mis dans une collection, il a l'air absolument en vie, mais quelle métamorphose ne va-t-il pas subir ! Avec des couleurs d'aniline on lui fait une première transformation, on lui colorie les plumes de la tête et des ailes, on lui vernit le bec, il a déjà un aspect tout autre. On lui met des yeux d'émail qui brillent d'un éclat très vif. Puis on lui ajoute des ailes, les siennes sont trop courtes, elles ne garnissent pas assez un chapeau, il faut donc lui adjoindre une paire d'ailes postiches. Ce seront des ailes de pigeons qui serviront dans ce cas; les ailes de pigeons sont très fournies, très régulières, très faciles à teindre et même faciles à augmenter, car souvent elles sont trouvées encore trop courtes et on les allonge au moyen d'ailes de coq. Les ailes postiches sont teintes dans des bains d'aniline, puis séchées et agrémentées de çà de là de plumes de geais, par exemple et parfois aussi de coups de pinceaux qui les givrent et les moirent. Elles sont accolées sur le corps du moineau au moyen de gutta-percha, généralement par-dessous les siennes propres; de sorte que l'oiseau fantastique aura quatre ailes déployées, car on utilise en général sur les chapeaux des sujets aux ailes déployées. Souvent même ces quatre ailes ne suffisent pas, on agrémente le corps même de l'oiseau de grandes plumes couteaux (provenant de l'aile d'une oie) peintes de moirures, de zébrures qui partent de dessous les ailes et fuient de tous côtés.

Les plumes couteaux sont aussi utilisées pour la confection de la queue, car bien entendu il faut une queue proportionnée aux ailes. Ces appendices se font en tous genres, mais on accorde une certaine préférence à celle qui rappellent la disposition de la queue du *Menure Lyre*. On obtient les deux côtés de cette queue en forme de lyre par des débris de plumes d'autruches toutes frisées et parées, le centre est formé de couteaux.

Qui reconnaîtrait maintenant l'oiseau primitif ?

Peaux de grèbes, de cygnes, d'oies. — Les peaux de grèbes, de cygnes et d'oies, garnies de leurs plumes, sont utilisées dans les modes comme le seraient des fourrures de mammifères ; on en confectionne des doublures, des garnitures de robes, des boas, des manchons. Les peaux de cygnes sont particulièrement estimées pour leur duvet, mais elles sont en réalité assez rares et la plupart des peaux vendues sous ce nom proviennent de l'oie blanche domestique.

Voici d'après M. Mariot-Dideux [1], comment s'obtiennent ces peaux. « L'oie tuée avec soin pour éviter d'ensanglanter le duvet est dépouillée avec précaution sans y laisser la graisse, s'il en existe, attendu que ce produit ne s'obtient pas de l'oie engraissée. La peau est aussitôt mise à l'eau fraîche pour s'y dégager, c'est-à-dire pour que le sang et la nymphe s'y dissolvent. Cette opération dure six heures. On prépare pendant ce temps un bain de la manière suivante (le mégissage est une variété de tannage) : on fait dissoudre 100 grammes d'alun (sulfate d'alumine), 50 grammes de sel de cuisine dans 4 litres d'eau chauffée à y endurer facilement la main. La dissolution opérée et au degré de chaleur indiquée, on y plonge les peaux, en les malaxant modérément dans le bain avec la main pendant cinq minutes ; on les laisse dans le bain pendant douze heures en ayant soin de les charger pour qu'elles y restent plongées. Retirées après ces douze heures, on

1. *Oies et Canards*, par Mariot-Dideux, librairie Hetzel.

les presse légèrement pour en faire sortir la plus grande quantité d'eau, après quoi on les étend sur des perches bien unies pour les faire sécher à l'ombre et au courant d'air. Trois ou quatre fois par jour, on étend à la main dans tous les sens pour rendre les peaux unies et pour les empêcher de se raccornir. Cette opération est délicate. Quand elles sont séchées, on pose la peau sur une table, le duvet en dessous et on frotte légèrement la face charnue avec une pierre ponce dans le but de la blanchir et d'en enlever tous les filaments. On la soumet au dégraissage du duvet. Ce dégraissage est indispensable. Le duvet, comme nous l'avons dit, est imprégné d'une matière cérumineuse grasse qui doit disparaître. On y parvient par deux procédés.

Le *premier procédé* consiste à recouvrir le duvet de cendres de bois blanc passées au tamis de soie. Ces cendres dans l'espace de vingt-quatre heures absorbent ou plutôt combinent leurs sels de potasse et de soude avec la graisse pour en former un savon. Les cendres enlevées, les peaux sont battues avec des baguettes flexibles et bien unies pour en débarrasser le duvet ; elles sont ensuite exposées à la chaleur, battues à plusieurs reprises pour en décoller les pennes soyeuses. On s'aperçoit facilement à l'aspect du duvet quand il est suffisamment renflé.

Le *deuxième procédé* consiste à renfermer les peaux dans un linge et à les faire sécher au four. Cette chaleur dessèche le cérumen qui tombe en poussière par le battage. On réitère l'opération du séchage et du battage sans que le duvet donne de la poussière.

Les peaux mégissées sont confectionnées en fourrures de différentes formes et pour différents usages. La coupe des peaux doit se pratiquer en dessous au moyen de patrons et avec un instrument à lame fine et tranchante pour ne pas atteindre le duvet qui doit être intact sur toutes les coutures. On doit même le peigner avec précaution, l'exposer une dernière fois à la chaleur, le battre pour le faire renfler, opération qui doit se renouveler s'il est mouillé. »

Les plus belles peaux proviennent d'oies que l'on a plumées entièrement en août-septembre. Le duvet repousse rapidement très dur et très fin ce qui augmente la valeur des peaux. Les peaux non préparées ont une valeur de 3 à 4 francs pièce, il s'en prépare une grande quantité dans le département de la Vienne, une seule usine de Poitiers en traite de 30 à 40.000 par an.

Bandes, bandeaux, carrés de plumes. — Les plumassiers emploient souvent comme garnitures, soit pour les chapeaux, soit pour autres articles des bandes de peaux d'oiseaux garnies de leurs plumes; ces bandes ou *carrés* de plumes proviennent de poitrines ou autres parties du corps de paons, faisans, lolophores, canards, etc. Lorsqu'à la basse cour, on tue un animal au plumage bronzé ou bleuté (canards de Rouen, de Barbarie, du Labrador, par exemple), on peut découper la peau à l'endroit où le reflet est le plus vif et écorcher l'oiseau à cette place. Ces *carrés*, aux coloris riches, sont très prisés des plumassiers. Il est facile de préparer la peau pour la conserver : on l'étend et on la fixe, le duvet en dessous, sur une planchette, on la pique avec une aiguille, puis on verse sur la peau un liquide conservateur composé d'une décoction de feuilles séchées et moulues du *sumac* des corroyeurs. La poudre de sumac se trouve dans le commerce. Avec un tampon de linge imbibé de cette décoction, frottez les peaux tendues ; laissez-les ensuite sécher dans une pièce modérément chauffée.

B. — PLUMES DE LITERIE

Sources diverses. — L'industrie des plumes de literie, malgré son apparence modeste, a une importance beaucoup plus considérable que celle des plumes de parure. Si l'on songe à la quantité d'édredons, de lits de plumes, de traversins, de coussins, d'oreillers, etc.. que la civilisation accumule dans tous les coins, on n'en est pas surpris.

Les plumes de literie sont principalement tirées de l'oie et du canard, voire même de la poule pour des substances de qualité inférieure. Quant au véritable édredon il provient du duvet d'un palmipède de la famille des canards, l'eider, qui habite les régions boréales; ce duvet forme à l'animal une fourrure épaisse, fine et serrée, sorte d'armure qui le défend contre les rigueurs du climat.

Récolte de l'édredon. — L'édredon, c'est ainsi que l'on nomme le duvet de l'eider, est rarement récolté sur le sujet lui-même mais bien dans son nid et cet oiseau, en Islande, particulièrement, nous offre le curieux exemple d'un animal qui se laisse exploiter par l'homme et est, pour ainsi dire, domestique, tout en conservant sa liberté et pourvoyant lui-même à sa nourriture et à ses besoins. L'eider vient en effet nicher sous la protection de l'homme qui lui assure une tranquillité absolue et le défend contre les corbeaux, les aigles, les renards et autres ennemis; en échange, il prend les œufs de la première ponte ainsi que le duvet qui sert à garnir le nid de l'oiseau; c'est en quelque sorte un contrat en partie double.

Vers la fin du mois d'avril, les eiders se rassemblent à l'endroit où ils veulent nicher. Le mâle et la femelle travaillent en commun à leur nid, mais ordinairement ce n'est que cette dernière qui le garnit en s'arrachant le duvet.

Le creux du nid est formé de varech, de paille ou d'autres plantes sèches avec très peu d'édredon, l'oiseau réserve son duvet pour faire une bordure qui entoure le nid comme un rempart et qui peut recouvrir entièrement les œufs quand la couveuse quitte le nid.

Le duvet forme ainsi une sorte de matelas et n'est point éparpillé par le vent. La ponte commence en mai ; durant le temps de la couvée le mâle ne se contente pas de défendre son épouse contre les autres mâles, il lui apporte aussi sa nourriture. Les jeunes éclos, les mâles laissent aux mères le soin de parfaire l'éducation ; ils se réunissent alors en bandes nombreuses à l'entrée de l'hiver, jeunes et vieux des deux sexes se réunissent en troupes plus ou moins compactes pour accomplir leurs migrations. Les Islandais recueillent les premiers œufs pondus et enlèvent en même temps le duvet du nid ; les oiseaux le regarnissent de duvet et effectuent une nouvelle ponte, on ne touche point à celle-ci et l'on ne prend le duvet qu'après le départ des jeunes. Les mères sont si confiantes qu'on peut enlever les œufs et le duvet sans qu'elles se dérangent. Le duvet pris dans les nids a besoin d'être nettoyé pour être vendable. On estime que dix nids peuvent produire une livre à une livre et demie de duvet nettoyé qui se vend 12 à 18 kroner la livre de 500 grammes (1 krone = 1',32).

On voit qu'un *eiderholm* de mille ou deux mille nids donne un joli produit à son propriétaire ; aussi comprend-on la peine que prennent les Islandais pour attirer sur leurs terres les eiders en créant des pondoirs artificiels.

Pour cela, on choisit un endroit propice non loin de la mer ou de l'estuaire d'une rivière ; on l'entoure d'une clôture empêchant l'accès du bétail tout en permettant aux eiders d'y entrer. On creuse des *nids ouverts*, sortes de creux d'un pied de diamètre que l'on garnit de feuilles sèches, d'herbes, ou encore on établit des nids en gazon, sortes de huttes recouvertes d'une pierre plate et ayant une très large entrée, il faut offrir à l'oiseau un endroit à l'abri. Lorsqu'on crée un nouveau pondoir, on cherche à lui donner l'apparence d'avoir été occupé et l'on va jusqu'à placer des coquilles brisées, afin de faire croire aux nouveaux arrivés qu'ils ont été déjà habités par d'heureux couples.

Souvent aussi on s'attache à orner les pondoirs — on croit que cela plaît aux oiseaux — on passe dans les trous de la clôture des plumes de corbeaux ou de mouettes, on tend des cordes avec des chiffons, du varech, on peut aussi enfiler des coquilles et des écailles de moules avec du fil de fer ; cela résonne et fait du bruit par le vent. Il semble vraiment que l'eider aime ce clinquant, surtout quand le soleil brille.

Enfin, tout doit être prêt pour le mois d'avril. On a pris la précaution de pourchasser les bêtes nuisibles, de poser des pièges pour les prendre, on place dans l'eau environnante des canards en bois, en caoutchouc ; les eiders croient voir leurs congénères, ils s'arrêtent, un couple choisit un nid, un second un autre ; l'année suivante le nombre augmente, car les oiseaux viennent de préférence pondre à leur tour à l'endroit qui les a vu naître ; le propriétaire continue l'entretien de son pondoir, il arrange les nids à chaque saison, détruit les animaux nuisibles ; le nombre des nids va en augmentant d'année en année, voilà l'Islandais rentier.

On comprend qu'à la fin du xviiie siècle le législateur, voulant réglementer la protection des eiders, ait commencé son instruction. « Dans les temps passés l'eider a enrichi beaucoup de monde dans notre pays et cela se pourrait encore maintenant (1784) si l'on faisait attention à l'entretien et à l'avancement des couvées. L'eider nourrit beaucoup de monde avec ses œufs, le vêt aussi, parce qu'on peut acheter et la nourriture et le vêtement avec le produit du duvet. »

C'est encore plus vrai de nos jours.

Duvet d'oie et de canard. — L'édredon est, comme nous l'avons vu, fort cher, il est la plupart du temps remplacé par du duvet d'oie ou de canard. Voici comment on récolte le duvet d'oie. Dès que les oiseaux sont jugés assez forts pour supporter sans danger ce traitement, et le moment favorable est indiqué par le croisement de l'extrémité des ailes du dos, on les plume et cela trois ou quatre fois durant la saison. La première fois à l'âge de deux mois environ, la deuxième vers quatre mois, la troisième six à sept semaines plus tard et enfin la quatrième, au moment de les engraisser. Bon nombre d'éleveurs ne plument l'oie que deux fois : vers le milieu de l'été, au commencement de la mue et avant de la soumettre à l'engraissement. Il faut toujours choisir le moment où la plume se détache facilement, car c'est sur l'animal vivant que l'opération est faite ; la plume recueillie sur l'oie morte et *refroidie*, communément désignée sous le nom de *plume morte*, est très inférieure en qualité à la plume *vive* (aussi lorsqu'on sacrifie un sujet, convient-il de le plumer aussitôt après sa mort avant refroidissement). Avant de procéder, on baigne les oies dans une eau bien claire, une eau courante si possible, après quoi on les conduit sur un terrain gazonné, un chaume pour qu'elles se sèchent. Voici d'après M. Ch. Voitellier comment se pratique l'opération. « L'oie étant prise d'une main par les pattes, on la pose par terre devant soi, puis on la retourne sur le dos et on la maintient ainsi très facilement en plaçant seulement une main sur le cou. Toutes les parties à plumer sont alors bien en vue ; ce sont le cou depuis la bavette jusqu'au plastron, le plastron, le ventre jusqu'au croupion, les flancs jusqu'aux reins. Du duvet existant, il n'y a d'ailleurs qu'à laisser celui qui se trouve au-dessous du bras de l'aile, afin que celle-ci reste maintenue et ne tombe pas le long du corps de l'animal comme désarticulée.

L'arrachage se fait par petites poignées à la fois, en relevant un peu la plume et en tirant dans le sens opposé à sa direction normale et par petits coups secs. Il ne doit pas se faire à n'importe quel moment, il faut attendre que le duvet soit mûr, c'est-à-dire assez âgé pour qu'il ne sorte pas de sang du tuyau. Le plus grand soin doit présider à la récolte du duvet, car sa valeur dépend beaucoup de sa propreté. On estime que les oies de forte taille donnent 500 grammes de duvet du mois d'avril au mois de décembre ».

Le duvet une fois récolté est exposé à la chaleur d'un four dont on vient de retirer le pain.

Il s'y débarrasse des mites qu'il contient et de l'odeur nauséabonde qu'il conserverait, s'il n'était soumis à ce procédé d'épuration.

La plupart du temps le duvet est simplement mis en sac ou en caisse sans être pressé, de peur qu'il ne feutre, et cela dans un lieu bien sec. Il est prudent, si l'on doit le garder pendant une assez longue durée avant de le mettre en œuvre, de l'exposer au soleil et à l'air ainsi que de le remuer et le battre; le duvet d'oie vaut environ de 9 à 10 francs le kilogramme.

Le duvet de canard est plus estimé que celui de l'oie, il vaut de 10 à 15 francs le kilogramme, on le récolte généralement *immédiatement* après la mort de l'animal, pourtant dans certaines régions on plume deux fois par an les canards à deux époques différentes lors des deux mues : en juillet à la fin de la période des mâles, de la ponte ou de l'incubation des femelles et une seconde fois dans le courant d'octobre, il faut

saisir le moment précis, car les mues sont fort rapides ;
il est facile de constater l'époque favorable par les
quelques plumes qui se détachent quand on secoue
l'animal, la plume est alors *mûre* ; on peut reconnaître
cet état quand il n'y a plus de sang dans les tuyaux, il
suffit de presser les tuyaux légèrement avec l'ongle,
s'il ne sort pas de sang, le duvet est bon à être récolté
et l'opération se fera sans écorcher la peau.

Duvet de plumes de volailles. — Le duvet des poules
ne sert que pour la literie très inférieure, car il est
raide et manque de moelleux, il est pourtant un moyen
d'obvier à cet inconvénient et de transformer la dépouille de tout oiseau en excellent duvet ; ce sont leurs
côtes dures qui les rendent inutilisables ; coupez donc
les barbes des plumes de part et d'autre le long de la
côte, de façon à les en séparer complètement, enfermez
ces barbes détachées dans une sacoche de grosse toile
et pressez entre les mains le sac avec les plumes dedans avec le même mouvement que les femmes emploient pour laver le linge, toutes les fines particules
qui formaient la plume se désagrègent, s'emmêlent et
se feutrent de façon à former un duvet très léger et
très homogène équivalent à du véritable duvet.

CHAPITRE V

LES MAMMIFÈRES

CHASSE, DÉPOUILLEMENT, MONTAGES DIVERS

CHASSE

Il ne nous appartient pas de donner ici des détails sur la façon dont on peut se procurer les sujets; tous les moyens que met à notre portée la chasse peuvent être utilisés, peu nous importe, la manière de préparer les animaux n'en différera pas.

Si le spécimen est d'une grosseur considérable comme le sanglier, le loup, le cerf, le daim, le renard, le chevreuil, etc., la seule indication à remplir au moment de la capture est d'éviter autant que possible de froisser le poil.

Si au contraire l'animal est de petite taille ou que son pelage est mou ou luisant, comme celui du lièvre, du lapin ou que sa couleur est claire ou délicate comme celle de l'hermine, de la belette, il faut absorber le sang des blessures avec un peu de plâtre et d'étoupe ou de filasse. On doit en mettre aussi dans la gueule, dans les narines, dans les oreilles afin d'empêcher la sortie soit du sang, qui a pu s'épancher intérieurement, soit des matières contenues dans l'estomac et dans l'œsophage. Il convient de tamponner aussi l'anus avec une forte bourre d'étoupe pour prévenir tout écoulement.

En plaçant ensuite l'animal dans la carnassière ou partout ailleurs, on aura soin de lui donner la position la plus favorable pour que le poil ne se gâte pas.

DÉPOUILLEMENT

Comme pour les oiseaux la préparation des mammifères peut se décomposer en deux opérations principales : 1° le dépouillement ; 2° le montage.

Outils nécessaires. — Un couteau, canif, ou scalpel, bien affilé à taillant légèrement arrondi de préférence, des pinces brucelles, un couteau à écharner (grattoir de menuisier ou gros couteau dont les angles ont été arrondis) une curette en bois pour nettoyer l'intérieur du crâne, du fil plus ou moins fort suivant la grosseur de l'animal.

Il est important de ne pas écorcher un animal immédiatement après sa mort, il faut attendre que son sang ait eu le temps de se coaguler, si l'on veut éviter qu'il ne s'écoule avec abondance, souillant le pelage de taches qu'il est toujours long de faire disparaître. Il est vrai que la rigidité cadavérique se manifeste alors, mais on peut la faire disparaître en faisant jouer à plusieurs reprises toutes les articulations du corps. Le premier soin que l'on doit avoir au retour de la chasse est d'étancher le sang, qui s'échappe des blessures de l'animal que l'on doit préparer, on lave ensuite la plaie et on la saupoudre abondamment de plâtre, afin d'absorber l'eau qui humecte le poil. On enlève la première couche de plâtre et on la remplace par de nouvelles jusqu'à ce que la robe de l'animal soit parfaitement sèche et qu'elle ait repris ses couleurs et son lustre.

On tamponne ensuite avec grand soin toutes les ouvertures : les narines, la gorge et l'anus afin d'éviter l'écoulement des matières.

On peut alors procéder au dépouillement, mais si l'animal doit être monté, il est absolument nécessaire de prendre sur la dépouille quelques mesures qui seront indispensables lors du montage. Pour un grand animal il faut mesurer (*fig.* 46) : 1° avec un mètre en ruban, distance de la tête à la queue ; 2° avec un mètre rigide, hauteur aux épaules ; 3° idem, hauteur au niveau des membres postérieurs ; 4° avec un mètre ruban, distance de la tête à l'encolure ; 5° longueur du corps de la poitrine à la croupe ; 6° distance du fémur à l'humérus ; 7° distance du fémur à la croupe ; 8° tour du cou près de la tête ; 9° tour du cou près de la poitrine ; 10° circonférence du corps au niveau des membres antérieurs ; 11° circonférence de corps au niveau

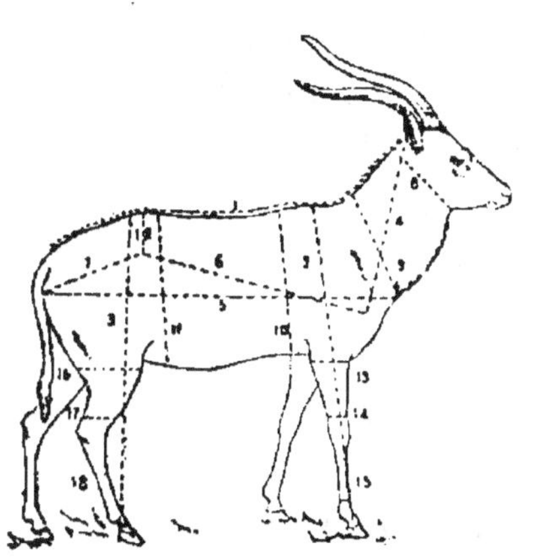

Fig. 46.
Mensuration
d'un mammifère.

des membres postérieurs ; 12° distance d'un humérus à l'autre en passant par-dessus le dos ; 13°, 14°, 15° tour des membres antérieurs à diverses hauteurs ; 16°, 17°, 18° tour des membres postérieurs à différentes hauteurs.

La circonférence de la tête sera prise également en plusieurs endroits ainsi que la distance entre les membres antérieurs et postérieurs. Les courbes particulières, que peut présenter la conformation du corps chez certains animaux, seront parfaitement fixées au moyen d'une bande de plomb que l'on appuie sur le corps de l'animal avant son dépouillement ; ces bandes soigneusement conservées serviront de gabarit lors du bourrage.

Il est bon de faire un grossier croquis de l'animal ou mieux de le photographier bien de profil. Une photographie de l'animal vivant, s'il est possible de l'obtenir, sera très utile pour reproduire son attitude.

Avec les animaux de petite taille, il n'est point nécessaire de faire une mensuration aussi complète ; ainsi pour un écureuil, il suffira de prendre : 1° la distance du nez à la queue ; 2° la longueur de la queue ; 3° la circonférence du corps.

Pratique du dépouillement. — On étend l'animal sur le dos, la tête tournée vers la gauche de l'opérateur, on écarte d'un côté et de l'autre les poils et on pratique avec un scalpel une incision longitudinale depuis le sternum jusqu'à quelques centimètres de l'anus. Pour faire cette ouverture on pince la peau, entre le pouce et l'index de la main gauche, de manière à former un pli que l'on fend avec le tranchant de la lame tournée en dessus, puis toujours guidé par la main gauche qui se dirige vers la queue en soulevant au fur et à mesure, devant le scapel, le pli formé par la peau ; on prolonge la fente jusqu'auprès de l'anus. Cette manière de faire convient surtout quand la peau recouvre une partie molle comme l'abdomen. Il faut en effet n'inciser que la peau et ne pas intéresser les muscles abdominaux afin de ne pas procurer une issue aux intestins.

S'il se produit un épanchement de sang, il faut aussitôt saupoudrer avec du plâtre.

L'incision faite, avec les doigts et le manche du scalpel, on détache la peau en gagnant autant que possible le dos de chaque côté et descendant vers les membres postérieurs. *Saupoudrer à mesure le dessous sanguinolent de la peau que l'on retourne ainsi que les chairs que l'on découvre.* Arrivé aux cuisses, on les désarticule en coupant l'articulation entre le fémur et les os du bassin et on les sort de la peau sans aller trop loin vers les pattes, on y reviendra plus tard. Il arrive souvent qu'en coupant les cuisses, l'artère fémorale laisse couler une grande quantité de sang, il faut l'étancher immédiatement avec du plâtre.

Les cuisses détachées et à moitié dépouillées, vous continuerez à lever la peau jusqu'à la queue, coupant le rectum à l'anus et sectionnant la colonne vertébrale au ras de la première vertèbre caudale.

Faire sortir la queue, de son fourreau offre souvent de grandes difficultés lorsqu'on a recours au procédé ordinaire, qui consiste en tirant la peau d'une main d'exercer de l'autre un tiraillement en sens contraire sur les vertèbres. Avec l'emploi de la *yoube* l'opération est très aisée. La yoube n'est autre qu'un bout de branche de fagots de 30 centimètres de long environ que l'on fend jusqu'aux 2/3 de sa longueur de façon à obtenir, mais de plus grandes dimensions, une de ces pinces ou *chattes* dont on se sert dans les campagnes pour maintenir les linges étendus sur les cordeaux après la lessive. On se sert de la façon suivante de cet instrument : après avoir amarré en un point fixe les premiers anneaux que l'on a sortis par le procédé décrit plus haut, on passe à cheval sur ces vertèbres, devant la partie du fourreau déjà retournée, la yoube que l'on saisit par ses deux extrémités. On attire à soi en enserrant les vertèbres ; dans ce mouvement de glissement la gaine caudale est refoulée vers l'opérateur et finit par être retournée sur elle-même jusqu'à son extrémité.

Il est pourtant des animaux dont la queue est tellement adhérente à son fourreau qu'il est impossible de la dépouiller même à l'aide de la yoube ; on est alors obligé de l'ouvrir dans toute sa longueur et de l'écorcher de même qu'on a fait pour le corps. Il ne faudra pas oublier de recoudre l'ouverture avant d'y introduire l'armature de la queue.

Toutes les parties inférieures de l'animal se trouvant dépouillées, on passe aux parties supérieures ou *avant-train*.

On replace l'animal sur le dos et on détache la peau du corps jusqu'aux épaules, on se contente pour cela de s'aider de la main droite et on évite le plus possible de se servir d'instruments tranchants ; on dégage les épaules et on tranche l'articulation de l'humérus de chaque patte avec l'omoplate ; on fait glisser la peau du cou jusqu'aux dernières vertèbres cervicales et on sectionne au ras du trou occipital de manière à séparer de la tête les chairs et os du tronc.

Ce tronc se trouve donc entièrement dépouillé et on peut le rejeter.

On revient aux membres, on repousse les os et on retourne la peau aussi bas que possible en opérant d'une façon identique à celle que nous avons indiquée pour les oiseaux ; on leur enlève tous les muscles en ayant soin toutefois de conserver les ligaments articulaires qui unissent les os (ne pas oublier de saupoudrer de plâtre toutes les parties sanguinolentes, à mesure qu'un des membres est nettoyé) ; on tire sur les os de manière à les faire rentrer à leur place respective, mais seulement après les avoir bien enduits de préservatif.

Il y a des animaux dont la plante des pieds est tellement charnue qu'on est obligé d'y faire une incision. Cette incision faite, on écarte les bords de chaque côté et par l'ouverture ainsi pratiquée on extrait tous les tendons, la graisse et toutes les parties susceptibles de se corrompre ; on met à nu les phalanges, en ne conservant que les ligaments qui les attachent. On les laisse dans cet état si la peau doit passer au bain, mais si elle ne doit pas y tremper, après avoir enduit de préservatif toutes les parties mises à découvert, ainsi que la peau qui doit les recouvrir ; on remplace par de l'étoupe finement hachée les parties charnues et graisseuses que l'on vient d'enlever et on referme l'incision à l'aide d'une couture faite avec des points croisés.

Avec les animaux dont la taille atteint celle du loup ou la surpasse, il est un autre moyen plus facile de dépouiller les membres ; on ouvre ceux-ci dans toute leur longueur sur la face tournée en dedans, afin que dans la suite la couture soit moins visible ; on écarte la peau de manière à dégager complétement les os et les chairs qu'ils supportent, on enlève ces chairs et on traite la plante des pieds comme nous l'avons dit plus haut.

On dépouillera la tête en dernier lieu. Quelques taxidermistes conseillent lorsque l'animal est gros de détacher la peau du crâne ; ce dernier sera remis en place lors du montage et la peau fixée contre lui à l'aide de petites pointes. Autant que possible cette méthode ne doit pas être appliquée, il est préférable de laisser la peau adhérente du dessous au dessus des dents incisives, en ayant soin d'enlever les cartilages des fosses nasales et du nez, qui seront remplacés plus tard par du mastic. On commence donc à rouler le crâne dans la peau du cou et on ramène successivement cette peau par-dessus le museau jusqu'au niveau des lèvres. On arrive alors aux sacs des oreilles qui s'enfoncent dans le crâne, on les dégage en coupant dans la chair à 1 centimètre de leur pourtour et on les extirpe en les saisissant avec soin le plus près possible de leur point d'attache au trou auditif et en tirant dessus avec précaution. Arrivé aux yeux, lorsqu'on voit les membranes fortement tendues et que les paupières sont sur le point de s'en détacher, on donne quelques coups de scalpel le plus près possible de la peau ; mais il faut agir avec la plus grande précaution, car il est extrêmement difficile sinon impossible de cacher un coup de scalpel qui aurait fendu la peau dans le voisinage de la paupière. Cette partie se trouvant ordinairement dépourvue de poils, on n'a aucun moyen de déguiser la couture qu'on serait obligé d'y faire. Nous arrivons maintenant aux lèvres qui forment des espèces de poches contenant de la chair entre la peau extérieure et celle de l'intérieure de la gueule ; il s'agit par de petits coups de scalpel pénétrant peu profondément d'enlever toutes ces chairs en ne laissant que la peau tant à l'extérieur qu'à l'intérieur ; il faut donc agir avec la plus grande précaution. On commence par la lèvre supérieure et on dégage en même temps les cartilages du nez [1] ; là les précautions doivent augmenter, car la peau du nez est extrêmement fine et une couture en cet endroit serait particulièrement désastreuse ; en dépouillant la lèvre supérieure on rencontrera deux petits corps ovoïdes de forme, ce sont les racines des moustaches, et si ces racines sont sectionnées, les poils des moustaches tomberont et seront difficilement remis en place. On passera ensuite à la lèvre inférieure.

Certains animaux, cerf, chevreuil, isard, chamois, etc., ont la tête armée de cornes, qui empêchent, au moment du dépouillage, de renverser la peau sur la tête ; il faut, alors qu'on arrive à la racine des cornes, détacher ces dernières du crâne tout en les laissant adhérer à la peau. Cette opération se fait à l'aide d'un ciseau bien tranchant ou d'un marteau. Si malgré cela la peau ne peut être renversée, on fait sous le maxillaire inférieur une fente de 7 à 10 centimètres qui rendra facile le dépouillement.

On peut opérer autrement, et cela s'applique aussi aux spécimens dont la tête est trop volumineuse pour

1. Il est important de bien enlever les cartilages du nez ; si cette opération n'était pas soigneusement faite, il se produirait plus tard des plissements sur la peau extérieure du nez, plissements du plus mauvais effet.

la faire passer par le cou, on fend la peau depuis l'os frontal jusqu'à l'occipital ; c'est par cette ouverture qu'on fait sortir la tête, en la laissant toutefois adhérer à sa peau par le bout du museau, comme dans les cas ordinaires.

La tête étant dépouillée, il faudra nettoyer avec grand soin le crâne, mais il est prudent de prendre auparavant la mesure très exacte de ce crâne garni de ses chairs ; certains animaux ont cette partie du corps sillonnée par des muscles très puissants, volumineux, qu'il faudra remplacer lors du montage.

Pour sortir la cervelle, deux méthodes peuvent être employées : certains opérateurs défoncent le palais à l'aide d'un ciseau de menuisier, d'autres agrandissent le trou occipital à l'aide d'une petite scie ; nous donnons la préférence à la première façon d'opérer qui offre l'avantage de ne pas changer la forme de la tête. Par l'ouverture pratiquée, on retire la cervelle à l'aide d'une curette en bois. On fait aussi sauter les yeux des orbites, on coupe au scalpel toutes les parties charnues qui recouvrent les os de la tête, surtout les pariétaux, les temporaux et le coronal ou frontal ; on nettoie aussi les os maxillaires, ayant pourtant soin de conserver les ligaments articulaires de l'os maxillaire inférieur (mâchoire inférieure) afin qu'elle ne soit pas détachée ; en un mot à l'aide du grattoir, du scalpel, on nettoie entièrement et très proprement tout le crâne, de façon à ne laisser aucun morceau de chair adhérent.

Lorsque le crâne est détaché, le nettoyage se fait encore plus facilement, certains opérateurs ont l'habitude de faire bouillir les têtes et cela en vérité facilite grandement leur nettoyage ; mais cette pratique est très mauvaise, car après le passage à l'eau bouillante, les os se séparent fréquemment et les dents se détachent. Lorsqu'on n'est pas pressé, on peut employer un moyen original pour nettoyer un crâne ; les têtards (larves de grenouilles) ainsi que certains insectes aquatiques *dytiques* et *hydrophiles* sont très voraces, et possèdent des organes assez forts pour détruire les chairs mais non les os. Il suffit d'attacher par une ficelle à la surface d'un bassin peuplé de ces animaux (ou d'un aquarium) le crâne dont on veut obtenir le nettoyage, après l'avoir toutefois un peu dégrossi en enlevant au préalable les masses de chair trop compactes. Au bout de quelques jours, les têtards ou les insectes aquatiques ont complètement dépouillé le crâne et il ne reste plus qu'à le faire sécher au soleil. On peut également enfouir la tête dans une fourmilière, ces insectes rempliront le même office que les têtards.

Bien entendu tous les os des membres doivent être nettoyés avec autant de soin que le crâne, et avant de terminer le dépouillement, on vérifiera si cette opération a été bien faite en son temps.

Echarnage. — Il reste encore à faire subir une façon à la peau dépouillée, qui consiste à la dégraisser et à la débarrasser de tous les tendons qui y adhérent encore ; cette opération est connue sous le nom *d'écharnage*. Si la peau est maigre, le tissu graisseux a plus d'adhérence, il faut dans ce cas couper les membranes charnues avec des ciseaux bien tranchants, le plus près possible de la peau, en ayant soin de ne pas entamer le tissu cutané. Si au contraire la peau est très grasse, on place cette peau sur une pièce de bois lisse et ronde, on la fait tendre sans toutefois trop l'étirer pour ne pas la déformer, et on râcle avec un râcloir de menuisier ou un couteau *peu tranchant* pour enlever toute la graisse. Nous donnons d'ailleurs plus loin, en parlant des fourrures, plus amples détails sur l'écharnage ; prière de s'y reporter.

Pendant cette opération, il faut employer beaucoup de plâtre, car si la graisse qui s'écoule pénétrait dans le poil, elle y laisserait des taches très difficiles à enlever et les dermestes et les mites les auraient vite découvertes pour y pondre leurs œufs.

Bain. — Les peaux des petits mammifères tels que les souris, rats, mulots, lirets, musaraignes, peuvent à la rigueur se conserver après avoir été bien recouvertes à l'intérieur de savon arsenical ; il est pourtant plus prudent de faire tremper toutes les peaux dépouillées durant un temps plus ou moins long dans un bain d'alun. Le savon préservatif ne traverse que peu ou point la peau et si les insectes n'attaquent pas cette dernière, ils n'en rongent pas moins les poils.

Ce bain se compose de 5 litres d'eau pour 500 grammes d'alun et 100 grammes de sel de cuisine. On fait bouillir ce mélange jusqu'à ce qu'il soit entièrement dissous, et, lorsque la liqueur est froide, on y plonge la peau qui y restera immergée d'autant plus longtemps qu'elle est plus épaisse. Les peaux des petits animaux tels que l'écureuil, belette, rat, surmulot n'ont besoin d'y séjourner que vingt-quatre heures environ ; mais celle des animaux plus gros exigent de 8 à 15 jours. Du reste, les peaux se conservant fort bien dans ce bain pendant plusieurs mois, si on a la précaution de les retourner chaque jour, on peut les laisser macérer jusqu'au moment où on aura le temps de les monter.

Au sortir de ce bain, la peau est fortement pressée entre les mains, *non tordue*, pour l'essorer. On la fait sécher *à l'ombre* en l'accrochant par la mâchoire afin qu'elle pende librement ; des bâtonnets passés en travers, dans les gaines des jambes, haut et bas, aident à la tenir étendue. Il faut avoir grand soin de ne l'étirer ni la déformer d'aucune façon.

Quelques opérateurs évitent le bain par le procédé suivant : Frotter tout l'intérieur de la peau avec de l'alun en poudre ; on en introduira partout dans les moignons des membres, dans la queue, entre le crâne et la peau.

Le résultat n'est jamais aussi bon qu'avec le bain.

On doit aussi immerger dans la dissolution d'alun toutes les peaux que l'on peut recevoir de l'étranger et, qui en général sont mal préparées, c'est le seul moyen d'assurer leur conservation.

MONTAGE

Outillage et matériaux. — Des pinces, un bourroir, des poinçons, de l'étoupe, du mastic, du plâtre, du fil et des aiguilles, du fil de fer pour la carcasse comme pour le montage des oiseaux.

Opérations préliminaires. — La peau, sortie du bain et bien séchée à l'ombre, est enduite de savon préservatif ; il faut avoir grand soin d'en passer partout, et particulièrement dans les cavités de la tête, poches des lèvres, à l'extrémité du nez, et à l'extrémité des membres.

Armature ou carcasse. — L'armature se fait avec du fil de fer galvanisé dont la force dépend de la grosseur de l'animal qu'elle doit soutenir. Voici quelques indications à ce sujet en prenant les numéros de la jauge de Paris : 1 et 2, souris et mulots ; 3, 4, 5, 6, loirs, rats, lérots suivant les grandeurs ; 7, belettes ; 8, écureuils ; 9, furets, hermines ; 10, putois ; 11, 12, 13, petits chats, petits chiens, petits lapins ; 14, lapins ; 15, chats, fouines, petits singes ; 16, loutres, renards pendus par leurs pattes ; 17, blaireaux ; 18, renards sur pieds ; 19, chiens de chasse, grands singes ; 20, loups ; 21, 22, 23, 24, chevreuils, biches, sangliers et cerfs selon la grosseur de l'animal.

L'armature pour les mammifères est construite sur des principes analogues à celle utilisée pour les oiseaux, c'est-à-dire une tige médiane représentant l'épine dorsale à laquelle viennent se rejoindre les fils qui passent par les membres, seulement les fils des membres antérieurs et postérieurs, par suite de la conformation de la plupart des mammifères, ne pouvant comme chez les oiseaux se rejoindre en un même point, la tige médiane portera deux anneaux au lieu d'un, situés, le premier aux épaules, l'autre au niveau des cuisses.

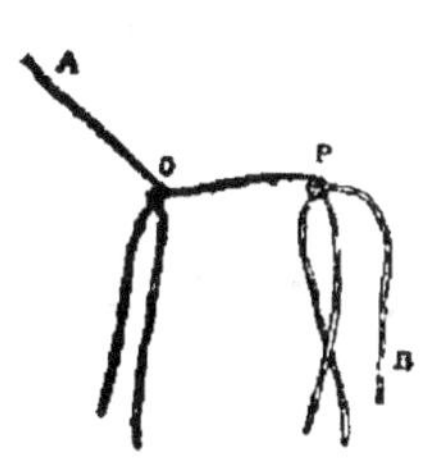

FIG. 47.

Armature d'un mammifère.

La figure 47 représente dans sa plus grande simplicité le principe de construction. L'espace OP représente l'échine, les boucles O et P, placées au point d'attache des épaules et des reins, recoivent les fils de soutien des quatre membres. La partie PB s'enfile dans la queue, tandis que AO supporte le cou et la tête.

En réalité cette disposition rudimentaire ne convient qu'à de petits sujets on a le plus souvent besoin d'une assise plus solide que l'on obtient en fortifiant

FIG. 48. — Carcasse de la monture.

la tige médiane et les anneaux qui sont en quelque sorte les assises de l'appareil.

La traverse de tige médiane AOPB est alors constituée par deux fils tordus ensemble en certaines parties, soit pour leur donner un surcroît de force, soit pour former les anneaux (*fig.* 48).

Pour l'exécuter, on procède de la façon suivante. On prend un fil de fer d'une longueur égale à deux fois et demie la distance de la tête à la queue de l'animal (*fig.* 49).

La distance des boucles OP est proportionnée à la longueur du dos de l'animal. La tête d'une buchette placée entre les deux branches du fil (*fig.* 50) servira de calibre pour la formation des boucles au moment de la torsion.

AO représente la longueur du cou, l'extrémité A devra être limée en pointe, afin de pouvoir s'enfoncer dans le crâne. PB a la longueur de la queue. A cette armature médiane viennent se fixer aux boucles O et P les fils de fer qui passent ensuite dans les quatre membres. Au lieu de faire à

Fig. 49.
Fabrication de l'armature
d'un mammifère.

l'extrémité A une seule pointe, parfois on coupe la boucle terminale en x (*fig*. 48) et on forme la fourche y dont les deux pointes s'enfonceront dans le crâne.

Il existe aussi un autre modèle d'armature composé de deux pièces (*fig*. 51) pour les membres et de deux autres pièces simples pour la tête et la queue. Chaque pièce porte un anneau. On réunis par les anneaux : 1° l'armature de tête et celle des membres antérieurs ; 2° l'armature de la queue et celle des membres postérieurs. Ces deux groupes sont réunis par un fil de fer tordu formant l'armature du dos (*fig*. 52).

Fig. 50.
Formation
des boucles.

Bien entendu, selon l'attitude à donner à l'animal empaillé, on redresse, on courbe, on plie toutes les parties concourant au mouvement général comme seraient dressées, courbées ou repliées les parties du squelette dont elles tiennent la place. Nous y reviendrons d'ailleurs en temps utile.

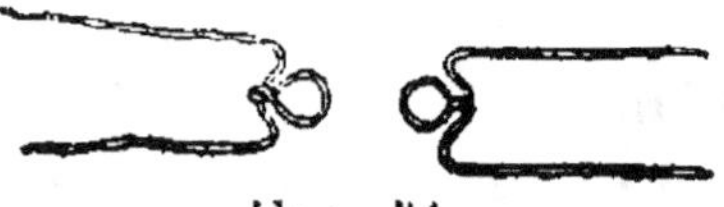

Fig. 51.
Armature à anneaux.
Pièces des membres.

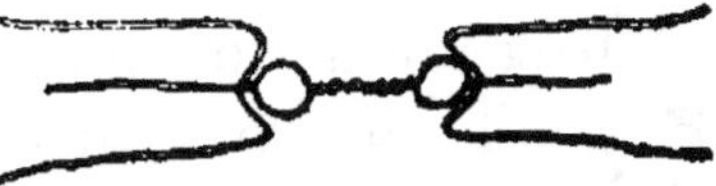

Fig. 52.
Armature à anneaux.
Assemblage des pièces.

Bourrage. — Le bourrage, et particulièrement le bourrage des oiseaux, est grandement facilité par le fait que si l'armature est solidement attachée, il a suffi de donner à la peau une grosseur normale, les plumes se chargeant de cacher tous les faux plis et tous les petits défauts qui auraient pu se produire. Il n'en est pas ainsi pour les mammifères, le corps doit être modelé avec un soin d'autant plus grand que le pelage étant plus ras, il ne faudra pas compter sur les poils pour cacher les défauts. Aussi les plus habiles préparateurs modèlent réellement le corps de certaines espèces sur un squelette et recouvrent ensuite leur maquette avec la peau préparée. Ils arrivent ainsi à la perfection du genre, mais pour pouvoir le faire, il faut déjà être presque un sculpteur de talent ; nous nous contenterons du bourrage ordinaire qui, s'il est fait avec soin, peut donner d'excellents résultats.

Commençons par la tête. Il nous faudra du mastic pour remplacer les chairs enlevées. Les fournisseurs vendent un mastic spécial, c'est un composé de parties égales de cire et de galipot, fondues ensemble et colorées avec de l'orcanète. On peut également se confectionner un excellent mastic, qui devient très dur sans perdre trop de son volume, en prenant du mastic de vitrier et de vieux journaux qu'on aura fait tremper durant quelques jours dans de l'eau, puis bouillis de façon à former une pâte grossière. On égoutte bien cette pâte et l'on mélange ces deux matières le mieux possible en ajoutant de temps en temps quelques gouttes d'huile de lin, si le mastic est trop dur. Cette préparation se conservera longtemps dans un vase de grès recouvert d'un linge, si on la place dans un endroit sombre et frais.

Nous enduisons alors le crâne d'une bonne couche de savon arsenical et remplaçons par du mastic les chairs de la tête et les joues de l'animal, on en met aussi entre la peau et les os maxillaires une couche de quelques centimètres, on garnit également les poches des joues afin que la tête ne paraisse pas maigre.

Certains opérateurs garnissent à ce moment les orbites de mastic en y plaçant les yeux mais généralement cette opération se fait en dernier lieu.

Lorsque la tête est très grosse, on peut **opérer autrement**: on garnit de filasse ou de plaques de tourbe grossièrement modelée (l'arroser d'un peu d'eau phéniquée pour tuer les insectes qu'elle pourrait contenir), puis on saupoudre le tout de plâtre délayé dans de l'eau ; le plâtre fait rapidement prise et avant qu'il soit entièrement sec, on peut lui donner un modelage très rudimentaire, soit avec un ébauchoir en buis, soit avec le manche d'une cuiller à café ; mais on réserve toujours le mastic pour garnir les poches des lèvres et reproduire les cartilages du nez.

On enduit de préservatif la peau de la tête qui est retournée et on la rabat sur la tête. Si l'on a été obligé de faire une incision à cette peau sur le crâne pour pouvoir sortir les cornes, après avoir mis une couche de préservatif et bourré, comme nous l'avons dit, on recoud l'ouverture avec un point de suture.

Les oreilles, légèrement humectées, sont redressées et mises en forme au moyen de cornets de carton que l'on fixe à l'intérieur par un point noué. Elles sont aussi reliées entre elles par un fil que l'on retire dès que le séchage les a rendues rigides.

On prend alors le fil de fer de l'armature qui doit représenter la colonne vertébrale et l'on enfonce son extrémité dans la partie supérieure du crâne ; il est parfois utile de préparer le passage en perçant avec une vrille.

Il faut en la traversant veiller à ce que les anneaux se trouvent dans leur position régulière, c'est-à-dire bien à la hauteur de l'épaule et des reins, on garnit de filasse le bout opposé, de façon à ce qu'il atteigne le diamètre des vertèbres de la queue et on l'introduit dans le fourreau de cet organe.

Passant ensuite au cou, dont nous badigeonnerons de préservatif toute la surface intérieure de la peau, nous procéderons à son bourrage.

Le rembourrage du corps d'un mammifère exige une quantité assez considérable de matière ; si le sujet est un peu gros, il y a intérêt à n'employer que des matériaux de peu de valeur réservant la filasse et l'étoupe pour les parties dont la garniture demande plus de soin. Le foin très sec, la paille, la paille de bois frisé, les rognures de papier, le varech et le crin peuvent être utilisés. Nous pourrons en user pour le cou, mais si la matière a peu de valeur, ce n'est pas une raison pour en abuser, bourrons suffisamment, mais sans exagération ; il ne faut pas faire de cet organe un boudin. Chez quelques espèces même, la peau de dessous est pendante, et, si nous avons à traiter un animal ayant cette particularité, nous créerons une réserve avec quelques points faufilés, plus ou moins lâches.

Passons maintenant aux jambes de devant dans les gaines desquelles nous introduirons, en arrière des os et contre eux, le fil de fer de l'armature qui devra percer les pieds et les traverser ; ces derniers auront été préalablement bourrés soigneusement d'étoupe hachée. L'extrémité de ce fil de fer aura été dans ce but soigneusement limée en pointe aiguë et effilée, elle devra dépasser la plante des pieds d'environ 10 centimètres, et servira plus tard à maintenir chaque membre dans la position voulue, quand on fixera définitivement le sujet sur le support.

Les os de la jambe et le fil d'armature sont assemblés au moyen de filasse dont on les entoure en spirale dans toute la hauteur. Si les mesures ont été exactement suivies, le sommet de l'humérus sera encore éloigné de la boucle de la tige médiane d'une distance égale à la longueur de l'omoplate.

On traite simultanément les deux jambes et à mesure que l'on enroule la filasse autour de l'os, on bourre l'espace qui reste vide entre la peau avec de l'étoupe, de manière à donner au membre la grosseur voulue et à lui former le gigot. Bien veiller à ce que dans leurs parties correspondantes les deux membres aient le même diamètre. *Recourber légèrement le fil de fer dans le bon sens au passage des articulations. —* Les jambes de derrière se bourrent de la même façon. Les membres postérieurs des mammifères sont munis d'un fin bourrelet nerveux très tendu qui borde en arrière la base du cuissot, il est désigné sous le nom de tendon d'Achille et est particulièrement visible chez les sujets à poils ras, d'autant plus que la peau semble en cet endroit doublée sur elle-même. On imite parfaitement ce tendon d'Achille en attachant du talon au sommet du tarse, une ficelle plus ou moins grosse et suffisamment longue. Le bout libre de cette ficelle et son correspondant de l'autre jambe seront noués à tour simple, au dessus de la tige médiane. Le bout de ces deux ficelles passe ensuite au dehors en perçant la peau des flancs ; on aura la facilité de leur donner la tension voulue lorsqu'on fixera définitivement la pose et l'attitude ; nous y reviendrons.

Tout le long du tendon se trouve aussi un espace non rembourré qui le fait ressortir davantage ; quelques points de couture faufilés au travers de la peau autour de ce tendon permettent de l'isoler, quand on garnira d'étoupe le reste de la cuisse. Tous ces points seront enlevés, lorsque le travail sera terminé et que le sujet sera parfaitement sec.

On fait passer les bouts des tiges des membres antérieurs dans l'anneau de la tige médiane et à l'aide d'une pince on les tord ensemble ; on fait de même pour les fils de fer des membres postérieurs qui doivent passer dans le deuxième anneau. Il faut tordre les fils avec grand soin, de façon à faire de toute l'armature un ensemble absolument solide et incapable de céder aux diverses pressions.

On passera ensuite au bourrage du corps en commençant par les épaules et le poitrail auquel on donnera de la fermeté. On couche l'animal sur le dos, de manière à présenter à l'opérateur l'incision abdominale, on remplit soigneusement de matières la partie qui se trouve au-dessous de la tige médiane et l'on forme ainsi le dos, les reins, la croupe qui doivent se dessiner bien nettement.

On achève par le remplissage modéré, mais soutenu du corps, en commençant vers le sternum et en recouvrant l'ouverture abdominale au fur et à mesure, afin de retenir les matériaux qu'on y a accumulés.

Il est bien entendu que l'on a dû passer du savon préservatif à l'intérieur de la peau, à mesure que l'on bourre une partie, de façon à ce qu'elle en soit partout régulièrement enduite.

La couture se fait d'après les principes que nous avons exposés pour les oiseaux en employant une grosse aiguille, appelée *carrelet*, et du fil de cœur de lin ciré. On attaque la peau par-dessous, côté chair, très près de la lèvre de l'incision, en faisant le lacet d'un bord à l'autre.

Touche finale ou finition. — Le débutant, qui a suivi exactement nos conseils, ne sera néanmoins point enchanté du résultat obtenu, il aura devant lui un animal trop rond, trop gonflé, les pattes raides et faisant, comme l'a très bien dit un auteur « figure de chien noyé ». C'est maintenant qu'il faudra faire preuve d'une grande habileté et d'un certain sens artistique pour donner à cette masse la véritable forme qu'elle doit avoir. On couche d'abord l'animal sur le côté et le tapant avec une mailloche ou avec une planche bien rabotée, se servant aussi au besoin du plat de la

main, du poing, on le frappe violemment de manière à
l'aplatir, de façon à le ramener à ses dimensions
normales. Cette opération a donné au tout une sorte
d'élasticité dont on profite pour le modeler en quelque
sorte entre les mains. En les pliant plus ou moins on
met chaque membre dans une
position convenable par rapport au mouvement général, ce
que l'on obtient facilement en
faisant fléchir plus ou moins diverses parties de l'armature.

On choisit un support, il
consiste généralement en une
simple planchette (*fig.* 53) quoiqu'il puisse représenter une

Fig. 53. — Mammifère
monté sur planchette
(renard).

masse de rocher (*fig.* 54), une branche d'arbre (*fig.* 55),
etc. Avec la vrille on perce quatre trous à des dis-
tances convenables et on y introduit les bouts
des fils de fer qui dépassent les pattes que l'on replie à angle droit par
dessous.

On peut alors apporter
encore quelques correc-
tions au rembourrage.

On pique dans la peau
soit un poinçon, soit une
grosse aiguille, dite carrelet, en faisant levier selon
les besoins ; on masse davantage en cet endroit la

Fig. 54.
Mammifère monté sur rocher
(loutre).

bourre ou, au contraire, on l'écarte.

Vérifiez bien si la matière intérieure ne fait aucune
bosse, indiquez bien les parties saillantes en soulevant
la peau avec l'aiguille. Tendez les ficelles correspondantes aux tendons ; culottez bien les jambes de derrière pour dégager le ventre ; réservez à l'origine de

l'aine, devant la rotule, un repli de peau mince, accusez le creux des flancs ; marquez la dépression du thorax en arrière des épaules ; tous ces enfoncements sont facilement obtenus par des ficelles que vous passez au travers du corps à l'aide de longues aiguilles et que vous nouerez de l'autre côté. En serrant les ficelles les parois opposées sont rapprochées aux endroits où l'on veut modeler un creux, et maintenues en cet état jusqu'à ce que la dessiccation soit complète. On peut alors enlever toutes les ficelles.

Nous placerons maintenant les yeux, si nous ne l'avons fait comme certains opérateurs au moment même du rétablissement de la peau sur la tête.

Fig. 55. — Mammifère monté sur arbre (écureuil).

Les yeux pour mammifères sont à iris distinct, ils se vendent par paires à des prix variant 0,20 à 7 fr. 50 la paire. Voici les principaux numéros usités pour les espèces que l'on a le plus communément à employer : 9 blaireau, 10 loutre, 11 lapin de garenne, 12 petit chien, 13 lapin, 14 lièvre, 15 renard, 16 renard et chat, 17 chien moyen, 18 antilope, 19 grand chien, 20 chèvre loup, 21 sanglier, 22 panthère, 23 chevreuil, 24 mouton, 25 mouflon, 26 renne, 27 lion, 28 tigre, 29 daim, 30 daguet, 31 biche, 32 cerf, 33 cerf, 34 cerf, zèbre, 35 cheval, bœuf.

Pour placer les yeux des mammifères on opère comme pour les oiseaux : on introduit un peu de mastic dans les orbites et après avoir relié les paupières, on y enfonce les yeux d'émail de même couleur et de même grandeur que ceux que l'animal avait de son vivant, et, après leur avoir donné avec une aiguille la direction désirée, on arrange tout autour les paupières.

Enfin peignez avec des couleurs à l'huile de très bonne qualité en tubes étendues avec de l'essence de térébenthine, les lèvres, le nez, les gencives, etc., les parties cornées des pattes, les sabots ; polissez les ongles et terminez en lissant soigneusement le poil sur toute l'étendue du corps.

Il est inutile d'insister plus longtemps sur ce sujet, nous avons dû nous borner à indiquer les procédés opératoires, tout ce que nous pourrions dire au sujet de leur application ne servirait à rien ; c'est le goût et surtout une sérieuse observation de la nature vivante, qui devront nous inspirer et qui seront notre meilleur guide. Toutes les opérations terminées, on place le sujet au grand air et à l'ombre pour le faire sécher.

Pendant que l'animal sèche, il faut le visiter souvent afin de redresser les défauts qui pourraient se produire et un mois après, lorsque la dessiccation sera complète, on débarrassera le sujet des ficelles et cartons et on passera une légère couche de vernis autour des yeux, sur le museau et les ongles.

Observations complémentaires. — Il convient de faire la couture de l'incision avec le plus grand soin, car elle est facilement visible, les points doivent être d'autant plus rapprochés que le poil est plus court ; dès que les fils sont serrés et la couture terminée, il faut rabattre les poils à l'aide d'un peigne et d'une brosse.

On est quelquefois obligé de monter des animaux debout sur leurs membres postérieurs, montrant ainsi leur ventre. Cela arrive pour les singes et surtout pour les marsupiaux tels que la sarigue, il faut alors dépouiller la bête en faisant l'incision sur le dos.

Lorsqu'on opère sur de grands quadrupèdes de la taille de l'âne ou du cheval, on ne peut faire sortir le corps par une ouverture aussi petite que celle que nous avons indiquée pour les autres animaux et cela à cause des masses pesantes qu'il faut manier. Voici comment il faut s'y prendre. Après avoir fait une première incision à la peau, depuis la naissance du sternum jusqu'aux organes de la génération, on en fera deux autres en travers, une sur les membres antérieurs qui commencera à l'articulation de l'humérus avec le radius et le cubitus et se prolongera le long de la jambe pour croiser la première incision et descendre le long de l'autre jambe. La troisième incision sur les membres postérieurs commencera à l'articulation du fémur avec le tibia, se prolongera le long du côté interne de la cuisse, traversera la première et viendra finir sur la même articulation de l'autre cuisse. C'est du reste les incisions que l'on fait pour dépouiller en carré les peaux destinées à fournir des fourrures (voir plus loin). On pourra ainsi écorcher avec beaucoup de facilité un animal volumineux.

On représente parfois divers animaux, des carnassiers plus particulièrement, la gueule entr'ouverte ou même entièrement ouverte ; dans ce cas il faut modeler avec du mastic l'intérieur de la bouche, c'est-à-dire faire avec cette matière une langue, garnir le palais et les gencives; on passera ensuite une couleur rouge pour donner la coloration naturelle de l'intérieur de la gueule. L'aspect est grandement relevé par la blancheur éclatante des dents; si elle n'existe pas naturellement dans l'animal occis, on peut l'obtenir par le traitement suivant : laver les dents avec de l'eau dans laquelle on a fait dissoudre des cristaux de soude, rincer soigneusement, puis appliquer un mélange de 30 grammes de peroxyde d'hydrogène avec 20 à 30 gouttes d'ammoniaque liquide; répéter le traitement plusieurs fois durant 10 heures, puis bien laver. Si malgré cette opération les dents restaient jaunes, on devrait les frotter d'abord avec de la pierre ponce très fine étendue d'eau, puis avec du blanc de Troyes et de l'eau de savon, laisser sécher très lentement.

Les chauves-souris et animaux analogues ont leurs membres réunis par des membranes nues ou velues qui leur servent à voler. Il faut absolument les faire séjourner au bain après dépouillement, si on ne veut pas voir les insectes détruire ces membranes. On monte ces animaux et on les applique les ailes étendues sur une planchette ou un carton (*fig.* 56). Lorsqu'ils sont secs, on passe sur les membranes une bonne couche d'essence de térébenthine.

FIG. 56. — Chauve-souris.

En voyage, le meilleur procédé pour rapporter intactes des peaux de mammifères devant être montées consiste à les passer au bain après dépouillement; puis une fois sèches de les enduire de savon arsenical, de remettre toutes les parties en place et de recouvrir toute la surface intérieure avec du papier ainsi que les os. Les mettre dans un bain d'alun phéniqué avant de les monter.

On peut aussi conserver quelque temps les peaux seules en salant après dépouillement toute la surface de cette chair en la saupoudrant soigneusement de sel commun. Rouler ensuite les peaux sur elles-mêmes.

MONTAGE DES TÊTES DE CERFS, SANGLIERS, ETC.

On fait beaucoup de tableaux applique en naturalisant seulement la tête de certains animaux tels que cerf, sanglier, chevreuil, loup, renard (*fig.* 57 et 58).

Lorsque dans une chasse, on a eu la chance d'abattre un animal dont on veut ainsi monter la tête, il faut avoir soin d'inciser proprement la peau tout autour du cou, au ras des épaules, elle est retroussée jusqu'à la gorge et l'on incise les dernières vertèbres du cou.

Il vaut mieux inciser la peau trop bas que trop haut et surtout avoir soin de ne pas laisser, comme on le fait souvent, une plus grande longueur de peau en dessus sur le dos que sur la poitrine, il est évident qu'il faut pour un montage correct, que la section soit faite tant en dessus qu'en dessous suivant une ligne parallèle aux aplombs de l'animal.

FIG. 57.
Tête en écusson
(sanglier).

Certains gardes ont la mauvaise habitude de faire le dépouillement en fendant en outre la peau tout le long du cou en dessous jusqu'à la naissance du crâne ; mauvaise habitude, car la couture qu'il faut effectuer se trouve dans la position où elle sera la plus visible.

Le procédé le plus avantageux consiste, comme nous l'avons dit, à inciser la peau au-dessus des épaules et à couper le cou au-dessus de ces dernières, en un mot à guillotiner proprement l'animal. Le taxidermiste recevra ainsi le cou en entier et il lui sera loisible de prendre des mesures afin de le rendre fidèlement.

En recevant une tête à monter, si l'on n'a pas le temps de se livrer de suite à sa préparation, il faut la placer sans délai dans un seau contenant une forte saumure, sans cette simple précaution on verrait lors du montage les poils tomber et la peau se dénuder entièrement.

FIG. 58.
Tête en écusson
(cerf).

Lorsqu'on se mettra à la préparation, il suffira de laver soigneusement le tout pour enlever le sel — si la tête est ornée de cornes, on les nettoiera en les brossant avec de l'eau et du savon.

Supposons que nous ayons une tête de cerf à monter de cette façon, voici la manière d'opérer.

La marche à suivre ne diffère d'ailleurs que peu de celle déjà indiquée dans le chapitre consacré au dépouillement et au montage habituel des mammifères, aussi nous nous dispenserons de répéter des détails déjà expliqués, nous bornant à insister sur quelques points particuliers à ce genre spécial.

Tout d'abord nous prendrons des mesures très soignées, tour du cou à différentes hauteurs, sa longueur, largeur de la tête à la hauteur des yeux, au chanfrein, du nez, longueur, circonférence, etc., ceci sera très utile pour reproduire exactement les formes de l'animal.

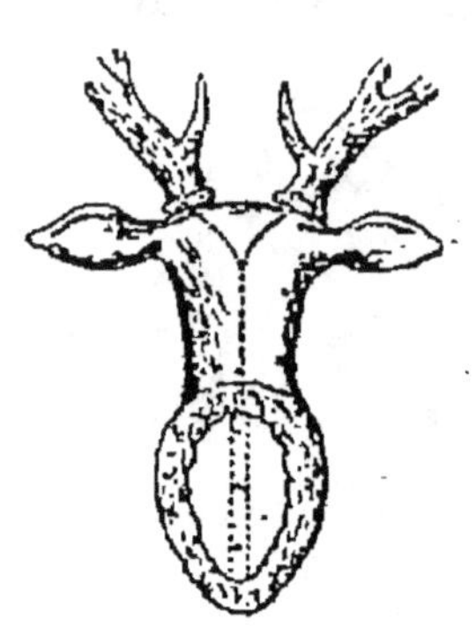

FIG. 59.
Dépouillement
d'une tête de cerf.

Le dépouillement se fera à l'aide d'une incision faite le long du cou en dessus et qui se divisera arrivé au crâne en deux branches en forme d'Y (*fig.* 59) pour atteindre la base des cornes ; certains opérateurs préfèrent poursuivre la première incision jusqu'à la hauteur des cornes et la réunir à ces deux appendices par une autre incision transversale allant d'un coin à l'autre, ce qui, en somme, donne une coupure finale en forme de T. Ceci n'a d'ailleurs aucune importance.

FIG. 60. — Montage
sur une planche
à bords droits.

Le dépouillement du cou se fera en rabattant la peau des deux côtés de l'incision, en ayant soin de bien saupoudrer de plâtre toutes les parties sanguinolentes ; arrivé au crâne, on séparera celui-ci en sectionnant les dernières vertèbres de la colonne vertébrale. Les chairs du cou pourront être alors rejetées.

La tête se dépouillera en rabattant la peau de dessus du crâne, jusqu'aux extrémités des mâchoires.

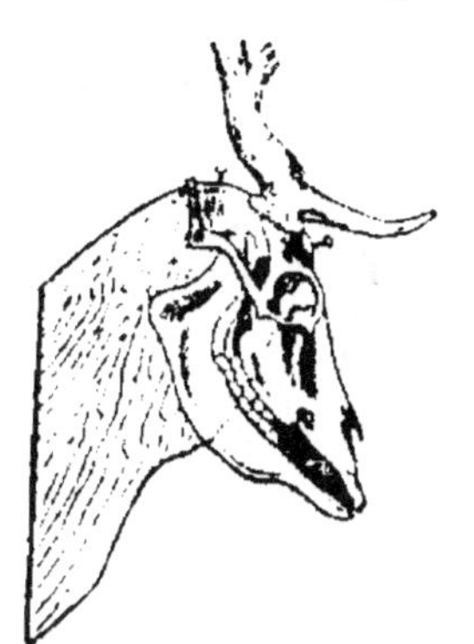

Bien veiller à retirer sans les couper les sacs auditifs et de ne pas inciser la peau dans les environs des yeux. Nous avons d'ailleurs donné d'amples détails sur la façon d'opérer, nous n'y reviendrons pas; le nettoyage des poches des lèvres doit être fait avec grand soin.

Nettoyons le crâne de manière à enlever tous les muscles et toute la cervelle soit en agrandissant le trou occipital, soit en perçant le palais; mettons le tout au bain d'alun

Fig. 61. — Montage sur une planche à bords chantournés.

durant trois ou quatre jours, durant ce temps nous aurons le loisir de préparer la carcasse qui doit supporter le crâne et le bourrage du cou, celle-ci au lieu d'être composé comme dans le procédé habituel d'un fil de fer consiste en une planche de 6 à 7 centimètres d'épaisseur et dont la longueur égale à celle du cou aura été calculée à l'avance. En examinant les figures 60 et 61 on verra que l'on peut donner à cette planche deux formes, soit lui laisser ses bords droits, soit les chantourner suivant la forme du cou; quel que soit le

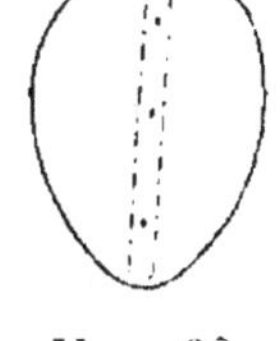

Fig. 62. Planchette ovale.

modèle adopté, il faudra, la tête, peau et ossements ayant été retirés du bain et bien séchés, fixer cette planche au sommet du crâne à l'aide de vis passant par des trous précis en cette partie comme le montre les figures 60 et 61. Nous maintiendrons aussi les mâchoires jointes à l'aide d'un fil de cuivre.

Nous remplacerons ensuite sur le crâne les chairs

enlevées soit par une application de mastic, soit par de l'étoupe ou des plaques de tourbes recouvertes de plâtre délayé dans de l'eau.

Nous préparerons ensuite la planche qui doit servir de base au cou et qui sera clouée sur le panneau appliqué ou écusson qui seul sera visible.

Si nous avons adopté comme armature une planche à bords droits (*fig.* 60), ce sera une simple planchette de forme ovale (*fig.* 62) sur laquelle on vissera la tranche de la planche armature, bien entendu on aura calculé à l'avance l'angle suivant lequel doit se faire cet assemblage.

Le modèle à bords chantournés (*fig.* 61) est employé lorsqu'on ne veut pas représenter une section brusque du cou, mais figurer une partie de la poitrine ou plus exactement lui donner un socle également recouvert de peau; dans ce cas au lieu d'une planche on emploie un bloc de bois bombé qu'on ne saurait mieux comparer à un œuf coupé en deux parties égales dans le sens de sa hauteur (*fig.* 63). Bien entendu ses diamètres devront être supérieurs à ceux du cou afin de dépasser sur tout le pourtour la section réelle du cou ; la planche armature sera fixée par des vis suivant le grand diamètre (voir *fig.* 63).

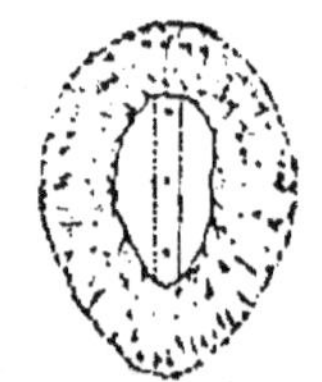

Fig. 63.
Bloc en bois chantourné.

Ces quelques indications données, nous procéderons au bourrage du cou, celui-ci peut se faire soit en entourant d'étoupe la planche armature, soit en la garnissant de plâtre gâché, de façon à obtenir un diamètre convenable, on rabat ensuite la peau sur le crâne et sur le cou et on complète le bourrage, si besoin est, en enfonçant à l'aide d'une longue pince et d'un bourroir de la filasse hachée dans les endroits où manquerait la matière.

On met des moules en carton dans les oreilles afin

de leur donner une bonne position et leur conserver leur forme. Une très bonne pratique consiste à faire tourner une pièce de bois en forme d'œuf de même grandeur que les oreilles, on laisse au bas une petite tige ou manche rond ; on scie cette pièce en deux dans le sens de la hauteur, afin d'obtenir deux morceaux identiques. On enfonce la tige dans le conduit auditif et on lui donne la direction voulue et on maintient chaque oreille pressée contre ce bloc de bois au moyen de ligatures faites avec du fil.

Lorsqu'on a adopté pour base une planche, on clouera simplement le bord inférieur de la peau du cou

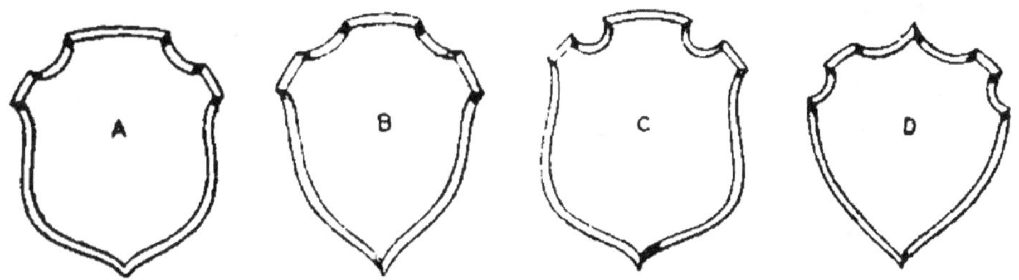

Fig. 64 à 67. — Écussons de différents modèles.

contre la tranche de la planche ; lorsque la base est bombée, on clouera la peau contre cette pièce, au point où se termine le cou et cela avec des pointes aussi peu visibles que possible ; on garnira d'une légère épaisseur d'étoupe le bloc de bois, on ramènera ensuite la peau par-dessus de façon à le recouvrir entièrement et on clouera les bords de la peau sur tout le pourtour.

Il ne restera plus qu'à fixer la tête contre l'écusson dont on peut varier la forme à l'infini : A, B, C, D (*fig.* 64 à 67) en enfonçant par derrière des vis, qui, après avoir traversé le dit écusson, s'enfonceront dans la planchette ou dans le bloc de bois formant la base du cou. Enfin on placera les yeux, on donnera une couche de couleur aux muqueuses et on laissera sécher à l'ombre durant plusieurs semaines.

UTILISATION DES CORNES

Les cornes de cerfs, daims, etc., peuvent former de très sportifs porte-chapeaux, il suffit pour cela de les fixer contre une planchette découpée en forme d'écusson et suspendue à un mur. Il s'agit simplement de fixer les cornes contre cet écusson, et il existe pour cela plusieurs procédés ; le plus simple consiste à scier la base des cornes d'après une oblique, de façon à ce qu'elles s'appliquent contre l'écusson suivant l'angle voulu et de les y visser à l'aide de vis passant dans un trou perforé au préalable à l'aide d'un vilebrequin et d'une mèche (*fig.* 68).

Fig. 68. Montage d'une corne au moyen de vis.

Un autre moyen nécessite une base ronde en bois du même diamètre que la corne fixée obliquement contre l'écusson. On perce dans la corne dans sa sec-

Fig. 69.
Tenon adopté dans une corne.

Fig. 70.
Montage d'une corne avec tenon.

tion et dans le sens de la longueur un trou rond dans lequel on introduit un tenon en bois (*fig.* 69), l'autre extrémité s'enfonce dans un trou correspondant dans le bout du support que nous avons mentionné (*fig.* 70).

Enfin avec une scie coupons le morceau du crâne qui supporte les cornes et nous les vissons contre l'écusson ; il s'agira de bien calculer la pièce à couper, de façon à donner aux cornes l'angle voulu.

Les cornes de cerfs et espèces similaires ne se polissent pas comme les cornes de bœufs et animaux analogues; chez les premiers ces organes ne sont qu'un développement parfois considérable de l'os frontal, ils sont alors de nature exclusivement osseuse, chez les autres, comme le bœuf, le bélier, cette protubérance osseuse s'enveloppe d'une sorte de gaine et d'étui formée d'une infinité de poils comme agglutinés ensemble et dont la réunion forme une masse fort résistante; c'est cette matière que, sous le nom de corne, l'industrie utilise pour une multitude d'objets, les cornes osseuses n'étant guère propre, après sciage, qu'à former des manches de couteaux ou choses analogues.

Le meilleur procédé pour nettoyer des cornes de cerf et autres cornes osseuses consiste à les savonner à l'aide d'une brosse dure et de les laisser sécher. La surface sera ensuite vivement frottée avec la brosse jusqu'à l'obtention d'un certain brillant sur les parties faisant saillies. Les pointes pourront être grattées avec un morceau de verre jusqu'à ce que la matière blanche de dessous apparaisse. L'aspect est amélioré en pratiquant ce grattage d'une façon graduelle de façon à ce que la nuance s'éclaircisse progressivement sur les pointes. On peut donner à ces dernières plus de brillant en passant une petite couche de vernis à la gomme laque.

On peut les polir complètement de la façon suivante : Faire disparaître d'abord toutes les aspérités à l'aide d'une rape à bois, puis limer avec une lime fine, faire disparaître ensuite les traces produites en grattant à l'aide d'un couteau ou d'une lame en acier. Passer au papier de verre de différentes grosseur en terminant par la plus fine. Epousseter souvent afin d'enlever la poussière produite durant ces dernières opérations, puis obtenir le poli en frottant avec une pâte formée par la poussière ramassée lors du passage au papier de verre et délayée dans de l'huile de lin. On l'applique à l'aide d'un chiffon et on frotte vivement. Continuer par un passage à la terre pourrie appliquée à l'aide d'un morceau de flanelle humide, passer ensuite du blanc de Troyes délayé dans du vinaigre et termine en frottant avec une peau de chamois.

Les défenses d'éléphants sont polies d'une façon identique : Faire une pâte avec du vinaigre et de l'alcool, et du blanc de Troyes, frotter vivement la défense, laver à l'eau claire avec une brosse, sécher avec un linge doux, puis frotter avec une brosse sur laquelle on a répandu une goutte d'huile d'olive.

Pour polir une paire de cornes de bœufs ou autres cornes similaires, il faut enlever toutes les parties rugueuses, toutes les protubérances avec une râpe, puis gratter avec un couteau ou un grattoir de menuisier. On passe ensuite du papier de verre de grosseurs différentes. On frotte ensuite avec de la pierre ponce de diverses grosseurs, puis avec du tripoli délayé dans de l'huile, enfin avec de l'huile pure appliquée avec une peau de chamois, on passe en dernier lieu la peau de chamois ou la paume de la main. Pour obtenir un joli poli, il ne faut pas craindre de frotter avec vigueur et constance, aussi dans l'industrie l'on emploie généralement un tour. Pour débarrasser une corne de son noyau osseux on la met dans un milieu humide et chaud, un tas de fumier par exemple, elle doit y séjourner 15 à 30 jours, il se produit alors une fermentation putride qui détruit la matière assimilée qui le soudait à son enveloppe. On prend alors chaque corne on la secoue vigoureusement d'un coup sec et brusque, le noyau tombe et il ne reste plus que le tube [1]. On

1. Pour préparer les plaques de cornes dont on se sert dans l'industrie et les arts, voici comment on procède. On commence par abattre, d'un coup de scie, la pointe solide de la corne qui

conseille aussi une immersion de quinze jours à un mois.

Par un procédé identique, on enlève la partie osseuse des cornes de bélier, de mouflons. En général, on ne polit pas les cornes portant des cercles saillants, on se borne à les nettoyer avec une brosse avec du savon. On peut accentuer leur couleur noire avec de la teinture à base d'aniline que l'on trouve par paquets dans le commerce pour teindre les vêtements. On leur donne du brillant en passant une légère couche de vernis à la gomme laque.

On monte parfois les cornes de bélier sur une canne : taillez l'extrémité de celle-ci jusqu'à ce qu'elle coïncide bien avec le creux laissé par l'enlèvement du noyau osseux, enduisez-en l'intérieur avec une colle ou ciment à base de gutta-percha ou encore de colle forte et enfoncez le bout de la canne. Cachez le joint au moyen d'une bande de métal.

Les cornes de buffles se polissent par les mêmes procédés que les cornes de bœufs ; mais comme elles sont beaucoup plus dures, le travail est plus ardu. Si elles sont jaunes, on peut les blanchir en les laissant tremper dans une solution de chlorure de chaux. Si au contraire on veut les noircir, ce qui est souvent nécessaire pour les pointes qui sont plus claires, on les teint. On

est employée à faire des boutons, etc., il reste alors un tube ouvert des deux bouts, on le jette dans l'eau bouillante et maintenue à cette température pour l'amollir ; on pratique alors dans toute la longueur avec une serpette (ou une scie circulaire) une section longitudinale ; puis au moyen d'une pince mordante on ouvre les deux lèvres de la fente, on l'étend et on la soumet toute chaude encore à la pression strictement nécessaire entre deux plaques métalliques. En répétant ces deux opérations, ramollissement et pression, on arrive à fournir des feuilles de toute épaisseur. Cette pression agit mécaniquement sur la texture de la corne, rend son grain plus fin, plus serré, plus homogène et ajoute à sa solidité et à son élasticité.

les fait tremper d'abord dans de l'eau dans laquelle on
a fait bouillir du son et cela durant 8 à 10 heures, puis
on prépare une teinture en faisant bouillir en un récipient de fer dans 1 litre d'eau
120 grammes de bois de campêche,
90 grammes de sulfate de cuivre.
Donner à la corne deux ou trois
couches de ce liquide bouillant.
Laisser sécher et passer sur les parties
déjà enduites du vinaigre dans lequel
on a laissé macérer des clous
rouillés. Cette opération intensifie la
couleur.

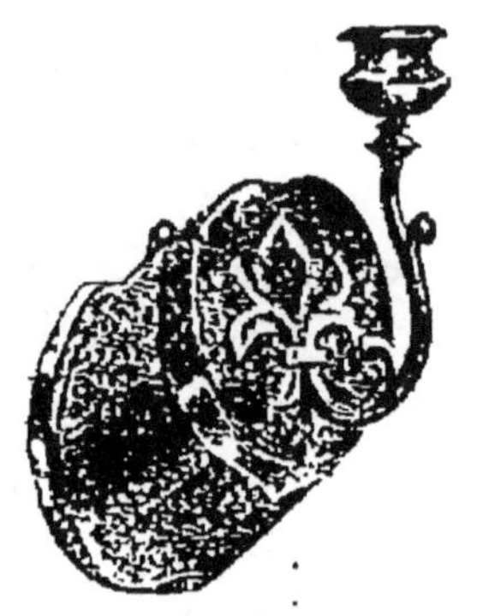

FIG. 71.
Sabot monté
en bougeoir.

Pour monter les cornes de buffle,
on se sert d'un procédé analogue à
celui indiqué pour le fixage d'une
corne de bélier à une canne, c'est-à-dire qu'on tourne
un petit cylindre de bois dont on taille l'extrémité de
façon à ce qu'il s'emboîte exactement dans le vide
laissé par la matière osseuse, on
colle ; cette sorte de socle peut être
fixé sur tout support convenable et
dans toute position à l'aide de vis.

Montage du sabot d'un cheval. —
On aime parfois à conserver comme
souvenir le sabot d'un cheval, on
peut en faire soit un presse-papier,
soit un bougeoir (*fig.* 71). La
chose n'est pas difficile, il suffit

FIG. 72.
Sabot monté
en encrier.

d'abord de dégager entièrement la peau de la partie
inférieure de la jambe pour couvrir le pied ; ceci fait,
on enlève avec un scalpel le plus possible de la chair
qui se trouve autour de cet os afin de bien nettoyer le
sabot ; il ne faut autant que possible n'y laisser aucune
chair. Coupez alors l'os aussi bas que possible et continuez le nettoyage. On passe ensuite du préservatif

dans tout l'intérieur de la corne et sur la portion de peau que l'on veut conserver. Laisser sécher. Durant ce temps on taille un morceau de bois ou de liège et

on lui donne la forme de l'os enlevé, on met cette pièce à la place qu'occupe l'os et on bourre l'espace vide avec de l'étoupe. On a coupé une plaque de bois ou de métal de même forme que le dessus du sabot ; on rabat la peau en dessus de la corne et en dedans d'une longueur de quelques centimètres (on peut exposer la peau à de la vapeur d'eau pour la rendre plus pliable) et l'on dispose au-dessus la plaque supérieure ; quelques vis qui s'enfonceront dans le bois qui remplace l'os, assureront sa solidité.

Fig. 73.
Pied de cerf
monté
en fouet.

Au lieu d'une simple plaque on peut placer sur le sabot un bougeoir (*fig.* 71), ou encore un encrier (*fig* 72) ; dans ce cas le morceau de bois est creusé de façon à pouvoir recevoir le récipient destiné à contenir l'encre.

Montage des pieds de cerfs, de biches, de chevreuils. — Les pieds de cerfs, de biches, de chevreuils, de sangliers sont souvent conservés comme trophées de chasse. Quel que soit le genre de montage adopté, la première chose consiste à rabattre la peau autour de l'os, à bien nettoyer celui-ci, et à enlever le plus possible de chair dans le sabot.

Fig. 74.
Pied de cerf
tressé,
monté sur
écusson.

Si l'on veut obtenir un manche de fouet, on conserve l'os après l'avoir coupé à la longueur voulue, en général à la hauteur de l'articulation, on enduit de savon arsenical l'intérieur du sabot, la surface interne de la peau et de l'os, on entoure celui-ci de filasse longue et on rabat la peau, on termine en bourrant fortement avec de l'étoupe, c'est d'ailleurs le procédé habituel utilisé lors de la naturalisation des mammifères. Il ne reste plus qu'à fixer la lanière à l'extrémité (*fig.* 73).

Souvent ces membres sont montés nattés sur écusson (*fig.* 74). La jambe et le pied sont nettoyés comme précédement enduits de préservatif ; on scie l'os quelques centimètres au-dessus du sabot, puis à partir de cet endroit on fend la peau de la jambe qui a été conservée jusqu'à l'articulation en faisant dans le sens de la longueur deux incisions, l'une par devant et l'autre par derrière. On obtient ainsi deux bandes de peau que l'on tresse ensemble après avoir enduit leur intérieur de savon arsenical. On fixe le pied sur l'écusson au moyen de deux pointes plantées à l'extrémité supérieure du nattage et à l'aide d'une troisième enfoncée au commencement, au-dessus de la portion conservée de l'os.

CHAPITRE VI

LES MAMMIFÈRES (suite)

LES FOURRURES ET LES PEAUX, LEUR UTILISATION

Les fourrures. — Tandis que le tanneur, le chamoiseur, le mégissier s'ingénient à faire tomber le poil dont la peau est recouverte pour conserver seul le cuir, le pelletier fourreur, comme le naturaliste préparateur, tient surtout à la toison, ils se gardent bien d'y porter atteinte et cherchent le meilleur moyen de la conserver intacte dans toute sa beauté et avec sa souplesse initiale.

Ceci exige un traitement spécial que nous décrirons avec de nombreux détails, car dans la faune, qui nous entoure, nous trouverons de nombreux sujets dont la peau garnie de sa toison pourra nous fournir une jolie fourrure utilisable, soit pour vêtements, soit pour l'ameublement.

Le commerce de la pelleterie a catalogué plus de cinq cents espèces ou variétés d'animaux à fourrure dont la plus grande partie (et aussi la plus estimée) est fournie par les contrées septentrionales, la nature leur ayant donné dans ces parages au climat glacial un vêtement plus fin, plus doux et par conséquent plus chaud que sous les cieux tempérés ou tropicaux ; chez nous sans être si nombreuses que dans le nord, sans avoir une toison aussi belle et aussi fine nous trouvons un assez grand nombre de variétés parfaitement utilisables.

En voici la liste assez complète divisée en deux groupes :

Dans le premier nous plaçons les animaux à fourrure proprement dits.

L'agneau, la belette, le castor (qui se rencontre encore sur les bords du Rhône), le chat, l'écureuil, la fouine, le furet, la genette, l'hermine, le lapin, le lièvre, la loutre, le lynx, la martre, le putois, le renard, la taupe.

Dans le second groupe nous rangeons tous les individus dont les peaux plus grossières, garnies de poils, moins fins, moins doux, sont dénommées plus particulièrement pelleteries. Ce sont :

Le blaireau, le cerf, le chamois, la chèvre, le chevreuil, le daim, le loup, la marmotte, l'ours, le sanglier.

Dans cette série nous trouvons des espèces qui ne sont point à dédaigner : l'ours nous fournira les plus beaux tapis, le loup, la chèvre, qu'il n'est pas désagréable de fouler aux pieds, nous donneront aussi de ces chauds manteaux, de ses *peaux de bique* si utiles par ces temps d'automobilisme.

Si ces sujets n'ont certainement point, au point de vue fourrure, la valeur de ceux de la première catégorie, nous rencontrons autour de nous des sujets de marque comme la loutre, le castor, l'hermine ; la fouine, le putois et la belette nous donneront aussi des peaux soyeuses pouvant, une fois teintes, presque rivaliser avec les espèces exotiques sous le nom desquelles elles nous sont souvent vendues ; le lynx et la genette sont loin d'être négligeables et nous ne devons pas récuser non plus le lièvre et le modeste lapin, qui rend tant de services aux fourreurs.

Les peaux de lapins. — « Peaux de lapins, marchands de peaux de lapins. » Tel est le cri que l'on entend journellement aussi bien à la ville qu'à la campagne. Lorsqu'on songe aux nombreuses loutres plus ou moins marines, aux renards plus ou moins bleus, aux hermines, aux chinchillas d'Asie ou d'ailleurs, fourrures fort chères présentées sous les noms les plus divers et qui ne sont que des peaux de lapins travaillées avec art, on se demande s'il ne serait pas possible de tirer des dépouilles de maître Jeannot une partie plus avantageuse que de la céder pour un décime pièce au marchand ambulant.

Toutefois toutes les peaux n'ont pas la même valeur, celles qui proviennent des lapins de choux ou de garennes, écorchés pour être servis en gibelotte et qui sont vendues par les cuisinières, sont utilisées dans la chapellerie et ne peuvent par conséquent être de grande valeur. Elles sont débarrassées de leurs poils par des ouvriers spéciaux qu'on appelle coupeurs de poils et ces poils sont livrés aux fabricants de chapeaux pour la confection des feutres, ceux des lièvres sont réservés pour la fabrication des chapeaux dits castor.

D'après M. Othon, de Clermont, nous produisons par année une moyenne de 2 millions et demi de kilogrammes de poils de lapins domestiques et 700.000 kilogrammes de poils de lapins sauvages, coupés sur 70 à 80 millions de lapins domestiques et 4 à 5 millions de lapins sauvages. Ce chiffre est insuffisant pour la chapellerie française, car nous importons encore 900.000 kilogrammes de poils à raison de 30 grammes par peau. C'est d'Allemagne (34 pour 100), de Belgique et d'Angleterre (66 pour 100) que nous importons cette quantité de poils qui, à l'état brut, se vendent, la première qualité, de 19 à 25 francs le kilogramme, la deuxième de 8 à 17 francs et la troisième de 3 à 10 francs.

Clermont-Ferrand et Paris sont les deux centres principaux de ce commerce.

Les peaux destinées à imiter les fourrures de prix proviennent de certaines races élevées spécialement dans ce but et écorchées avec un soin particulier, elles ont alors une certaine valeur.

Comme le lapin dépouillé a toujours une vente courante aux halles des grandes villes, on comprend l'intérêt que l'on peut trouver à élever les variétés à fourrure, puisque, outre la chair, on peut tirer bénéfice de la peau.

La race argentée ou riche est surtout l'objet de cette exploitation spéciale, son poil, blanc à la base et plus ou moins argenté brillant à la pointe, offre une certaine ressemblance avec le pelage du petit gris. On distingue trois teintes qui sont pour les fourreurs de valeurs différentes : la teinte foncée (*silver brown*) des Anglais est la moins estimée, la teinte gris clair (*silver grey*) a une valeur moyenne et la teinte argentée à reflets jaunes (*silver cram*) est la plus prisée. On élève aussi une autre variété dite *chinchilla* à cause de l'analogie de sa fourrure avec celle d'un rat américain qui porte ce nom et dont le pelage a une grosse valeur.

Le lapin élevé en France sous le nom de lapin argenté de Champagne offre une coloration moyenne se rapprochant du *silver grey* des Anglais, son élevage est assez important dans les environs de Troyes.

Tous ces lapins sont de très bonne grosseur, faciles à élever et (le lapin de Champagne en particulier) sont, au point de vue de la fécondité, de la valeur et de la qualité de la chair, des races de haut produit.

Leur régime ne diffère pas de celui des autres lapins, ils sont d'ailleurs très rustiques et sont plutôt incommodés par la trop grande chaleur que par le froid.

La fourrure n'est vraiment parfaite qu'à la seconde

mue. Deux conditions sont nécessaires pour avoir de belles peaux : propreté absolue et choix judicieux des reproducteurs, afin d'obtenir des sujets aussi gros que possible ayant une fourrure bien uniforme ; la partie qui sert forme un carré comprenant outre le dos, la gorge et le ventre ; il est donc de toute importance que ces parties aient non seulement la nuance pareille à celle du dos, mais que le poil soit partout de même texture, également fourni et de même longueur.

Le lapin hollandais tout blanc donne des fourrures très douces, fort prisées pour imiter l'hermine ; la plupart des parements des robes de nos hauts magistrats sont en poil de lapin hollandais.

Les bleus de Beveren et de Vienne ont le pelage d'un gris bleu acier qui donnent, sans teinture, des fourrures très originales.

On peut aussi utiliser le pelage bigarré des lapins dits japonais.

La taupe et sa fourrure. — Tout le monde connaît ce petit animal bizarre qui, passant sa vie sous terre, présente « l'aspect d'un morceau de boudin de velours » muni de quatre petites mains roses à cinq doigts et qu'on nomme la taupe.

Les caprices de la mode ont attiré depuis quelques années l'attention sur ce petit mammifère, dont les mœurs sont trop connues pour que nous nous arrêtions à les décrire.

Il y a déjà quelques années, des couturiers et des fourreurs, en quête de nouveauté, déclarèrent à la France étonnée que la peau de taupe devenait *à la mode* et tout le monde de s'incliner.

Sa peau est fort jolie en réalité, ressemblant fort à un beau velours de soie, malheureusement elle manque de solidité, le poil s'arrache avec la plus grande facilité ; ce qui fait sans doute l'affaire des fourreurs qui sont obligés de renouveler fréquemment les vêtements confectionnés avec la peau de cet animal.

Elle est aussi fort petite, la partie utilisable ayant environ 7 centimètres sur 7, soit 50 centimètres carrés environ. On voit par cela la quantité considérable de peaux qu'il faut pour confectionner la moindre pelisse.

Les dépouilles de la taupe sont travaillées dans les ateliers d'apprêteurs pelletiers de Paris, d'Annonay et de Châteaurenault. Leur préparation *industrielle* (les procédés domestiques que nous indiquons plus loin leur conviennent parfaitement) consiste en un léger tannage, un graissage, un foulage, puis lustrage du poil au moyen d'un mélange de gomme, de jaune d'œuf, de glycérine, d'huile, de coton et d'alcool qui donne à la fourrure le brillant et le moelleux qui sont si recherchés.

Les emplois de la peau de taupe sont très divers en pelleterie ; on l'utilise surtout à la confection d'étoles, de chapeaux, de manchons, de gants fourrés, de cravates, de gilets, de boléros de dames, etc. ; mais, ainsi que nous l'avons dit précédemment, son manque de solidité empêche de l'employer aux vêtements qui ont à supporter un certain effort, car ils seraient bientôt hors d'usage.

Les taupes abondent partout, il est facile de s'en procurer, leur chasse se fait de plusieurs manières : à la main, en la guettant à l'affût et en l'enlevant de terre au moyen d'une bêche, au moment où elle indique sa présence exacte en soulevant la terre pour rejeter au dehors les débris de sa galerie. Il faut éviter d'abîmer la bête, soit avec le coup de bêche, soit avec le coup de talon ou de bâton qu'on lui donne pour l'assommer, car la peau perdrait alors beaucoup de sa valeur ; l'autre moyen, le plus généralement employé, consiste à placer sur le parcours de la galerie, dans laquelle circule l'animal, un piège ou un collet auquel il vient se faire prendre, c'est de cette façon que la peau est la moins endommagée et conserve sa valeur maxima.

Le piège le plus usuel consiste en une pince à ressort, maintenue ouverte par un anneau que la taupe pousse en avant; l'anneau déplacé, le ressort se détend, les branches de la pince se resserrent sur la taupe, qui est ainsi étouffée, sans que sa peau soit détériorée. Souvent on met dans la galerie principale deux pinces à une certaine distance l'une de l'autre, afin que l'animal se prenne forcément dans l'une ou dans l'autre.

On doit éviter le poison, d'abord parce que la taupe très défiante touche rarement à l'appât empoisonné et, en outre si on parvenait ainsi à la faire périr, il faudrait un temps considérable pour retrouver son corps dans l'étendue considérable de ses galeries.

PRÉPARATION DES FOURRURES

Disons tout de suite, en commençant, que le pelage d'hiver des différents mammifères est seul capable de fournir des fourrures durables; en été la robe offre un poil plus grossier, moins doux et qui tombe facilement; les peaux sont surtout défectueuses au moment de la mue, printemps et automne, où le vieux et le nouveau poil se trouvent mélangés; des parties entières se détachent presque aussitôt qu'elles sont préparées, on reconnaît les peaux des sujets en mue aux plaques noires que présentent leurs peaux du côté chair.

Les opérations nécessaires se suivent dans l'ordre suivant : 1° dépouiller l'animal ; 2° écharner la peau; 3° mettre la peau dans un bain conservateur, suivi souvent par un second écharnage ; 5° ouvrir la peau pour la rendre plus souple ; 5° la lustrer.

1° Dépouillement. — Le dépouillement demande certain soin, car il faut obtenir une peau aussi étendue que possible. On opère d'une façon identique à celle que nous avons décrite précédemment en prolongeant l'incision médiane jusqu'aux lèvres de l'animal et en pratiquant deux autres incisions le long des membres et à leur intérieur ; le dépouillement est ainsi rendu beaucoup plus facile.

L'animal est placé sur une table, sur le dos en travers de soi, la tête à droite. On pratique d'abord l'incision médiane côté du ventre depuis la lèvre inférieure ou seulement depuis la naissance du cou, si l'on veut préparer la tête (pour un tapis par exemple). Pour cela, on pince la peau du cou entre le pouce et l'index de la main gauche, de manière à former un pli que l'on fend avec le tranchant de la lame d'un scapel tourné en dessus, puis toujours güidé par la main gauche qui se dirige vers la queue en soulevant au fur et à mesure, devant le scalpel le pli formé par la peau, on prolonge la fente jusqu'à l'anus. Cette manière d'opérer convient quand la peau recouvre une partie molle comme le ventre, qu'il faut éviter de percer.

On étend fortement sur la table chaque membre et partant de l'incision médiane on entaille, *bien au milieu du pelage d'envers*, la patte jusqu'au bas du jarret et l'on l'en termine par une incision circulaire ; si l'on veut conserver les pieds, on continue l'incision jusqu'à l'extrémité unguiculée. Le dessous étant résistant en ces endroits, on fend la peau en appuyant dessus, le tranchant *en dessous* par conséquent. Les quatre membres ayant été traités de cette façon, on pratique alors le dépouillement en écartant les lèvres des incisions ; on opère comme nous l'avons déjà décrit en ayant grand soin de saupoudrer de plâtre toutes les parties sanguinolentes. On s'aide des mains, du manche du scalpel ou mieux d'un morceau de bois taillé en forme de coupe-papier, on dégage d'abord le corps de son enveloppe puis ses pattes.

Quand tout le corps et les quatre membres sont dégagés, on coupe la colonne vertébrale à la base du crâne d'un côté et aux dernières vertèbres de la queue.

Si l'on ne désirait pas conserver la tête et la queue, comme dans le cas d'un lapin destiné à former un vêtement de fourrures, on tranche également la peau aux mêmes endroits et on rejette tête et queue avec le corps.

Si au contraire on désire préparer ces deux parties, ce qui a lieu pour certains tapis, tour de cou, col, on rabat la peau de la tête sur le crâne, comme nous l'avons indiqué précédemment et on nettoie ce crâne enlevant toutes les chairs et la cervelle comme si l'animal devait être naturalisé.

Il faudra dans ce cas retirer aussi les vertèbres de la queue ; on peut employer la *yoube* ou, si la queue doit être étendue à plat, on la fend tout du long très exactement au milieu et en dessous *jusqu'à quelques centimètres de son extrémité* ; il suffira de tirer fortement pour enlever les dernières vertèbres ; si l'on ne prenait pas cette précaution, la queue se roulerait sur elle-même lors du séchage.

Echarnage. — Avec quelque habileté que soit fait le dépouillement, il reste toujours attaché à la peau des muscles, des tendons et surtout des matières graisseuses ; il faut enlever toutes ces matières, afin que la peau soit bien nette du côté chair. Cette opération, qui s'appelle *écharnage*, consiste à gratter toute la surface avec un couteau à lame peu tranchant ou même avec un grattoir de menuisier en acier. On facilite de beaucoup le travail en laissant les peaux plongées durant 25 heures (ou plus si le temps est froid) dans un bain d'eau de son légèrement aigri, c'est-à-dire préparé deux ou trois jours à l'avance. Il se produit un commencement de décomposition putride, qui détruit en partie les matières qui doivent disparaître. On reconnaît le moment où il faut retirer les peaux à la teinte grisâtre caractéristique que prend le côté chair. On rince alors et on fait sécher poil en dessus; la peau est alors posée *poil en dessous* sur une table et on la racle fortement avec le tranchant du couteau, de façon à *enlever* tous les muscles, tendons, masses graisseuses qui adhèrent à la peau.

Le travail est facilité en plaçant sur la table, sous la peau, la moitié d'une grosse bûche arrondie et écorcée qui fait jaillir au fur et à mesure les parties que l'on nettoie.

Bain préservateur. — On place la peau écharnée une première fois dans un bain préservateur; les formules varient à l'infini et nous en donnerons plusieurs dans la suite, pour le moment bornons-nous à celle qui est la plus usitée :

Faire fondre à chaud dans un litre d'eau :
Alun........................... 100 grammes
Sel de cuisine............... 50 —

Comme indication de la quantité à préparer nous pouvons dire que 10 litres suffisent amplement pour la peau d'un animal de la taille d'un renard. La peau est mise tremper lorsque le liquide est encore plus que tiède ; elle doit immerger complètement et pour cela il est bon de la charger de quelques petites pierres. Non seulement on la remue plusieurs fois par jour, mais on la malaxe entre les mains comme une lavandière le ferait du linge qu'elle lave. La durée de l'immersion dans le bain dépend plus ou moins de l'épaisseur de la peau et de ses dimensions

Voici quelques indications :

Au-dessus de la grosseur du lapin.	1 jour
Lapin et lièvre....................	2 —
Renard...........................	3 —
Loup.............................	5 à 6 —
Sanglier.........................	10 à 12 —

Sauf pour les très petits animaux, nous préférons diviser en deux la durée de l'immersion, les peaux sont mises d'abord dans un premier bain durant la moitié de la durée du temps requis, puis séchées et remises dans un nouveau bain pour une même période. Le bain d'alun ne coûtant pas cher à préparer, la dépense supplémentaire n'est pas grande et le résultat final plus certain.

Le bain d'alun n'a pas seulement une action préservatrice en ce sens qu'il détruit les germes putrescibles, mais il resserre les pores du cuir, d'où il s'en suit que le poil de la fourrure se trouve après le bain plus fortement retenu dans le derme.

La présence de sel de cuisine a pour but de conserver partie de la souplesse et de corriger l'effet tannant par trop énergique qu'aurait l'alun employé seul.

Après chaque bain les peaux sont étendues sur une corde poil en dessous et à l'ombre afin de sécher.

Deuxième écharnage. — Il est bon de pratiquer encore un deuxième écharnage, qui enlèvera les matières qui auraient pu rester lors de la première opération. Mais cette fois au lieu de placer la peau sur une table, il est plus pratique de la lier par un de ses bouts pour l'attacher à un clou planté dans le mur ou tout autre point fixe et de la tenir tendue de la main gauche, tandis qu'on la râcle avec la main droite armée d'un couteau ou d'un grattoir de menuisier. La peau après ce dernier écharnage doit être parfaitement lisse et nette de cette chair; nous conseillons de compléter l'opération par un passage à la pierre ponce et au papier de verre de différentes grosseurs, qui aura pour but de réduire l'épaisseur du cuir et de le rendre plus souple. Le procédé le plus commode pour employer le papier de verre consiste à coller la feuille sur un bloc de bois légèrement bombé maintenu dans la presse d'un établi. On tend fortement la peau entre les deux mains et on la frotte sur le papier en effectuant un rapide mouvement de va-et-vient. Il est bon de parer les bords avec un *couteau à parer*[1] de relieur, on diminue ainsi leur épaisseur, ce qui facilitera la couture qui doit réunir les diverses pièces.

Ouvrir la peau. — Cette façon a pour but de rendre la peau aussi souple que possible, car il faut bien dire qu'après le passage dans le bain d'alun la peau est devenue raide et dure « comme une peau de tambour ». On frotte le côté chair de la peau, tenue des deux mains sur le coin arrondie d'une table, sur le dossier d'une chaise ou bien sur une corde tendue en tirant et en étirant fortement en tous sens pour rompre le fil et ouvrir les pores. Pour donner de la souplesse rien ne peut remplacer cette opération et elle est plutôt fastidieuse et longue, car il ne faut pas s'imaginer qu'en cinq minutes on puisse atteindre le résultat. Il faut de la patience et une force satisfaisante. Elle aurait pourtant un avantage, si nous en croyons une personne de notre entourage, qui craignant fort le froid trouvait qu'ouvrir une de nos peaux était le meilleur moyen de se réchauffer les jours où la bise soufflait glaciale ; pour nous, nous étions heureux de trouver un collaborateur aussi bénévole et signalons le fait à nos lecteurs pour qu'ils puissent indiquer cette cure, qui leur sera profitable.

Lustrage. — Le lustrage a pour but de donner du brillant à la peau, c'est une sorte de teinture, mais

1. Pour la manière de parer, voir l'*Art et la Pratique en reliure*, par H.-L.-A. Blanchon.

cette opération est plutôt industrielle, elle ne saurait être conseillée aux amateurs. Le moyen pratique consiste à frotter le pelage avec de l'essence de pétrole, puis à le sécher dans de la sciure de bois bien sèche ; le poil est ensuite saupoudré de talc, on le frotte alors entre les mains comme pour le savonner, puis on le bat avec une baguette pour le débarrasser du talc. Enfin on le *peigne* soigneusement avec un peigne en cuivre. Un coup de brosse termine la préparation : la fourrure est alors prête à être utilisée.

Autres formules. — Ainsi que nous le disions plus haut, les formules employées pour tanner ou préserver la peau sont nombreuses. En voici quelques-unes qui ont été reconnues fort bonnes, il est bien entendu que les opérations du dépouillement, de l'écharnage et de l'assouplissement de la peau sont les mêmes que celles que nous venons de décrire.

1° Faire tremper la peau durant huit jours dans un bain composé de :

Borate de soude	10 grammes
Glycérine	100 —

puis mettre durant dix jours dans le bain suivant :

Borate de soude	5 grammes
Glycérine	100 —
Eau	200 —

enfin elle devra rester quinze jours dans la préparation suivante :

Glycérine	100 grammes
Eau	400 —

Rincer très soigneusement à grande eau et laisser sécher à l'ombre.

Ce procédé utilisé par un grand fourreur parisien a

l'avantage de donner des peaux très souples ; mais la préparation est rendue plutôt coûteuse par la grande proportion de glycérine employée.

2° Le procédé au sumac, véritable tannage, donne aussi d'excellents résultats. Les peaux, que l'on désire ainsi *passer*, sont clouées sur un cadre en bois, le poil en dessous, on les pique alors en divers endroits avec une aiguille un peu grosse afin que les trous retiennent plus aisément le liquide conservateur.

Ce liquide est constitué avec une décoction de la poudre de sumac employée par les corroyeurs et que l'on trouve aisément chez les droguistes.

On confectionne un tampon avec une étoffe de laine, on le trempe dans la décoction et l'on en frotte vigoureusement les peaux bien tendues. Lorsque les peaux ont été bien pénétrées par le liquide, on les lave à l'eau fraîche, puis on les fait sécher rapidement à l'ombre ou dans une pièce où la température est légèrement élevée.

La même opération est reproduite dans tous ses détails deux ou trois fois et les peaux se trouvent ainsi parfaitement préparées.

3° Les pelletiers fourreurs se servent au lieu de bain d'une préparation épaisse composée de :

Farine......................	200	grammes
Alun en poudre.............	100	—
Sel de cuisine..............	50	—
Huile d'olive...............	3	—
Jaunes d'œufs (en nombre)..	2 ou 3	

On mélange le tout avec de l'eau chaude, de manière à former une pâte de la consistance d'une crème. Les peaux sont étendues soit sur des cadres, soit sur des planchettes poils en dessous et placées dans un endroit frais ; on étend la préparation sur leur côté chair en frottant vigoureusement de manière à bien faire pénétrer la préparation dans les pores du cuir (industriellement on les foule) ; on répète l'opération plusieurs fois, de façon à ce qu'elles restent constamment humides et cela durant trois jours ou une semaine suivant la taille des peaux et leur épaisseur. On enlève en grattant la pâte en excès qui se trouve étendue, on laisse sécher et l'on nettoie le côté chair avec du son ou de la sciure de bois.

4° La méthode du colonel Park consiste à étendre les peaux et à les clouer sur une planchette poil en dessous, afin qu'elles sèchent, les écharner ensuite comme d'habitude et les humecter d'eau. Mélangez ensuite 1/4 de litre de sel, 30 grammes d'acide sulfurique et 3 litres et demi d'eau pure. Le mélange doit être franchement acide au point de donner une légère sensation de brûlure lorsqu'on y plonge les mains (en les trempant dans de l'eau froide la douleur disparaît immédiatement), les peaux sont plongées dans ce bain durant trente minutes, puis essorées sans être tordues et mises sécher à l'ombre.

5° On conseille aussi le procédé suivant pour avoir des peaux de lapin, de lièvre bien souples d'opérer comme suit. Le préservatif est le sel commun (1 partie) et de l'alun brut (4 parties). On les pile soigneusement dans un mortier ensemble, de façon à bien les mélanger et on en frotte le côté chair de la peau étendue sur une planchette, de manière à ce que ces substances pénètrent bien dans les pores. Répétez l'opération pendant deux ou trois jours à raison de trois fois par jour, passez à la pierre ponce et, faisant dissoudre dans de l'eau le sel et l'alun, vous y plongez la peau pendant une dizaine d'heures. On laisse sécher puis on passe de nouveau à la pierre ponce ; le côté chair est ensuite enduit de lard qui l'assouplit, il faut attendre que la matière grasse pénètre bien dans la peau ; aussi est-il bon de la laisser dans cet état durant une semaine en faisant de nouvelles applications de lard et en veillant bien à ce qu'aucune partie ne sèche. L'excès de graisse est enlevée en enterrant la peau dans du son bien sec, répéter cette opération à plusieurs reprises, battre, étirer, etc., enfin ouvrir la peau.

6° On indique aussi le procédé suivant, qui s'applique aux peaux de chats, de lapins et d'animaux de petite taille qui viennent d'être dépouillés à l'instant : Blanc de Troyes 1kg,500, savon mou 0kg,500, chlorure de chaud 60 grammes, teinture de musc 30 grammes. Faites bouillir le savon et le blanc dans un demi-litre d'eau, pulvérisez le chlorure de chaud et versez-le dans la solution encore chaude ; lorsque le mélange est presque froid, ajoutez la teinture de musc en ayant soin de bien remuer. Enduisez le côté chair de cette pâte, laissez sécher, puis passez au lard et traitez comme ci-dessus.

7° Lorsque, comme nous l'avons dit, les peaux sont assouplies par le procédé désigné par l'expression *ouvrir les pores*, un peu de savon mou ou le jaune d'un œuf, frotté du côté chair, quand la peau est encore humide, de manière à pénétrer dans les pores, facilite le procédé.

On conseille aussi de frotter le côté chair de la peau encore humide avec un mélange de 2 parties de jaune d'œuf et 1 de glycérine, en appliquer très peu et frotter avec un morceau de laine jusqu'à ce que la peau soit complètement sèche.

Pour empêcher le dégagement d'odeurs désagréables dues à un commencement de décomposition, on peut ajouter un peu de chlorure de mercure (sublimé) ou d'arsenic aux bains ou aux pâtes employées pour le tannage ; un peu d'essence de mélisse pourra aussi masquer l'odeur.

Nettoyage des peaux.— Les peaux, qui ont été plongées dans une préparation d'alun en sortent souvent avec un aspect sale et peu engageant, il convient de les nettoyer. Pour cela, trempez les peaux successivement dans plusieurs bains d'eau chaude afin d'enlever le plus possible d'alun et de sel. Lavez ensuite dans deux ou trois bains d'eau savonneuse, rincez à l'eau pure, puis trempez dans un bain contenant un peu de *bleu* pour linge. Etirez bien les peaux pendant le séchage et manipulez-les pour bien rompre les fils.

Pour nettoyer une peau de blaireau, dont les poils blancs et la tête ont, comme cela arrive souvent, une apparence terreuse et désagréable, étendez la peau poils en dessus sur une table ayant à votre portée un récipient contenant de l'eau chaude, du savon, une éponge et un linge. Lavez au savon en usant le moins d'eau possible et en évitant qu'elle ne coule en dessous. Rincez à l'eau claire dans les mêmes conditions et pompez l'eau avec l'éponge, terminez en séchant avec le linge.

Une peau de mouton peut aussi se nettoyer au savon et à l'eau chaude, employez de préférence de l'eau de pluie et faites dissoudre dans 2 litres 500 grammes de savon ; versez la moitié de la préparation dans 4 litres d'eau froide et lavez la peau côté de la laine avec cette eau savonneuse. Prenez le restant de la première solution et sans la délayer dans une plus grande quantité d'eau, procédez de même. Rincez à l'eau chaude dans laquelle on a fait dissoudre un peu de bleu. Faites sécher en secouant de temps en temps.

Teinture. — Quoique nous ayons dit plus haut que la teinture et le lustrage des peaux étaient une opération industrielle peu pratique pour des amateurs, nous croyons intéressant de donner ici quelques rapides indications pour ceux qui voudraient la tenter.

Pour teindre les peaux de lapins en noir le mordant consiste en sulfate de fer et en acétate de plomb, le résultat étant un précipité de sulfate de plomb et la formation d'un acétate de fer. Faites cette solution assez concentrée — 750 grammes de sulfate de fer et 1.500 grammes d'acétate de plomb pour 4 litres d'eau. On conseille aussi d'ajouter 60 grammes de sulfate de cuivre.

La teinture proprement dite se composera de bois de campêche, noix de galle, curcuma en quantités variables suivant l'intensité de la couleur désirée. Essayez par parties égales par exemple, soit 500 grammes bois de campêche, 500 grammes curcuma, 500 grammes noix de galle pour 4 litres d'eau. Faites bouillir le tout.

Comme il s'agit de ne pas teindre la peau côté chair, passez simplement les préparations sur les poils avec un pinceau.

Vous opérerez de la façon suivante. Le poil sera d'abord lavé à l'eau de savon et avec une eau contenant un peu d'ammoniaque afin d'enlever toute la graisse. Appliquez d'abord le mordant, puis la teinture, si cette dernière ne prend pas bien, passez en même temps le mordant et la teinture et ainsi de suite jusqu'à ce que la nuance désirée soit obtenue.

Les couleurs d'aniline ne sont pas très recommandables pour la teinture des fourrures, car elles passent rapidement ; on peut les rendre plus solide par le procédé Reimann. On prépare une solution de 20 grammes de gomme arabique dans 3 litres d'eau et on enduit la peau teinte.

CONFECTION D'UN TAPIS EN FOURRURE

Les tapis de ce genre (*fig*. 75) offrent généralement la tête et les pattes, pour cela, on aura dû les conserver lors du dépouillement.

Le premier travail consistera à naturaliser la tête, c'est-à-dire à refaire sur le crâne les parties de chair enlevées soit en y appliquant du mastic, soit en bourrant avec de l'étoupe ou du coton. On rabat la peau, on refait les muqueuses, on place les yeux, etc., opérations sur lesquelles nous nous sommes déjà étendus en parlant de la naturalisation proprement dite. Nous n'avons pas à y revenir; faisons pourtant remarquer que comme il ne s'agit pas ici d'une interprétation fidèle de la nature, on peut grandement simplifier le travail en remplaçant le crâne de l'animal par une tête en carton que l'on trouve toute faite chez les fournisseurs ; celle-ci étant modelée, et les lèvres et muqueuses parfaitement représentées, il ne s'agit plus que d'y fixer avec de la colle (ou de petites pointes aussi invisibles que possible) la peau que l'on aura, bien entendu, détachée du crâne naturel.

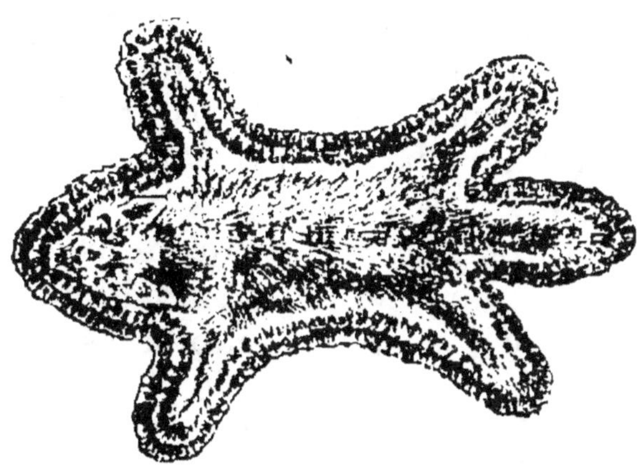

Fig. 75. — Tapis en fourrure (renard).

Ceci dit, nous nous occuperons de *parer* la peau, c'est-à-dire la recouper, car le bain d'alun et le séchage l'auront un peu déformée. En outre, la fourrure n'a, en général, pas partout le même aspect selon qu'elle se trouve sur le dos ou sur le ventre. Le pelage du ventre, qui cerne la peau étendue à plat, est beaucoup moins beau que celui des parties supérieures, il conviendra de ne laisser qu'une bordure, formant pour ainsi dire marge à la portion plus foncée.

Ce parage doit être fait avec soin, car il faut donner

à la peau une forme régulière et symétrique ; le moyen le plus pratique consiste à l'étaler sur une table, le poil en dessous et avec un crayon on trace du côté chair en premier lieu de la tête à la queue, une ligne médiane, puis sur une seule *moitié de la peau*, le contour suivant lequel on coupera le cuir.

La coupure doit se faire avec un canif ou un scalpel, mais jamais avec des ciseaux qui abîmeraient la fourrure.

Pour couper la seconde moitié semblable à la première, on plie la peau suivant la ligne médiane.

Il est utile aussi de prendre avec du papier, le patron exact de la peau ainsi coupée, il servira à découper les doublures.

Il faut ensuite se procurer du fort drap, le rouge ou le bleu sont généralement les couleurs adoptées, de la thibaude, de la toile verte pour doubler les tapis.

(Il faut, pour un animal de la taille du renard, 20 centimètres de drap, sur 140 de large, 1 mètre de thibaude, 1 mètre de toile à doubler.)

La thibaude sera maintenue plus courte que le patron de 1 centimètre sur les bords, tandis qu'au contraire, à cause des rentrées, la doublure doit dépasser le modèle de 2 centimètres en tous sens. Le morceau de drap sera divisé en bandes (pour un renard, quatre bandes de 140 de long et 5 de large). Un des bords est dentelé soit au ciseau, soit à l'emporte-pièce.

Les bandes sont ajoutées bout à bout et cousues à points de surjet tout le long des bords de la peau. Dans les parties arrondies on fronce plus ou moins, de façon à présenter partout la même marge.

Cette bordure de drap étant cousue, on pose la thibaude qui se fixe à la peau par des points très espacés. La doublure se bâtit par-dessus la thibaude, on la coud à points d'ourlet, en repliant ses bords sur le surjet, qui fixe la bande de drap découpé.

CONFECTION D'ÉTOLES, DE TOURS DE COU

Fig. 76.
Tour de cou
(martre).

Les étoles, les tours du cou (*fig*. 76) se confectionnent de même façon que les tapis, elles sont de dimensions plus restreintes et n'ont pas de bordure de drap; les bords de la peau sont coupés droits à l'aide d'un canif, car, en général, on ne tient pas à conserver la forme de l'animal; les peaux étant de petites dimensions on en ajoute plusieurs, la première portant la tête que l'on a conservée et naturalisée, la dernière la queue. Il est bien entendu que les étoles, tours de cou, sont doublés avec des matières plus choisies que pour un tapis.

RÉUNIR PLUSIEURS PEAUX POUR LA CONFECTION D'UN VÊTEMENT, D'UNE COUVERTURE DE VOITURE OU D'AUTOMOBILE

La partie utilisable des fourrures ne comprend généralement que la partie dorsale, quoique toutefois on puisse parfois employer une partie du ventre. On coupe tout ce qui peut être utilisable, de manière à former un rectangle dont les dimensions varient naturellement suivant la grosseur de l'animal, elles seront d'environ 50 de haut sur 25 à 30 pour un renard et de 8 sur 7 pour une taupe. Les rectangles se découpent toujours avec un instrument tranchant, jamais avec des ciseaux. On calculera aisément le nombre de peaux nécessaires.

Les peaux se cousent ensemble, au point de surjet en les mettant bord à bord, poil contre poil.

Dès que les peaux sont solidement assemblées, on

les double d'un molleton de grandeur suffisante, que l'on fixe par plusieurs lignes de faufilage à grands points à la façon dont on double une paire de rideaux.

Si la fourrure doit former un couvre-pied, on la double de satinette par-dessus le molleton, de drap si elle doit former une couverture de voiture ou d'automobile.

BLAGUE A TABAC FAITE AVEC LA PEAU D'UNE TAUPE

On peut faire une très jolie blague à tabac avec le corps d'une taupe (ou celui d'autres petits animaux) en opérant de la façon suivante. Faites une incision sur le ventre depuis le niveau des membres antérieurs, jusqu'à celui des membres postérieurs ; écartez les lèvres de l'incision afin de dégager le plus possible le corps. Sectionnez les os des membres de derrière et de la queue, continuez l'opération pour arriver aux pattes de devant, dont vous coupez également les os. Dépouillez le cou et sectionnez la colonne vertébrale à la base du

Fig. 77.

Blague à tabac avec la peau d'une taupe.

crâne ; le corps pourra être complètement retiré, il sera rejeté, rabattez la peau de la tête sur le crâne, nettoyez celui-ci, enlevez la cervelle, grattez les os des pattes de façon à enlever toute la chair. On peut laisser la queue telle quelle. Enduisez tout l'intérieur de la peau avec du préservatif, celui de Brown [1] plus particulièrement, car il ne contient pas de produits dangereux ; mettez un peu de mastic sur le nez et la bouche ; bourrez de coton les joues, l'intérieur de la bouche pour remplacer la langue ; mettez

1. Voir page 11.

en dans l'intérieur du crâne. Retournez alors la peau, vous pourrez alors modeler de dehors avec les doigts, le mastic de la tête pour finir de lui donner une bonne forme ; bourrez le cou de coton ; puis garnissez l'intérieur d'une poche en peau de chamois que vous surmonterez d'un manchon en soie (*fig.* 77). Il n'y a pas besoin de mettre des yeux à la tête de l'animal.

PRÉPARATION DES QUEUES DE RENARDS

Les sportsmen aiment à conserver comme trophée les queues de renards qu'ils ont forcés. Les queues de renards peuvent être conservées par l'immersion dans l'un des bains indiqués précédemment ; le procédé du colonel Park [1] donne d'excellents résultats. Le difficile est, lorsque la queue a été dépouillée par retournement à l'aide de la yoube, de bien écharner l'intérieur du fourreau.

Le meilleur moyen de bien exécuter ce travail consiste à se faire confectionner une sorte de grattoir très étroit, de forme un peu arrondie, monté à angle droit sur une longue tige. On introduit la lame dans l'intérieur du fourreau et par un mouvement de va-et-vient on débarrasse facilement l'intérieur de tous les tendons et de toutes les parties graisseuses.

Pour monter une queue de renard sur un manche, on prend une tige d'acier de 2 à 3 centimètres plus longue que la queue, on roule tout autour de la filasse longue, de façon à lui donner une grosseur égale au diamètre intérieur de la queue ; on l'enfonce dans le fourreau, laissant projeter en dehors, de 2 à 3 centimètres, l'extrémité de la tige que l'on a eu soin de ne pas garnir de filasse. On lime le bout de façon à obtenir une pointe effilée que l'on enfonce dans un manche approprié.

1. Voir page 170.

CHAPITRE VII

REPTILES, POISSONS
ANIMAUX ARTICULÉS

SERPENTS, LÉZARDS, BATRACIENS, TORTUES, POISSONS, CRUSTACÉS, ARAIGNÉES.

I. — Reptiles

A. — Ophidiens (Serpents)

Chasse. — L'instrument le plus utile pour la chasse aux serpents consiste en une pince longue de 40 centimètres analogue à celles des laboratoires de chimie, avec laquelle on pourra saisir les plus gros serpents de nos pays.

On peut également se munir d'une sorte de trouble ou cercle solide garni de dents longues de 25 millimètres et espacées de 10 millimètres environ, ces dents doivent être fortes sans être trop grosses. La poche sera confectionnée en un tissu solide mais cependant assez clair pour qu'on puisse voir facilement l'animal enfermé que l'on saisira avec des pinces. Le manche, assez long, sera fixé obliquement, de façon que lorsque la poche couvre la pince sur un plan horizontal, le manche reste assez élevé pour que l'on puisse se servir de l'instrument avec tout l'avantage possible.

L'équipement se complétera d'un sac en peau de bonnes dimensions dont le fond sera plein de tabac à priser pur ou mélangé à des brins de tabac à fumer; la plante de Nicot est un anesthésiant très efficace pour tous les reptiles et les batraciens.

Une bonne canne ferrée complétera l'équipement.

On peut également se munir d'un fusil, d'une carabine ou même d'une canne fusil dont on charge les cartouches avec du très petit plomb connu sous le nom de *cendrée*, on peut ainsi tuer des serpents sans trop les abîmer.

En frappant d'un coup sec au milieu du corps avec une badine flexible, une cravache par exemple, on peut briser la colonne vertébrale des serpents et les tuer immédiatement.

La chasse des serpents ne peut se faire que durant la belle saison, car ils subissent en hiver une léthargie dont ils ne sortent qu'au printemps aux premières ardeurs du soleil. Les uns vivent dans les endroits humides et dans le voisinage des eaux, les autres dans les localités arides ou sèches, dans les landes, dans les clairières des bois. Les vipères se tapissent au pied des broussailles au milieu des touffes d'herbes desséchées et recherchent les terrains couverts de bruyères et de genêts. Les couleuvres se plaisent dans les prairies herbeuses.

Il est bon de faire remarquer que les serpents inoffensifs sont de mœurs diurnes, tandis que les espèces venimeuses sont essentiellement nocturnes.

« C'est au printemps, nous dit M. Lataste dans son intéressante Faune herpétologique de la Gironde, vers dix heures du matin, sur les coteaux rocailleux et boisés exposés au sud-est que l'on pourra chasser ces animaux avec le plus de succès, ils viennent s'imprégner de la chaleur solaire à l'entrée des trous où ils ont passé l'hiver. Jamais aucun des nombreux serpents dont je me suis emparé n'a essayé de me tenir tête, si ce n'est quand, les ayant rencontrés dans une plaine, je me suis amusé à leur barrer le chemin. Alors, dès qu'ils voient que la retraite leur est impossible, ils s'enroulent en spirales, ayant toujours les yeux fixés sur vous, font entendre un sifflement plus ou moins aigu, mais toujours assez faible et s'élancent sur les objets que vous leur présentez.

« Le *zaménis vert jaune* mord énergiquement et à plusieurs reprises, le *tropidonote à collier* se contente de donner des coups de museau sans ouvrir la gueule. Le *tropidonote vipérin* élargit parfois sa tête en arrière, ce qui le fait prendre pour une vipère, mais il n'essaie même pas de mordre la main qui le saisit. »

Les *tropidonotes*, couleuvres, très communs en France, se plaisent dans le voisinage des eaux, les bords des fossés, les bois humides ; le *tropidonote vipérin* est de mœurs semi-aquatiques, on le trouve souvent dans les rivières, il habite toujours les endroits humides, marécageux, les mares garnies de nénuphars ou autres plantes aquatiques, tandis que les vipères auxquelles il ressemble recherchent les lieux arides et secs[1]. Lorsqu'on connaît une mare fréquentée par les tropidonotes vipérins, le meilleur moyen pour s'en emparer consiste à tendre, par une chaude journée, une ligne de fond amorcée de vers.

La *coronelle bordelaise* du midi de la France se tient dans les endroits secs et rocailleux et même dans les vieilles murailles.

L'*élaphis ou couleuvre d'Esculape* se rencontre dans les endroits rocheux et couverts de broussailles.

Le *zaménis vert jaune* du midi de la France affec-

---

1. Le Tropidonote vipérin ou couleuvre vipérine se distingue facilement des vipères, à ses formes plus sveltes, aux grandes plaques qui revêtent sa tête, aux taches en forme de damier qui ornent le ventre ; il est parfaitement inoffensif.

tionne plus particulièrement les endroits secs, cette couleuvre qui peut atteindre jusqu'à 1ᵐ,20 de longueur grimpe sur les buissons et les arbres ; ce serpent est assez difficile à capturer. « A moins qu'il ne soit très jeune, nous dit M. Lataste, je ne m'en empare jamais qu'après lui avoir désarticulé les reins à l'aide d'un coup de badine, car il se défend énergiquement et mord avec rage. Sa morsure, il est vrai, n'est pas dangereuse. »

Les vipères, dont nous possédons trois espèces, la vipère aspic, la vipère pléiade et la vipère ammodyte [1], se ressemblant de formes, la dernière ayant le bout du museau relevé, sont de coloration très variable. Elles commencent à sortir dans le courant du mois de mars, elles recherchent les endroits chauds, rocailleux, et recouverts de broussailles. Quoique de mœurs nocturnes, elles aiment à se réchauffer au soleil et durant le jour restent enroulées et immobiles sur les pierres ou sous les buissons.

« Quand on désirera s'en procurer, nous dit M. Lataste, il faudra s'informer auprès des gens de la campagne des localités qui passent pour en être infestées et s'y rendre, la jambe et le pied protégés par une bonne paire de guêtres, qui empêcheront les crochets à venin d'atteindre la chair ou du moins arrêteront le venin au passage. On s'armera d'une canne, d'un flacon d'alcali et d'une lancette en cas d'accident et l'on emportera un sac de cuir ou tout autre ustensile destiné à recevoir le produit de la chasse. Quand on apercevra une vipère, on mettra le pied dessus et on la saisira par l'extrémité de la queue ou bien appuyant la canne sur son corps, on la fera rouler jusque sur la nuque et

---

1. Nous avons souvent constaté dans la Drôme la présence de la vipère ammodyte, dont certains naturalistes mettent en doute la présence en France.

l'on pourra prendre sans danger le reptile par le cou près de la tête. Cette dernière méthode est préférable car, quoique la vipère suspendue par la queue ne puisse remonter jusqu'à la main qui la supporte, un faux mouvement pourrait la rapprocher du corps. On pourra aussi saisir l'animal avec de grandes pinces plutôt qu'avec les doigts. Il sera plus facile avec elles de la faire entrer dans le sac ou dans le vase qui devra les contenir [1]. »

Nous préférons nous servir du troubleau plutôt que d'immobiliser le reptile avec le pied ; voici comment il convient de ce servir de cet instrument:

Aussitôt que l'on voit un serpent et (les vipères ne cherchent point à fuir) on le couvre avec la poche, les dents du cercle s'enfoncent en terre l'empêchant de s'échapper, s'il est entièrement dessous, on le retient s'il n'a qu'une partie du corps dans la poche. Il est alors facile de le saisir avec les pinces. On tue les reptiles au retour de la chasse, si le tabac n'a pas causé leur mort complète, en les mettant dans un bocal rempli d'alcool ou mieux d'éther additionné d'un peu d'arsenic.

Préparation. — Opérations préliminaires. — Boitard conseille avec raison de faire subir aux reptiles une

---

1. Si malgré toutes les précautions on a été mordu par une vipère, il faudra en premier lieu ligoter avec une ficelle fortement serrée le membre au-dessus de la morsure, rechercher les deux petits points rouges par lesquels se sont introduits les crochets et débrider ces petites plaies avec un canif. On sucera fortement, à moins que l'on ait quelque blessure aux lèvres ou à la bouche, si l'on a de l'eau à portée on lavera abondamment, ce sera encore plus prudent que de faire une succion. On cautérise ensuite avec de l'acide phénique, du nitrate acide de mercure ou tout autre caustique. Une pincée de poudre, ou même une alumette tison que l'on enflamme au-dessus de la plaie donne une excellente cautérisation. On prendra aussi une boisson alcoolique en grande quantité, et ce qui est curieux, on n'a pas à redouter les effets de l'ivresse, l'alcool paraît ne servir qu'à neutraliser le venin et n'agit pas autrement.

préparation préliminaire avant de les traiter : « elle consiste, nous dit-il, à les laver d'abord dans plusieurs eaux et à leur extraire les objets volumineux qu'ils peuvent avoir dans les intestins, ce qu'on reconnaît à un bourrelet plus ou moins gros formé par les corps étrangers qu'ils ont avalés. On sait qu'un serpent, dont le corps est gros comme le doigt et la tête de la grosseur du pouce, peut cependant engloutir dans son estomac un crapaud de la grosseur du poing, grâce à la singulière conformation de ses mâchoires dont les ligaments élastiques se distendent d'une manière prodigieuse et permettent à sa gueule une énorme dilatation. Quand on a reconnu un de ces bourrelets, on saisit l'animal par la queue et on le tient pendu la tête en bas ; avec la main gauche on presse au-dessus de la grosseur et on la fait doucement descendre vers la gueule, où le plus souvent elle s'arrête. Alors on place le serpent sur une table et on lui distend avec force et à plusieurs reprises les attaches des mâchoires[1], puis on lui enfonce dans la bouche une baguette munie d'un tire-bourre avec lequel on accroche l'objet et on le tire au dehors. Cette opération faite, on lave de nouveau l'animal et on le sèche bien en passant plusieurs fois dans un linge. Il ne reste plus qu'à le plonger dans une liqueur conservatrice pour l'y laisser toujours, ou du moins jusqu'au moment de l'empaillage. »

Conservation par l'alcool. — La liqueur conservatrice la plus généralement usitée est l'alcool ; il sera non seulement utile de faire dégorger le serpent, comme nous l'avons dit précédemment, mais bien de lui faire une incision sous le ventre afin de pouvoir atteindre les entrailles ; on fend celles-ci avec un scalpel ou des ciseaux minces, de manière à ce qu'elles laissent échapper leur contenu ; on presse le reptile

---

1. Ne pas oublier de prendre de sérieuses précautions, s'il s'agit d'une espèce venimeuse.

dans toute sa longueur pour provoquer l'écoulement de tous les liquides que son corps peut encore contenir. L'incision est ensuite recousue avec du fil fin.

L'animal est ensuite soigneusement lavé, puis essuyé avec un linge fin. On recommande de bien injecter de l'alcool dans l'intérieur du corps par l'anus et la bouche à l'aide d'une petite seringue en verre.

On plonge alors le serpent dans un récipient contenant de l'alcool à 45°, il doit y *baigner en entier* (ceci est très important, car s'ils se mettent à surnager, ils se gonflent, se pourrissent lentement en dégageant une odeur infecte). Si le reptile montait à la surface, on le retirerait sans retard, on le presserait doucement entre les mains de façon à faire échapper les gaz qu'il contient et on le remet dans le liquide en le chargeant au besoin de pierres pour qu'il reste au fond du bocal.

Au bout de huit jours l'animal est imbibé d'alcool, mais celui-ci a pris une teinte plus ou moins brune, on change le liquide que l'on renouvelle tous les quinze jours environ jusqu'à ce qu'il reste parfaitement clair et limpide.

Pour les autres liqueurs conservatrices et le bouchage des flacons (voir pages 12 et 16).

EMPAILLAGE

1° **Dépouillement.** — Le dépouillement des serpents peut se faire de deux façons distinctes, soit par la tête, soit par le ventre. Cette dernière méthode est surtout conseillée pour les serpents venimeux, car elle offre pour l'opérateur moins de chances d'être blessé par les crochets chargés de venin, qui conserve toute son efficacité malgré la mort de l'animal [1].

1. Rien de plus faux pour les serpents que le dicton populaire : morte la bête, mort le venin.

Quelques naturalistes se contentent de lier ensemble les mâchoires des espèces dangereuses au moyen d'un fil, après les avoir réunies par une épingle qui les traverse de part en part, empêchant ainsi le fil de glisser.

Il est plus prudent de commencer par enlever tous les crochets avec le plus grand soin, sans les briser et de les mettre à part (ne pas oublier que l'on rencontre souvent dans la mâchoire des ophidiens venimeux des crochets plus petits mais déjà dangereux, destinés à remplacer rapidement ceux qui viendraient à être arrachés ou brisés durant la vie de l'animal). Il faut aussi arracher les vésicules qui renferment le venin, car on pourrait être exposé à de graves accidents si l'on avait aux mains une écorchure, quelque légère qu'elle soit. On remplacera ces vésicules lors du montage par de petites boulettes de mastic.

Pour dépouiller un serpent par l'abdomen, on l'étend sur une table le ventre en haut, la tête en avant et le maintenant de la main gauche par le cou, on fait une incision à partir de l'anus en se dirigeant vers la tête ; cette incision aura environ 5 centimètres de long pour les spécimens de grandeur moyenne ; par cette ouverture on dégage d'abord la partie du corps qui descend vers la queue, on dépouille la queue, puis on remonte vers la bouche dépouillant également le cou et la tête en laissant la peau adhérente au bout du crâne. On coupe alors la tête à son articulation avec le crâne.

Cette méthode a l'inconvénient d'exiger une incision dont la suture sera toujours visible, mais elle a aussi le grand avantage de ne pas détacher les écailles qu'il est toujours assez difficile de mettre en place, on doit du reste, l'employer pour les gros ophidiens qu'il serait difficile de dépouiller autrement.

Le second procédé, dépouillement par la gueule, qui offre beaucoup d'analogie avec la méthode suivie par les cuisinières pour écorcher une anguille, est beaucoup plus expéditif. L'animal ayant été dégorgé le plus soigneusement possible (on essaie même de retirer avec un crochet partie des viscères et des intestins), on ouvre fortement ses mâchoires en coupant les muscles qui les réunissent ; on coupe avec des ciseaux la colonne vertébrale à la base du crâne et on détache la peau tout autour du cou, puis on ramène les deux mâchoires de chaque côté et on saisit avec des pinces le tronçon qui se présente à l'ouverture ; on l'attache avec une ficelle afin de pouvoir le tirer commodément à soi et on écorche le serpent tout entier en renversant la peau ; on sectionne la colonne vertébrale vers la queue en laissant pourtant les dernières vertèbres.

Il est facile de comprendre que les écailles ainsi renversées sont plus exposées à se détacher que dans la première méthode ; cependant si on a soin de maintenir la peau mouillée, il n'en tombera que très peu.

De quelque façon que l'animal ait été dépouillé, il faut nettoyer avec soin la tête, enlever toutes les chairs ainsi que vider la cervelle ; on fait aussi sauter les yeux.

La peau et le crâne sont ensuite soigneusement enduits de savon arsenical.

2° **Montage.** — Nous opérerons de deux façons différant un peu entre elles suivant le mode de dépouillement.

Dans le procédé par incision du ventre, nous commençons par refaire au mastic les chairs enlevées sur le crâne, et nous rabattons la peau de la tête ; nous coupons un morceau de fil de fer bien recuit de la longueur du reptile et formons une pointe fine à ses deux extrémités.

Nous enroulons tout autour de la filasse un peu humide, de façon à former un long mandrin ayant les dimensions exactes de l'animal. Ce mandrin est alors introduit dans la peau, une de ses extrémités s'enfonçant dans le crâne, l'autre dans le bout de la queue ; il ne reste plus qu'à rabattre la peau par-dessus et à recoudre l'incision par des points de suture très rapprochés en ayant bien soin de ne pas perdre d'écailles, qui se détachent très facilement.

Dans le second procédé, la tête étant bourrée, on retourne la peau comme un gant après avoir enduit de préservatif toute sa surface intérieure, puis on introduit par la gueule le mandrin préparé comme précédemment et recouvert d'une bonne couche de préservatif : l'extrémité supérieure du fil de fer viendra se loger contre le sommet du crâne.

On peut encore simplifier le montage des sujets dépouillés par la gueule en se bornant à remplir la peau enduite de préservatif et retournée de sciure de bois ou de sable sec ; *il faut éviter de tasser*, puis on introduit un fil de fer que l'on fixe par ses extrémités dans le crâne et la queue. Cette méthode donnerait au reptile une forme très cylindrique, si l'on n'avait le soin de l'aplatir un peu en lui donnant la position convenable.

On pose alors les yeux en les enfonçant dans une couche de mastic placée dans les orbites ; les yeux des ophidiens sont recouverts d'une écaille transparente qui leur donne une fixité remarquable, on remplace cette écaille par une légère couche de vernis auquel on a mélangé du carmin en très petite quantité.

Cette application doit se faire en dernier lieu quand toutes les autres opérations sont terminées.

Il ne restera plus qu'à donner à notre sujet l'attitude convenable, cela n'est pas aussi facile que l'on pourrait se l'imaginer ; le corps doit ondoyer avec grâce et former des replis toujours arrondis, jamais brusques (*fig.* 78). On peut le monter à plat sur une planchette peinte ou simplement blanchie à la colle, le corps doit alors décrire des courbes peu accentuées, analogues à celles d'un serpent qui rampe sur le sol; on peut le représenter levé sur lui-même prêt à mordre, la tête et un cinquième du corps doivent être redressés à angle presque droit et le restant enroulé en spirales s'élargissant vers la queue, la gueule sera grande ouverte, la langue (que l'on imite avec un morceau de peau) projetée au dehors; toutes ces parties seront peintes en rouge ou en brun.

Les serpents peuvent aussi se monter enroulés autour d'une branche d'arbre, dressés sur un socle, etc.

Les animaux sont maintenus en position sur leurs supports à l'aide de fils cirés que l'on passe avec une aiguille dans les parties inférieures, ou encore avec des brins en fil de cuivre point trop serrés pourtant, de peur de faire des étranglements.

FIG. 78. — Serpent monté.

Lorsque le serpent est en position, on le lave avec soin, puis on l'éponge en passant à plusieurs reprises un linge bien sec sur ses écailles, enfin on enduit tout le corps d'une bonne couche d'essence de térébenthine, qui a l'avantage de hâter la dessiccation tout en ravivant les couleurs ternies des écailles. Il ne faut oublier que pour tous les reptiles, il faut que la dessiccation se fasse avec une très grande rapidité si l'on veut conserver une grande partie de leurs couleurs; on les exposera donc aussitôt soit dans un endroit très sec et bien aéré, soit à une chaleur artificielle.

Enfin on les vernira à l'alcool, en ayant soin de donner la première couche très claire.

En voyage ou lorsqu'on ne peut monter de suite un serpent, il suffit de le dépouiller soigneusement, d'enduire sa peau de savon arsenical et de le remplir avec du sable fin très sec, la peau garde ainsi sa forme et se conserve indéfiniment, il suffit pour la préparer de la vider par la bouche, le sable s'écoulant avec la plus grande facilité.

Peaux de serpents. — Les peaux de serpents traitée de manière à ce qu'elles deviennent parfaitement souples et qu'elles conservent leur aspect et leur couleur naturelle sont d'un emploi fréquent dans la maroquinerie; à New-York dans les montres des grandes maisons de modes, le cuir de serpent se trouve exposé dans ses applications aux articles pour dames; on fait des ceintures, des porte-monnaie, des sacs à main de la peau de boa. Les dépouilles des Loffa et des Cobra-Capello, vivant principalement dans le nord de l'Afrique (Maroc), sont utilisées de même.

Le tannage au tannin n'est généralement pas usité; les procédés employés dans l'industrie sont en général tenus cachés, voici néanmoins une méthode qui donne de bons résultats. Les peaux sont trempées longtemps dans de l'eau renfermant du sulfate de zinc en dissolution pour empêcher la corruption. On les laisse dix à douze jours pour les ramollir, on les écharne, on les râcle, on les lave entre les mains, on les purge bien des impuretés, puis on les met dans un premier bain composé de :

Eau	1000
Borax	10
Acide borique	100
Acide tartrique	25
Alumine (précipitée jusqu'à saturation complète).	

On les laisse un jour et on les plonge dans :

Eau	1000
Phosphate de zinc	25
Benzoate d'aluminium	25
Glycérine	60
Alcool	20

B. — SAURIENS (LÉZARDS)

Chasse. — Les lézards sont nombreux en France surtout dans nos départements méridionaux, ils sont très vifs et très agiles, aussi échappent-ils facilement au chasseur. Un des meilleurs moyens de les prendre consiste dans l'emploi du troubleau que nous avons indiqué pour les serpents, on peut au besoin utiliser un filet à papillons garni d'une gaze résistante ; on saisit les captifs avec les pinces pour les projeter dans le sac à tabac. Ils mordent vigoureusement et ne lâchent pas prise ; les dents acérées des lézards **verts** et ocellés font même une blessure désagréable, mais aucun de ces animaux n'est venimeux, il n'y a pas lieu de s'en inquiéter.

Leur capture doit se faire avec grand soin, car leur queue est d'une fragilité extrême. M. Maindron conseille la chasse au lacet qui peut d'ailleurs s'appliquer aussi aux couleuvres, il faut évidemment de la patience pour réussir, mais c'est un *sport* amusant. « Au bout d'une longue gaule solide et souple, on prépare un fort lacet de soie terminé par un nœud coulant que l'on fait tenir ouvert avec un peu de cire ; on se rend ainsi armé dans quelque sablonnière ou quelque ruine, quelque vieux monument dont les murs crevassés soient exposés aux rayons les plus chauds du soleil. Et, à plat ventre, en embuscade, on attend patiemment, à l'ombre si possible, l'apparition de quelques lézards. Dès que l'un d'eux paraît qui semble digne d'être capturé, on dirige doucement sa gaule bien au dessus de lui jusqu'à faire descendre le lacet à hauteur de sa tête. Plus doucement encore on le lui passe au cou, puis l'on tire brusquement, enlevant le captif qui se débat au bout du collet. Pour le saisir, quelques précautions sont à prendre, car il ne faut pas, s'il est grand et fort qu'il brise l'appareil, ni surtout qu'il se casse la queue, comme cela arrive trop souvent. Je conseillerai le moyen suivant, qui m'a réussi dans mes excursions. Avec les grandes pinces de fer, on saisit le lézard par le cou, en le serrant de manière à ce qu'il ouvre la gueule toute grande et on la maintient ainsi de la main droite, tandis que de la main gauche, armée d'une forte paire de ciseaux, ou mieux d'un petit sécateur, on détache, par la bouche, la colonne vertébrale de la base du crâne. L'animal est tué instantanément. On le jette alors dans le sac et on recommence la chasse. On peut aussi à la rigueur jeter l'animal vivant dans le sac, où le tabac ne tarde pas à le tuer, car l'action de cette plante sur les reptiles est extraordinairement puissante, mais il peut en abîmer d'autres avant de mourir. »

Conservation par l'alcool. — Les Sauriens peuvent se conserver dans l'alcool en suivant les indications que nous avons données pour les serpents.

Naturalisation. — L'empaillage des lézards offre plus de difficultés que celui des ophidiens, car il faut traiter en plus leurs pattes. On procède comme pour les mammifères sans toutefois dépouiller le crâne, on enlève la cervelle par une ouverture que l'on fait dans la voûte du palais, par là aussi on fait sauter les yeux. La peau demande beaucoup de précautions quand on la retourne, car les écailles se détachent très facilement surtout quand les animaux viennent de mourir, la queue est aussi très fragile et se casse facilement;

il faut pour pouvoir la dépouiller, la fendre dans toute sa longueur ; enfin le plus difficile est de conserver à l'animal ses couleurs brillantes et, bien souvent en suivant le procédé ordinaire, l'animal devient presque noir et il est impossible de rétablir au pinceau le chatoiement de la robe des lézards ocellés ou verts. Pourtant le procédé préconisé par M. Verlac donne d'assez bons résultats : « Pour lever la peau aux Sauriens, nous dit-il, il faut opérer le plus possible dans l'eau, les couleurs se conservent un peu mieux, on fend l'animal sous le ventre, depuis les pattes de devant jusqu'à la queue ; la peau se soulève ensuite sans difficultés et on dépouille les chairs comme on le ferait pour un mammifère, sans toutefois essayer de découvrir le crâne ; on défonce le palais pour extraire la cervelle et les yeux et on enlève la langue. Mais la partie la plus délicate est la queue qui se rompt avec une facilité surprenante. Il faut, le lézard étant placé sur le dos, lever la peau qui recouvre la queue en l'abattant des deux côtés avec un scalpel bien tranchant. On y arrive avec de la patience assez vite sur les parties les plus grosses, mais on est fort souvent obligé de laisser l'extrémité sans la dépouiller. »

La peau une fois débarrassée des chairs, on l'enduit intérieurement d'une bonne couche de savon préservatif et on la monte comme celle d'un mammifère, en ayant soin de maintenir la peau mouillée pendant toute l'opération jusqu'au moment où le sujet sera fixé sur le socle ou sur la branche qui doit le supporter. Une fois en place, on maintient, à l'aide d'épingles les doigts écartés suffisamment et dès que l'animal a perdu une notable partie de son humidité, on y passe une légère couche de vernis transparent. Nous conseillons de passer la première couche de vernis le plus tôt possible, parce que nous avons remarqué que les couleurs se conservent mieux, de plus comme chez les espèces à écailles celles-ci se soulèvant facilement, la première couche de vernis a pour effet immédiat de les remettre en place et de les y maintenir. Cela n'empêchera pas de passer une seconde couche de vernis plus épaisse, lorsque le reptile sera complètement desséché.

L'armature, avons-nous dit, se fait comme celle des mammifères et comprend une tige médiane munie de deux anneaux dans lesquels viennent s'attacher deux à deux les tiges des membres; le bourrage se fait avec du coton pour les espèces petites et moyennes; on met des yeux du même modèle que ceux destinés aux serpents.

Quelques espèces ont sur le dos une crête membraneuse qu'il faut conserver avec soin. Il faut la redresser et la maintenir pendant qu'elle sèche entre deux feuilles de carton, qu'on traverse de quelques épingles pour la maintenir. Les batraciens urodèles comme les salamandres, tritons, etc., se naturalisent à l'aide des mêmes procédés que les lézards.

PEAUX DE CROCODILES, D'ALLIGATORS

Comme les peaux de serpents, les peaux de crocodiles, d'alligators trouvent un heureux emploi dans l'industrie de la maroquinerie. On les prépare comme nous venons de l'indiquer pour les peaux de serpents; pourtant comme souvent lorsqu'on est en chasse, on ne peut procéder immédiatement à cette préparation, il est bon d'indiquer un procédé permettant de conserver les peaux jusqu'au moment de leur préparation.

Le meilleur procédé consiste, l'animal étant dépouillé de passer au savon de Bécœur tout l'intérieur de la peau, on le bourre ensuite de paille ou d'herbes sèches. On peut aussi essayer de la préparation suivante qui produit une sorte de tannage et qui est plus économique que le savon arsenical :

Blanc de Troyes	750 grammes
Savon de Marseille en copeaux	250 —
Chlorure de chaux	30 —

Teinture de camphre	30 grammes
Teinture de musc	30 —
Eau	4 litres

Faire bouillir ensemble dans l'eau le blanc et le savon, ajouter le chlorure de chaux en remuant bien et avant complet refroidissement, verser les teintures de camphre et de musc qui s'évaporeraient si le mélange était trop chaud.

Enduire l'intérieur de la peau avec cette préparation ; si la température est élevée on en passera une couche à l'extérieur qui disparaîtra après un lavage.

II. — Chéloniens (Tortues)

Chasse. — Les tortues sont rares en France, la Cistude d'Europe s'y rencontre seule d'une façon un peu courante, elle reste engourdie durant l'hiver dans la vase des marais, elle reparaît en avril, on peut alors la prendre au troubleau dans les mares qu'elle fréquente mais plus souvent à terre, toujours à peu de distance des fossés et des excavations pleines d'eau, comme elle est peu agile on peut la saisir facilement. On rencontre aussi dans nos provinces très méridionales les tortues grecques et mauresques, qui sont des espèces terrestres recherchant les terrains sablonneux et boisés.

Il est d'ailleurs assez facile de se procurer chez les marchands des espèces exotiques. La plupart du temps le naturaliste reçoit les tortues encore vivantes ; il faut donc les tuer, ce qui n'est pas toujours aisé, car ces animaux ont la vie extrêmement dure. Le moyen le plus rapide consiste à leur injecter dans le corps de l'alcool aussi fort que possible, pour cela on donne un coup de poinçon ou de stylet sous la gorge et l'on introduit par l'ouverture ainsi faite la canule d'une petite seringue remplie d'alcool aussi concentré que possible, on injecte le liquide et la mort survient en moins d'un quart d'heure.

Naturalisation. — Les tortues ont le corps enfermé dans une double cuirasse qui fait en réalité partie du squelette ; la partie supérieure s'appelle la *carapace*, la partie inférieure le *plastron* ; chez certaines espèces ces deux portions sont intimement unies entre elles, chez d'autres, elles sont simplement soudées l'une à l'autre par un cartilage. Dans le premier cas on les sépare au moyen d'une scie fine, en faisant la section des deux côtés un peu en dessous ; dans le second cas cette section se fera simplement en coupant les cartilages à l'aide d'un bon canif.

Lorsqu'on s'est assuré que le plastron ne tient plus au corps que par la peau, on coupe celle-ci à un centimètre tout autour, on passe alors la lame d'un couteau sous le plastron et on le détache complètement. Nota : les membres, pattes, tête et queue doivent rester adhérents à la carapace. Puis ayant placé l'animal sur le dos, on enlève tout l'intérieur du corps, on dépouille les pattes jusqu'aux ongles autant que possible, en conservant leurs os, pour mener à bien cette opération on est souvent obligé de les fendre en dessous, on dépouille aussi le cou et la tête jusqu'au crâne dont on enlève la cervelle par le trou occipital, il ne faut pas essayer de retourner la peau sur le sommet de la tête, car elle y tient fortement et on arriverait fatalement à une déchirure.

La partie la plus difficile à dépouiller est presque toujours la queue qui est grasse et charnue, aussi est-il préférable d'en fendre la peau en dessous dans toute sa longueur, on la relève ensuite des deux côtés et on arrive sans trop de peine à la débarrasser de sa chair sans la déchirer.

D'ordinaire les tortues empaillées sont simplement posées sur un socle, leur plastron leur servant de point d'appui ; cette position n'est pas naturelle puisque pendant la marche le plastron est forcément soulevé à quelques centimètres au-dessus du sol (*fig*. 79). Il est donc préférable de conserver, comme on le fait aux mammifères, les os des pattes.

Lorsque la peau est bien débarrassée de sa chair et que les pattes sont bien nettoyées, on passe dans tout l'intérieur une bonne couche de préservatif, puis le montage

Fig. 79.
Tortue montée.

se fait comme celui des mammifères avec une armature analogue, en ayant soin toutefois que les fils des pattes soient assez forts pour soutenir sans fléchir le poids de la carapace. Lorsque la tête est bourrée, soit avec du coton, soit avec de la filasse hachée, on replace le plastron en le rejoignant à la carapace soit avec des pointes fines, soit avec de la colle forte.

La peau du cou des tortues est toujours ridée, ces plis devront être conservés avec soin ainsi que les cavités dans lesquelles l'animal rentre ses pattes et sa tête lorsqu'il est effrayé ou en danger.

Si le temps est chaud et sec, il faudra opérer avec rapidité, car la peau une fois dépouillée durcit assez vite au point de gêner l'opérateur. Si le travail doit être interrompu, il est prudent de mouiller toutes les parties molles pour retarder leur dessiccation.

Lorsque la préparation est terminée, on lave avec soin la carapace et même tout l'animal, s'il en a besoin et après lui avoir donné une attitude naturelle, on le laisse en repos ; deux heures après lorsque le sujet n'est plus humide, on passe une couche d'essence de térébenthine et puis une bonne couche de vernis transparent, qui suffira pour préserver la carapace et le plastron.

Un moyen assez pratique consiste à conserver les tortues en peau comme les oiseaux, c'est-à-dire qu'après les avoir dépouillées on réunit par de petits fils de fer carapace et plastron sans bourrer l'intérieur du corps.

III. — Batraciens (Grenouilles, Crapauds)

Chasse. — La meilleure époque pour la chasse aux batraciens est le printemps, on peut les capturer de diverses façons. Le moyen le plus pratique consiste dans l'emploi d'un troubleau à mailles fines qui permet de les prendre dans l'eau, dans les prés et dans les lieux humides qu'ils fréquentent; dans ces derniers cas on les recouvre avec la poche de l'instrument et on les saisit avec la main[1]. Les grenouilles peuvent aussi se pêcher à la ligne en amorçant l'hameçon avec un ver, une pièce de viande ou même un simple morceau de drap rouge. Les grenouilles rainettes, qui vivent sur les arbres, peuvent se prendre à la main de même que les crapauds.

Pour tuer les batraciens, il suffit de les faire séjourner dans le sac à tabac, ils périront très rapidement ;

---

1. Tous batraciens, grenouilles, crapauds, tritons, salamandres, à l'encontre du préjugé populaire ne sont nullement venimeux, mais l'humeur âcre, qui exsude de leur peau, est acide au contact, surtout si l'on est écorché et il faut éviter avec soin de porter à ses yeux la main quand on a saisi un de ces animaux, car il pourrait se produire une inflammation désagréable.

en tout cas lorsqu'on veut les empailler, il ne faut jamais les asphyxier dans de l'alcool.

Conservation dans l'alcool. — C'est certainement le moyen le plus pratique de conserver une collection de ces animaux, on procède comme pour les serpents.

Naturalisation. — Il est assez difficile de conserver la couleur des grenouilles empaillées, cependant si on a soin de les dépouiller sous l'eau, comme nous l'avons indiqué pour les lézards, et de les sécher ensuite aussi rapidement que possible à l'ombre dans un courant d'air, les teintes resteront assez visibles pour permettre de reconnaître à première vue chacun de ces animaux.

On connaît deux méthodes pour dépouiller les batraciens.

La première qui convient le mieux aux collections scientifiques est aussi la plus aisée à exécuter, elle est basée sur les mêmes principes que la naturalisation des mammifères.

On pratique au ventre une incision longitudinale depuis la gorge jusqu'à l'anus, on dégage la peau des deux côtés en allant du côté de l'arrière-train, on repousse la partie supérieure des cuisses et on sépare le fémur du tibia. Après avoir dépouillé l'abdomen, on refoule la peau vers la partie supérieure du tronc et on coupe chaque humérus à son articulation avec l'omoplate. On sépare ensuite la tête du tronc et on nettoie les membres et leurs os. On détache la peau sur le crâne la laissant adhérente par l'extrémité du museau. On enlève la langue, les yeux et on remplit les orbites de coton haché, le museau et les mâchoires sont garnis de coton et, après avoir refoulé doucement le crâne de bas en haut, tandis qu'on tire la peau en sens inverse, on retourne la tête.

On prépare alors la carcasse. Voici les indications

que nous donne à ce sujet M. Chapus. « On coupe cinq fils de fer d'une grosseur et d'une longueur proportionnée à la taille et au volume de l'animal. Deux de ces fils servent pour les pattes de devant, deux autres pour celles de derrière. Le cinquième fil est courbé en anneau tandis que l'autre extrémité est introduite dans le sommet de la tête : on réunit les fils de fer des jambes et on les fait passer dans l'anneau de la traverse du milieu, on y réunit également les fils de fer des pattes antérieures et à l'aide d'une pince on assujettit ce squelette artificiel en tordant le tout ensemble. » Après avoir bien enduit de préservatif la peau, on place ce squelette et on bourre bien l'animal avec du coton sans trop le comprimer afin de conserver les formes naturelles.

On coud l'incision et cela avec le plus grand soin, car il n'y a là ni poils, ni plumes pour cacher les points de suture, ceux-ci doivent être très rapprochés les uns des autres et le fil employé très fin.

On conseille même de dissimuler la couture en collant dessus une bande de papier fin sur lequel on passe ensuite une couche de peinture à l'huile de couleur du ventre de l'animal.

Lorsque les batraciens doivent être montés debout, comme on le fait fort souvent pour les grenouilles placées en scènes comiques, il faut éviter cette couture abdominale qui est toujours plus ou moins visible. On adopte alors la seconde méthode que voici : on commence par retirer à l'aide d'un crochet, en les faisant sortir par la gueule, toutes les entrailles de l'animal, puis on ouvre fortement les mâchoires et, à l'aide d'un scalpel, on fait à la base de la tête une incision pour détacher le cou et les chairs en ayant bien soin de ne pas toucher à la peau. Lorsque le tronc est bien séparé de la tête, on renverse la tête d'un côté et la mâchoire inférieure de l'autre et à l'aide de pinces, on saisit la colonne vertébrale qui se présente à l'ouverture, on la tire en dehors et l'on sectionne les pattes et les cuisses qu'on dépouillera ensuite. Il faut faire bien attention en opérant de ne pas briser la mâchoire et ne pas dessouder les articulations, car il serait ensuite très difficile de les remettre en place. Lorsque le corps est enlevé, on nettoie les pattes et la tête dont on défonce le palais pour en sortir la cervelle et on retourne la peau.

Quelques opérateurs se contentent alors de remplir cette peau de sable fin en ayant soin d'agiter fortement pour qu'il glisse jusqu'au fond des pattes ; mais l'animal devient plus gros que nature et rappelle la grenouille du bon Lafontaine, en outre ce système manque de solidité. Il vaut mieux recourir au squelette en fil de fer et bourrer, mais alors il faut monter entièrement ce squelette à l'avance et le faire entrer par l'ouverture de la gueule ; on y parvient sans trop de difficultés en prenant du fil de fer aussi fin et aussi flexible que le permettent le poids et la grosseur du sujet.

On fixe les grenouilles ou crapauds sur un socle en bois à l'aide des fils de fer qui dépassent les pieds et on fixe les yeux dans les orbites à l'aide de gomme arabique.

Une fois secs, les batraciens doivent recevoir une couche de vernis.

Il faut toujours procéder au montage quand les peaux sont très fraîches ; une fois sèches, il est presque impossible de les manier sans les déchirer. Si l'on avait à remanier un sujet, il faudrait au préalable la faire ramollir dans une marmite à moitié remplie de sable mouillé et hermétiquement fermée ; ajouter quelques gouttes d'acide phénique à l'eau qui sert à humecter le sable pour éviter les moisissures.

IV. — Poissons

Pêche. — Cet ouvrage n'étant pas plus un manuel de pêche qu'un traité de chasse, nous n'essaierons point de décrire les nombreux modes de prendre les poissons.

D'ailleurs il est toujours facile de se procurer des sujets à traiter aux halles des grandes villes, il faudra seulement s'assurer qu'ils soient complets, leurs nageoires intactes ainsi que leurs piquants, ceux-ci étant facilement brisés par les mailles des filets. Lorsqu'on veut naturaliser les spécimens, il est inutile de s'assurer de leur fraîcheur et sans conseiller de les prendre en plein état de décomposition, un sujet un peu avancé se dépouillera plus facilement qu'un autre qui vient seulement d'être retiré de l'onde. Il faut donner la préférence aux sujets de tailles moyenne ou petite, plus faciles à préparer et aussi moins encombrants.

Conservation dans l'alcool. — La conservation des poissons dans l'alcool est très facile quoique un peu dispendieuse, elle demande aussi certaines précautions, car il ne faut pas s'imaginer qu'il suffit de mettre dans un bocal plein d'alcool un sujet venant d'être pêché pour le voir se conserver indéfiniment. Au bout de peu de semaines on le trouverait flottant au sommet du liquide et presque entièrement pourri.

Le poisson sera d'abord trempé dans de l'eau douce, puis proprement essuyé avec un linge doux et cela plusieurs fois pour le débarrasser du mucus qui le recouvre. Lorsque le sujet est de forte taille, il est bon de pratiquer avec des ciseaux fins une étroite ouverture vers l'anus par laquelle on introduit un couteau dirigé obliquement vers la tête afin de percer la vessie natatoire. On le plonge alors pendant 8 jours dans de l'alcool à 45° centigrades, on le retire pour le mettre dans de l'alcool à 80° où il doit rester 15 jours. L'immersion immédiate dans un alcool aussi concentré aurait produit à la surface du corps des coagulations albumineuses empêchant l'alcool de pénétrer à l'intérieur et par suite le poisson durci à la surface se serait corrompu lentement à l'intérieur.

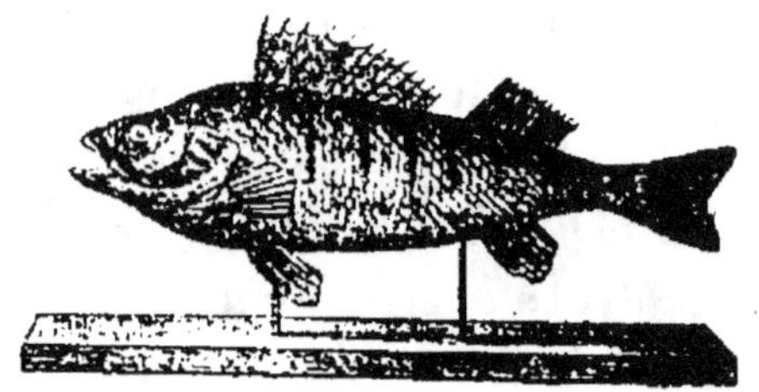

Fig. 80. — Poisson monté.

Au bout des 15 jours, on retire le sujet et on le place de nouveau dans de l'alcool à 45°; il se conservera alors indéfiniment, mais il est bon de changer le liquide dès qu'il jaunit, ce qui se produit une ou plusieurs fois durant le premier mois. Pour le choix des bocaux et le bouchage, voir ce que nous avons dit page 16.

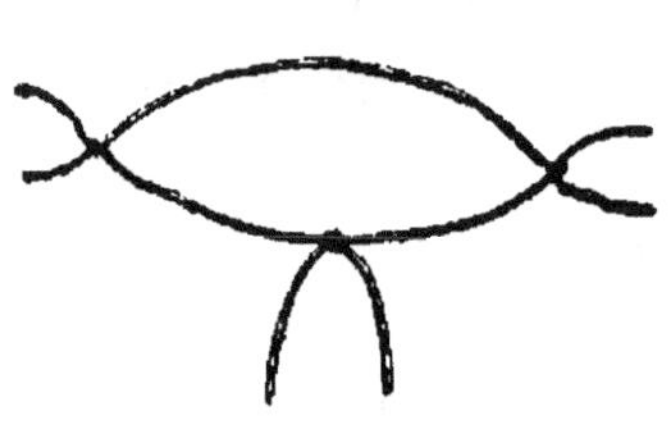

Fig. 81.
Armature de poisson en fil de fer.

Naturalisation. — Pour bien monter un poisson (*fig.* 81) il est de toute importance de bien prendre les mesures du sujet. En outre sur une feuille de papier, où on le couche de côté, on trace le contour du corps avec un crayon sans se donner la peine d'écarter les nageoires et avec un compas on mesure l'épaisseur du corps. Le dépouillage ne pressant pas, puisque la peau s'enlève d'autant mieux que le sujet est un peu fait, nous préparerons la carcasse intérieure ; deux systèmes se présentent.

Le premier consiste en une armature en fil de fer du genre de celles employées pour la naturalisation des autres animaux, mais de forme différente. Voici comment on l'obtient. Prenez un fil de fer assez fort ayant deux fois et demie la longueur de l'animal à empailler, réunissez les deux bouts par huit ou dix tours de torsion bien serrés et bien solides en laissant à l'extrémité les deux bouts libres de 5 à 6 centimètres. Ensuite, ouvrez cette espèce d'anneau, de façon à former un très long ovale de la forme exacte du poisson à traiter, en ayant soin que l'endroit où les deux bouts se joignent se trouve au milieu d'un des arcs ainsi formés. Ceci fait, confectionnez aux deux pointes de l'ovale une boucle en tordant fortement le fil cinq à six fois et, à l'aide de pinces, coupez cette boucle par le milieu. Votre appareil sera ainsi muni de trois fourches, une à chaque extrémité de l'ovale et une plus longue au milieu sur l'un des arcs (*fig.* 81). Les deux fourches des extrémités entreront l'une dans la queue, l'autre dans la tête, tandis que la troisième traversant la peau ressortira sous le ventre et sera fichée dans un socle en bois qui, lorsque l'animal sera recousu, servira de support au poisson.

FIG. 82.
Armature de poisson
planchette.

L'autre procédé consiste dans la fabrication d'une armature en bois; c'est une simple planchette en bois tendre et léger découpée à la scie suivant les contours du corps du poisson. Il faut y ménager des encoches pour les racines des nageoires (*fig.* 82). On adoucit et amincit avec une râpe les profils du contour afin qu'ils soient légèrement plus faibles que le croquis au crayon pour permettre à l'appareil de se loger facilement dans le corps du poisson [1].

Le dépouillement demande certaines précautions afin de préserver les écailles qui tombent aisément et qu'il est très difficile de replacer. On examine le corps

[1]. Il faut percer dans le bas de la planchette côté du ventre et et dans son épaisseur des petits trous dans lesquels on introduira les fils de fer destinés à supporter le poisson sur le socle.

du poisson pour voir quel est le côté le plus intact et on le recouvre avec une feuille de papier ou un morceau de mousseline afin de le protéger. Grâce à la mucosité, dont est recouvert le corps du poisson, cette garniture se colle à la peau; si cela ne suffisait pas, on augmenterait l'adhérence à l'aide d'un peu de glycérine ou de colle à la gomme arabique. On recouvre les nageoires et la queue avec des morceaux de linge mouillé ou avec de la filasse humide, afin de les protéger et de les empêcher de sécher, car une fois sèches ces parties se brisent facilement.

L'incision se pratique soit sous le ventre depuis la queue jusqu'à la tête, soit sur les flancs suivant une ligne médiane partant de la queue pour aboutir aux opercules des ouïes. Mais quelle que soit la position de l'incision, le dépouillement s'opère de la même façon. A l'aide d'un morceau de bois dur taillé en forme de couteau, on abat la peau des deux côtés de la fente, en ayant soin de couper les attaches intérieures des nageoires; la peau adhère ordinairement peu à la chair, surtout si le poisson n'est pas très frais, l'opération n'offre donc aucune difficulté. Lorsque la peau est complètement détachée du corps, on la dégage complètement en sectionnant la colonne vertébrale à la base du crâne et au commencement de la queue. Il ne faut pas songer à dépouiller la tête, mais il faut enlever les ouïes, les yeux, la langue, la cervelle, en un mot tout ce qui serait susceptible de se décomposer. On passe ensuite dans tout l'intérieur une forte couche de savon préservatif et l'on procède au montage.

L'armature en fil de fer étant introduite dans la peau et étant mise en place, on bourre suivant la grosseur du spécimen avec du coton, de la filasse ou du foin, il faut que ce bourrage soit fait avec le plus grand soin pour éviter des bosses; il faut surtout bien bourrer l'intérieur de la tête, qui tend toujours à s'aplatir et à se rider en desséchant. Disons tout de suite que si cet accident se produisait dans la suite le seul moyen de le réparer serait d'y mettre de la cire, de modeler cette partie de la tête et de passer une couleur convenable.

Lorsqu'on adopte la planchette comme armature, il faut opérer autrement. On applique sur l'une des faces de la planchette de la filasse hachée avec des ciseaux, on la mouille et on l'applique sur la pièce de bois en la modelant pour lui donner le volume et la forme du corps du poisson. On fait alors entrer la planchette garnie de filasse à la place que le corps occupait auparavant, on ajuste les nageoires et de plus on enfonce des épingles d'acier afin de bien faire tenir le tout en place. On retourne alors le poisson sur la face bourrée et avec des pinces on bourre de filasse l'autre moitié.

Le même résultat que précédemment est obtenu.

On coud ensuite l'incision avec des points bien serrés, ont met les yeux, on maintient la bouche fermée à l'aide d'épingles et l'on étale chaque nageoire entre deux planchettes de liége, on colle les ouïes pour les empêcher de s'ouvrir. Durant le séchage, on passe à plusieurs reprises sur toute la peau de l'essence de térébenthine, qui a l'avantage de la durcir et la préservera dans la suite des attaques des insectes. Lorsque l'animal sera sec, on enlèvera les planchettes, qui garnissent les nageoires ; on monte sur le socle et on passe une couche de vernis transparent à l'alcool.

Il faut remarquer que la plupart des poissons ont de leur vivant des couleurs fort brillantes. Il est presque impossible de conserver ces colorations, cependant si la dessiccation du sujet se fait rapidement à un fort courant d'air à l'ombre ou même dans une étuve, on en conserve une partie ; toutefois le mieux, lorsqu'on en est capable, consiste à refaire les couleurs avec des couleurs à l'huile délayées dans du vernis.

Montage en ronde-bosse. — On peut simplifier grandement le montage en ne présentant les poissons de façon à ce qu'ils ne soient vus que de profil. Pour cela on prend un couteau bien tranchant et on coupe le poisson en deux moitiés égales en le sectionnant un peu en arrière de la ligne médiane longitudinalement de bas en haut. On laisse à la moitié que l'on veut préparer les nageoires et la queue. Il est alors facile de soulever la peau et de nettoyer tout l'intérieur de cette moitié y compris la tête. On prépare une planchette armature, comme nous l'avons indiqué plus haut, on la garnit de filasse hachée et on y applique par-dessus la moitié du poisson en fixant la peau contre la tranche de la planchette sur tout le parcours avec de fines pointes. On laisse sécher après avoir étalé les nageoires et pris les précautions habituelles; puis on fixe sur une planche en clouant ou collant celle-ci à la planchette armature.

Poissons affectant la forme de serpents. — Les poissons qui comme les anguilles, les lamproies, les congres présentent la forme des serpents se naturalisent comme ces derniers.

Procédé au sable. — Ce procédé au sable qui est peu usité maintenant, car il fait disparaître les couleurs, consiste à dépouiller le poisson comme nous l'avons dit, puis après avoir recousu avec grand soin l'incision longitudinale, on remplit la peau par la gueule avec du sable sec. Le vieil auteur Mauduit nous donne à cette occasion les détails suivants : « Les choses étant ainsi disposées, on suspend les poissons par le moyen de crochets obtus attachés à des fils ou à des cordes suivant le poids des poissons. les crochets doivent suspendre l'animal en le soutenant par la gueule et la tenant ouverte autant qu'elle peut l'être; alors on tire la peau en bas, on l'étend avec les mains, puis par la gueule ouverte, on verse du sable bien sec et bien fin, qui, par son poids, s'introduit et se répand également partout. La peau des poissons a une telle ténacité que le poids du sable ne l'étend qu'autant qu'elle l'était pendant la vie de l'animal. La peau étant remplie et la gueule étant contenue ainsi que les ouïes par des bandelettes, il n'y a point d'issue par où le sable puisse s'écouler. On transporte donc l'animal où l'on le veut, on le pose sur une planche, on étend ses nageoires, on les fixe, on les contient par des crochets en fil de fer, on expose la peau à l'air et au soleil, elle se dessèche bientôt ; et quand on s'aperçoit qu'elle est sèche, on défait les bandelettes qui contraignaient la gueule, on l'ouvre de force, si elle commence à se raidir par la dessiccation et on penche l'animal la tête en bas, le sable s'écoule par son poids, il en demeure très peu collé à la peau, qui par sa propre force se soutient très bien et offre à la fois un corps volumineux et léger. Il n'y a plus rien à faire que de l'animer par une légère couche de vernis dessiccatif qui sert à sa conservation et à lui rendre son lustre qu'elle perd en séchant. Mais en vain espérerait-on d'y voir briller les vives couleurs qui l'embellissaient, les causes qui les produisaient n'existent plus et les couleurs ont disparu avec elles. »

V. — Crustacés

Chasse. — Les crustacés dont les types les plus connus sont les crabes, homards, langoustes et écrevisses, vivent dans l'eau, il existe aussi des crustacés terrestres dont l'espèce la plus commune chez nous est le cloporte.

La chasse sur terre se fait exactement comme celle des insectes en soulevant les pierres, dans les endroits humides, en visitant les écorces, on les saisit avec des pinces d'entomologistes.

Les espèces aquatiques sont infiniment plus nombreuses et dans toutes les mares, au milieu des plantes et des herbes grouillent une masse de petits crustacés très curieux à observer, tels les apis, les gammarus, etc., ainsi que des espèces microscopiques. Pour s'en emparer il suffit de plonger près du bord un troubleau en toile et de retirer une certaine quantité d'eau que l'on déverse dans un seau.

Les crustacés sont aussi fort nombreux dans les eaux salines de la mer; en visitant avec un troubleau les mares que la marée a laissées pleines, les anfractuosités de rochers, on fera une abondante récolte.

Enfin nous n'insisterons pas sur les moyens très connus de pêcher les crevettes, les écrevisses, les crabes, les homards et langoustes.

Les petits crustacés seront tués en les plongeant dans de l'alcool, les espèces marines périssent vite si on les plonge dans de l'eau douce; les espèces d'eau douce seront asphyxiées par les vapeurs de térébenthine.

Les espèces, que l'on veut conserver à sec, ne devront jamais être mises dans de l'alcool, car cette substance les rougit plus ou moins, ainsi que l'acide phénique ou ses vapeurs; pour les mêmes raisons il faudra éviter l'immersion dans l'eau bouillante.

Conservation des crustacés par l'alcool. — Les petits crustacés ainsi que les moyens et les gros au besoin seront conservés dans l'alcool. On emploie pour cela de l'alcool à 45 degrés centigrades et de petits flacons en forme d'éprouvettes pour les petites espèces.

Les moyens, ceux qui ne dépassent pas la grosseur d'une écrevisse, pourront être conservés par le procédé suivant. On les lave et on les brosse bien, puis on les plonge durant deux heures dans de l'eau de chaux. On les fait sécher, on les fixe sur un carton, puis on les passe au vernis. Les plus petits se préparent de même, mais on se contente de les piquer, comme les insectes, avec une épingle sur le subjectif sur lequel on veut les fixer.

Les espèces plus grosses que les écrevisses comme les homards, gros crabes etc., doivent être naturalisées si on veut les conserver à sec.

Naturalisation. — Les crustacés destinés à la naturalisation doivent être aussi complètement que possible vidés de toutes les chairs et autres parties putréfiables; l'opération offre de grandes difficultés quand l'animal est frais, elle est au contraire grandement facilitée par un commencement de décomposition, aussi est-il utile de laisser séjourner la pièce pendant deux ou trois jours dans de l'eau (la changer souvent pour éviter la mauvaise odeur).

Le crustacé étant en état d'être dépouillé, on détache d'abord la queue (abdomen) de la carapace et on vide son intérieur avec un fil de fer dont on a retourné l'extrémité. La partie que l'on désigne vulgairement sous le nom de carapace, le *céphalothorax*, composé de la tête et du thorax, est alors séparé de la partie inférieure qui porte les pattes ou *armature de la poitrine*, cela se fait très facilement en soulevant la carapace et en donnant quelques coups de ciseaux vers la mâchoire. On nettoie bien tout l'intérieur, en enlevant avec un canif surtout les parties molles, les branchies et la chair qui sont attachées à l'armature inférieure.

Dans les très grosses espèces, il convient aussi de nettoyer l'intérieur des pinces et des pattes. Pour les pinces on détache la partie mobile A (*fig.* 83) qui sert à serrer les proies contre l'autre partie B qui est immobile et par l'ouverture ainsi produite on enlève avec un fil de fer recourbé en crochet toutes les chairs qui garnissent les pinces. Pour les pattes, on détache la dernière pince ou onglet terminal et par l'ouverture on passe dans cette sorte de tube un crochet en acier pareil à celui utilisé pour la dentelle dite au crochet, on l'enfonce le plus loin possible et on retire toutes les chairs; on traite de même l'intérieur de l'onglet terminal que l'on a placé avec grand soin.

On enduit tout l'intérieur de l'animal de savon arsenical maintenu assez liquide, afin de permettre de le faire *couler* dans les recoins où l'on ne pourrait pénétrer avec le pinceau.

On remonte toutes les parties désarticulées en les remettant exactement en place avec de la colle forte liquide; pour augmenter la solidité, on peut insérer en certaines parties de petits morceaux de bois, des bouts d'allumettes qui, enduits de colle, serviront de tenons. On place l'animal sur une planchette, le ventre

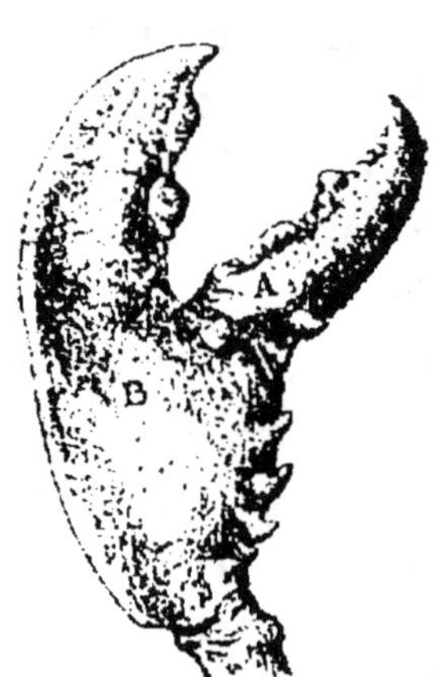

FIG. 83.
Patte de homard.

à l'air et à l'aide d'épingles d'acier, de bandelettes, on cale toutes les parties en leur donnant la position qu'elles doivent conserver.

On laisse sécher doucement l'animal dans un tiroir, dans un endroit abrité, toujours à l'ombre, car le soleil fait toujours rougir plus ou moins les crustacés lorsqu'ils ne sont pas secs. Lorsque la dessiccation est complète, on passe une couche de vernis.

Le sujet ainsi préparé se place sur une planchette, à laquelle on le fixe avec des fils de fer passés en ceinture sur toutes les parties utiles et tortillées à leurs extrémités derrière la planche.

VI. — Araignées et Myriapodes

Chasse. — Les araignées et les scolopendres ou mille pieds se recherchent comme les insectes. Ces derniers se trouvent particulièrement sous les pierres et les écorces des arbres. On les saisira avec les pinces.

Quant aux araignées, leur genre de vie est très varié, on s'en empare soit avec des filets à papillons, lorsqu'elles sont aériennes, soit avec des pinces lorsqu'elles sont de mœurs terrestres. L'usage de la pince est dangereux, car on risque de les briser, la main est préférable, mais certaines espèces sont plus ou moins venimeuses. On peut il est vrai se mettre de vieux gants souples en peau de Suède, mais en suivant la méthode de M. Maindron on ne court aucun risque. « Il suffit, en effet, nous dit-il, de les happer rapidement, entre le pouce et l'index par les côtés du corps. Toute araignée ainsi saisie replie immédiatement ses pattes et comme elle ne peut faire des mouvements de son corps, il lui est impossible de mordre. » Les captives sont immédiatement plongées dans un petit flacon à moitié rempli d'alcool à 25° centigrades.

Fig. 84.

Rangement des tubes d'une collection d'araignées.

Conservation. — Les araignées se conservent très bien dans de l'alcool à 25°. Il est prudent pour certaines espèces à très gros abdomens remplis d'œufs de les immerger dans de l'eau bouillante *durant une seconde seulement*, les liquides contenus dans le ventre se coagulent aussitôt et se conservent très bien dans l'alcool, sans cela il se produirait des déformations.

On place, en général, chaque variété séparément dans un petit tube portant une étiquette, avec le **nom** de l'espèce et les indications utiles; dans une collection les tubes sont rangés sur des espèces de petites étagères en forme de porte-bouteilles horizontaux (*fig.* 84). On peut aussi conserver les araignées par le procédé indiqué par le célèbre entomologiste La Treille. « On se procure un tube de verre de six pouces de long (15ᶜᵐ,6) sur huit ou neuf lignes (17 à 20 millimètres) de largeur, on ajoute deux bons bouchons à ses deux ouvertures. On saisit ensuite l'araignée avec des pinces, mais sans la déformer, et l'on coupe avec des ciseaux fins le mince pédicule qui attache son abdomen au corselet. On prend un petit morceau de bois très mince et on le taille en pointe à ses deux extrémités. On enfonce une des pointes du morceau de bois dans l'abdomen et l'autre dans le bouchon du tube, puis on introduit ce ventre dans le tube et on le maintient au milieu du verre en plaçant le bouchon. On allume un flambeau et on fait tourner le tube sur la flamme jusqu'à ce que l'abdomen soit entièrement desséché; on le laisse refroidir, on débouche avec précaution et on coupe le ventre de dessus le morceau de bois pour le recoller avec un peu de gomme au corselet. La préparation se termine là et l'insecte est propre à mettre en collection. »

Les araignées desséchées se rangent dans les boîtes comme les insectes piqués avec une épingle. Les animaux ont leurs yeux sur le corselet, leur nombre et leur arrangement sont des caractères génériques des plus précieux; or, comme chez certaines espèces ils s'avancent assez loin sur le corselet, il faut éviter de gâter cette partie en piquant l'épingle.

DEUXIÈME PARTIE

LES INSECTES

CHAPITRE VIII

LÉPIDOPTÈRES

COMME ON SE PROCURE DES PAPILLONS

Ustensiles pour la chasse des Lépidoptères. — Le premier devoir d'un chasseur, c'est de se munir des différents objets qui lui sont nécessaires à la chasse ; pour celui qui se contente des lépidoptères l'équipement sera des plus simples.

En premier lieu, il faut s'occuper du vêtement, ici nous n'avons pas à intervenir et nous nous bornons à une simple recommandation, que le vêtement soit souple et fait pour ne pas craindre les accrocs, ni les taches de boue ou de poussière résultant d'une poursuite acharnée dans des halliers et des broussailles.

L'équipement nécessaire est assez réduit, il est inutile de s'embarrasser de tout un fourniment encombrant qui gênera les mouvements ; donnons rapidement la nomenclature de ce qui est nécessaire.

1° **Filet à papillons** (*fig.* 85). — L'instrument indispensable du chasseur de papillons est le filet. Il se vend tout fait, mais si on ne tient pas à l'acheter, on peut le fabriquer soi-même, en n'oubliant pas que deux

Fig. 85.
Filet
à
papillons.

qualités lui sont essentielles : légèreté et solidité. Pour cela, vous n'avez qu'à prendre de la gaze verte ou un tissu de soie peu serré (nous donnons la préférence au tulle grec solide et ne s'altérant pas à la pluie), de façon à obtenir une poche d'environ 30 centimètres d'ouverture et de 40 à 45 centimètres de profondeur (ne pas terminer la poche en pointe, mais plutôt en cul de sac rond, le papillon frottera moins ses ailes délicates contre l'étoffe et se gâtera moins vite). Vous bordez l'ouverture de la poche avec un ruban formant coulisse, dans lequel vous engagerez un fil de fer. Ce fil de fer résistant, long d'à peu

Fig. 86 et 87. — Cercle de filet se pliant en deux.

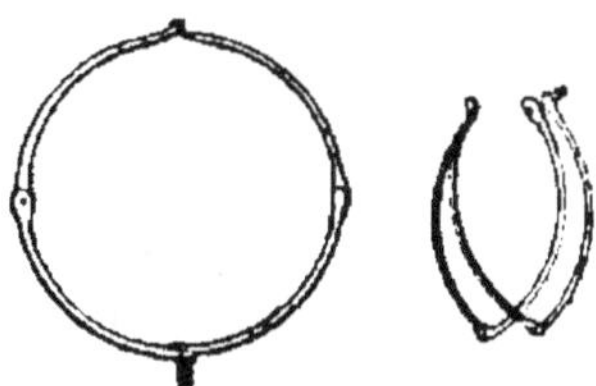

Fig. 88 et 89. — Cercle de filet se pliant en quatre.

près 40 centimètres s'arrondira en cercle pour épouser la forme de l'ouverture du filet, puis ses bouts libres étant recourbés à angles droits, on les appliquera l'un sur l'autre de manière à les introduire sans peine dans l'extrémité creuse d'une canne en bambou de 1ᵐ,60 de longueur. Il est bon que l'autre extrémité de la canne soit ferrée avec une pointe en fer, comme celle d'une canne de montagne, afin de nous permettre de soulever à l'occasion des pierres, de fouiller les mousses sous lesquels nous pourrons trouver des chrysalides.

Certains filets, que l'on vend un peu plus cher, ont l'avantage de se fragmenter en deux ou quatre parties (*fig.* 86 à 89) et d'entrer dans la poche. Ces filets qu'avec un peu d'habileté vous pourriez fabriquer vous-mêmes aussi bien que les filets ordinaires que nous avons décrits, ont le support de gaze indépendant du manche. A cet effet le manche porte à son sommet une douille en cuivre où vient se visser le bout de la tige de fer qui entoure le filet. Bien mieux le cercle de fer s'articule au moyen de boucles formant charnière, ce qui permet de le replier une ou plusieurs fois sur lui-même. Le montage se fait aisément. Ce genre de filet est moins embarrassant et fort pratique.

2° **Le filet à faucher** (*fig.* 90). — Ne diffère du filet ordinaire qu'en ce qu'il est plus pesant afin de résister davantage aux végétaux sur lesquels il est destiné à être promené. En outre la poche de tulle est remplie par une poche en toile ou tout au moins en étoffe plus résistante et est assujettie au

Fig. 90.
Filet
fauchoir.

moyen d'une forte coulisse On peut monter la poche fauchoir sur la canne d'un filet ordinaire lorsque celui-ci est démontable, ce qui évite l'ennui de transporter avec soi deux filets encombrants. Le filet fauchoir n'est du reste pas indispensable, on peut parfaitement faucher avec le filet ordinaire, toutefois ce dernier se détruira assez rapidement étant exposé à de nombreux accidents ; nous recommandons le filet fauchoir surtout en vue d'économiser l'instrument ordinaire.

Fig. 91.
Pince
à raquettes.

3° **Pince à raquettes** (*fig.* 91). — La pince à raquettes est un fer à friser dont on a retranché les masses et auquel on soude deux anneaux ovales ou rectangulaires d'environ 12 ou 14 centimètres de longueur ; on garnit ces raquettes de tulle bordées d'un ruban de fil ou de soie ; elle sert à prendre les petits papillons qui se tiennent immobiles sur les feuilles. Cet instrument n'est pas indispensable, il est plus particulièrement utile aux collectionneurs qui recherchent d'une façon spéciale les microlépidoptères.

4° **Épingles** (*fig.* 92). — Les épingles sont indispensables aux entomologistes, elles sont d'une taille, d'une longueur et d'une fabrication spéciale; elles sont d'ordinaire en cuivre étamé ou passé au vernis (ce qui leur donne l'avantage de ne pas s'oxyder, ce qui est fort utile pour certains papillons comme les *cossus* et les *sésies*). On fabrique actuellement des épingles en métal qui sont à l'abri de toute oxydation, mais leur prix est plus

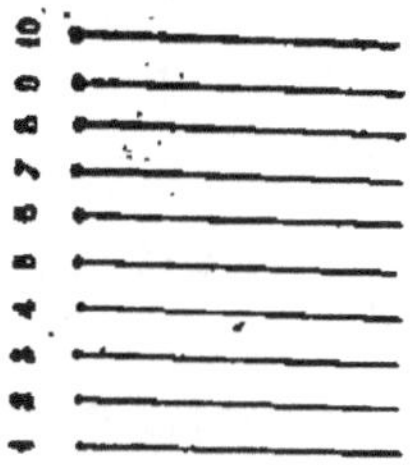

Fig. 92.
Épingles
de diverses
grosseurs.

élevé. La longueur des épingles est en général de 36 à 38 millimètres, elles se vendent sous différents numéros indiquant leur force, 1 étant la plus fine, 10 la plus forte, les numéros 3, 4, 5, 6 et 7 sont les plus généralement employées.

Ces épingles ne se trouvent en général que chez les marchands naturalistes, celles que l'on trouve chez les mercières sont trop grosses et trop courtes. A la rigueur, en voyage lorsqu'on se trouve pris au dépourvu, on peut les utiliser quitte à les changer plus tard. En tout cas, il faut toujours éviter d'employer des épingles en acier qui se rouillent dans le corps de l'insecte et ne tardent pas à se briser.

Fig. 93.
Pelote de
naturaliste.

5° **Pelote** (*fig.* 93). — La pelote est aussi indispensable à l'entomologiste qu'une cartouchière au chasseur et la pelote devant être toujours à la portée de la main, il faut qu'elle puisse se suspendre à un bouton du vêtement; on peut aisément en construire une en réunissant par un ruban deux cartons circulaires et en remplissant le vide intérieur avec de la sciure de bois ; on pique les épingles sur la tranche.

Pareil petit ustensile se trouve d'ailleurs tout fait dans le commerce.

Boîte de chasse (*fig.* 94). — La boîte de chasse est en réalité la carnassière du chasseur de papillon. Elle se compose d'une boîte ordinaire en bois léger ou en ferblanc pour mieux résister au soleil et à la pluie. Cette boîte plus étendue que profonde est munie d'un couvercle, elle mesure environ 30 à 35 centimètres de longueur, 18 centimètres de large et de 5 à 6 centimètres dans sa hauteur. Son fond est garni d'une plaque de liège, d'agave ou de tourbe sur laquelle on pique les épingles supportant les papillons. La boîte se porte en bandoulière, au moyen d'une courroie de toile ou de cuir, passée dans des anneaux, qui sont sur les côtés.

FIG. 94. — Boîte de chasse.

La boîte est d'un modèle courant dans le commerce, mais si l'on ne veut pas en faire l'emplette, il est facile sur les données que nous avons dites de s'en confectionner une. Il suffit de prendre une boîte quelconque en bois, dont le couvercle soit muni de charnières et de clouer sur les côtés le bout de la courroie. N'oubliez pas de coller au fond une plaque de liège, de tourbe ou mieux d'agave.

Si vous n'avez pas une de ces substances qui se trouvent chez les naturalistes, vous pouvez opérer comme suit. Coupez des bouchons en rondelles de 1 centimètre d'épaisseur, puis équarrissez chacune de ces rondelles de façon à avoir un carré parfait. Lorsque vous en aurez fabriqué un nombre suffisant, assemblez-les au fond de la boîte comme vous le feriez pour les carreaux d'un dallage et fixez-les avec de la colle forte. Quelques heures après collez par-dessus avec de la colle de pâte un fond de papier blanc bien propre et pas trop épais pour qu'il puisse être facilement traversé par les épingles.

Au lieu d'avoir un seul compartiment il est préférable que la boîte de chasse en ait trois, munis chacun d'un couvercle ; un grand compartiment pour les cadavres épinglés des papillons, celui-ci aura seul besoin d'être

FIG. 95. — Pinces de chasse ou de la Brulerie.

garni au fond de liége, un autre plus petit qui recevra les chenilles vivantes avec un peu de nourriture et un autre encore plus petit qui renfermera les chrysalides emballées dans de la mousse.

Pinces de chasse. — Il est toujours bon d'avoir sur soi une pince de chasse (*fig.* 95) ou des pinces brucelles (*fig.* 96), qui serviront à prendre certaines chenilles dont les poils peuvent causer des piqûres urticantes.

Flacon à cyanure. — Le flacon à cyanure sert à tuer les papillons ainsi qu'à

FIG. 96. — Pinces Brucelles.

prendre les microlépidoptères. C'est un flacon à large goulot dans lequel se trouve un morceau de cyanure roulé dans de l'amadou et de la ouate et séparé du restant du bocal par un disque en papier, dont les bords dentelés et relevés sont cloués contre les parois du flacon. Il est facile d'en construire un soi-même. Il suffit de faire fondre dans un peu d'eau 3 ou 4 grammes de cyanure de potassium, on délaie cette eau avec un peu de plâtre qu'on coule ensuite au fond du flacon, le plâtre sèche très vite et les émanations du cyanure sont suffisantes pour tuer les papillons pendant une saison. Il ne faut pas oublier que le cyanure est une substance très dangereuse, c'est un poison très violent, son simple contact avec une écorchure aux doigts suffit pour amener des accidents graves ; aussi est-il prudent de ne le manier qu'avec des pinces. Le flacon au cyanure devra être muni d'un bouchon et il est prudent, pour ne pas le perdre dans l'ardeur de la chasse, de le relier au goulot par une ficelle.

Si l'on trouve le cyanure, même conservé au fond d'une bouteille d'un emploi trop dangereux — et c'est une précaution utile pour les tous jeunes chasseurs de papillons — on pourra le remplacer par une bouteille à benzine dans laquelle on introduit les insectes pour leur donner la mort — le résultat est peut-être moins rapide qu'avec le cyanure, mais la substance employée n'offre

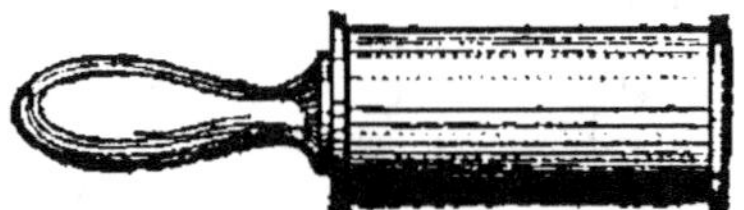

Fig. 97. — Maillet.

aucun danger. Ce procédé est particulièrement utile pour les coléoptères comme nous le verrons plus loin. *La bouteille à benzine* ou *bouteille à sciure de bois* est un simple flacon en verre à col assez large fermé par un bon bouchon, dépassant le goulot d'environ 3 centimètres de manière à ce qu'on puisse le boucher et le déboucher rapidement, la moitié du flacon est remplie par de la sciure de bois fine et passée au tamis. Ceci fait, on verse dedans quelques gouttes de benzine (non rectifiée si possible). On rebouche et on agite fortement, de manière qu'il n'y ait pas de grumeaux et que la sciure soit bien humide dans toutes ces parties. Le liquide asphyxiant se conserve quelque temps, mais on fera bien d'en ajouter au moins chaque fois que l'on va en excursion.

Nous pourrons aussi ajouter les accessoires suivants, qui servent plus particulièrement à prendre les papillons qui dorment durant le jour attachés aux branches des arbres.

Le maillet (*fig.* 97). — Masse en bois de forme

FIG. 98. — Parapluie.

cylindrique dans l'intérieur duquel on aura soin d'introduire 2 livres de plomb afin de lui donner la pesanteur nécessaire. Cette masse devra être garnie de liège dans toute sa longueur, après quoi elle est recouverte d'un cuir épais. Liège et cuir ont pour but d'amortir par leur élasticité la violence du choc et de ne pas

Fig. 99. — Parapluie japonais.

abîmer l'écorce des arbres. Le maillet a pour but d'imprimer brusquement sur le tronc de l'arbre un choc violent, qui se répercute sur les branches et fait tomber les insectes soit dans le parapluie (voir plus bas), soit sur une nappe qu'on a étendue au préalable sous l'arbre.

Le **parapluie** (*fig.* 98). — Le parapluie est un parapluie ou une ombrelle ordinaire doublé d'une étoffe claire et dont le manche est muni d'une brisure afin de pouvoir le maintenir ouvert la pointe vers la terre, il sert de réceptacle aux chenilles que l'on fait tomber en frappant les arbres avec le maillet ou en battant les branches basses et les buissons avec une canne.

On désigne sous le nom de parapluie japonais de Montalle (*fig.* 99), un appareil d'invention récente comprenant deux bâtons en croix et supportant à leurs extrémités une étoffe blanche mesurant $0^m,85 \times 0^m,85$. On le place sous les branches de l'arbre que l'on bat.

En dernier lieu recommandons à l'entomologiste de toujours se munir d'un petit flacon d'acide phénique pour se cautériser s'il était piqué par une guêpe, un scorpion ou mordu par une vipère.

A. — CHASSE AUX LÉPIDOPTÈRES.

Insectes parfaits. — Les lépidoptères se divisent en trois grandes sections : les *Rhopalocères ou diurnes,* les *Crépusculaires* et les *Hétérocères ou nocturnes;* leurs mœurs étant différentes, ils ne peuvent être chassés en général de la même façon.

1° Rhopalocères ou diurnes. — C'est avec un filet (voir plus haut), que l'on prend les papillons diurnes, il faut s'approcher avec précaution du sujet que l'on veut saisir, de manière à ce qu'il puisse n'apercevoir ni l'ombre du chasseur, ni celle du filet; si l'insecte est sur une fleur et qu'il n'y ait pas à craindre d'accrocher l'étoffe, on le prend en fauchant de bas en haut; s'il est sur un tronc d'arbre, un mur raboteux on s'en empare en remontant ; s'il est par terre on pose dessus l'instrument, puis on relève la poche de gaze pour aider l'insecte à monter ; d'une manière ou d'une autre dès que l'animal est dans le filet, par un mouvement brusque du poignet, on retourne le fer de façon à fermer la poche et à maintenir l'insecte captif. On cerne le petit captif dans un coin pour l'empêcher de se débattre et de détériorer ses ailes.

Plusieurs systèmes sont adoptés pour tuer le papillon, un grand nombre d'amateurs saisissent l'insecte au travers de la gaze du filet et serrant fortement le corselet le tuent rapidement. D'autres le piquent vivant en lui faisant passer l'épingle au travers du tule. Ces méthodes sont défectueuses, car la plupart du temps les ailes sont abîmées ou tout au moins le corselet est détérioré.

La meilleure méthode consiste, dès qu'un papillon est pris, à introduire le flacon à cyanure (voir page 222) débouché dans l'angle du filet, y faire entrer la capture et placer la main libre au-dessus du goulot, quelques secondes suffisent pour immobiliser l'insecte, mais il est préférable de le laisser plusieurs minutes afin que l'asphyxie soit complète, on débouche alors le flacon, on renverse l'insecte sur la main et il est alors très facile de le piquer sans abîmer ses ailes.

Le papillon doit en effet être alors piqué, pour être placé dans la boîte de chasse pour le transport. Pour cela le sujet étant étendu sur la main gauche, on le pique sur le dos avec une épingle proportionné à sa taille, de manière à ce que la pointe ressorte en dessous entre les deux paires de pattes et cela, perpendiculairement à l'axe longitudinal du corps. L'épingle munie du papillon est alors plantée dans le fond en liège de la boîte.

Il peut arriver que les captures soient si nombreuses, que le chasseur manque de place pour placer dans sa boîte toutes ses prises piquées séparément, il faut alors enfiler plusieurs sujets à la même épingle ; dans ce cas on les embroche les uns après les autres *non par le dos* mais par les côtés du corselet. Les brillants petits papillons, teignes, etc., connus sous le nom de microlépidoptères se prennent *mieux avec la pince qu'avec le filet* et avec moins de risques de dommages avec la pince qu'avec le filet. Le seul moyen de les tuer consiste à les mettre dans le flacon à cyanure, car ils sont trop petits pour être saisis à la main et être ou étouffés par la pression du corselet ou piqués vivants. Si l'on n'a pas au moment de la chasse à sa disposition un flacon de cyanure, on peut les mettre vivants dans de petites boîtes à pilules, c'est d'ailleurs dans de pareilles boîtes qu'ils prendront place après avoir succombés sous l'influence

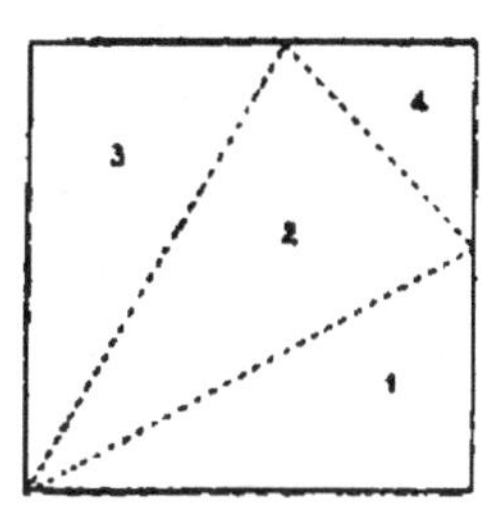

Fig. 100.
Formation des papillotes, système anglais (rabattre 1 sur 2, puis 3 sur 1. Introduire le papillon et rabattre 4).

Fig. 101. — Papillon dans papillote anglaise.

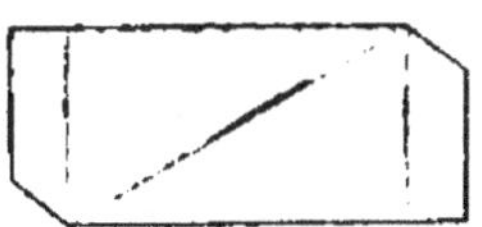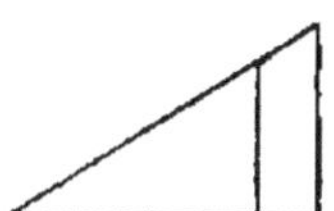

Fig. 102. — Papillote faite avec une feuille rectangulaire système français.

des vapeurs de cyanure, car il est fort difficile de les piquer convenablement en pleine campagne.

On peut d'ailleurs éviter de piquer les sujets de plus forte taille, il suffit de les placer dans des papillotes, on appelle ainsi une petite feuille de papier rectangulaire ou **carrée** repliée comme l'indiquent les figures (100 à 102) (les lignes pointillées indiquant les plis du papier), de façon à former une espèce de cône ou plus exactement un sachet plat ; l'insecte introduit à l'intérieur, on rabat les bords et on peut placer plusieurs papillotes les unes sur les autres dans une boîte, sans craindre aucun dommage pour les captures. Certains naturalistes placent en papillotes les papillons vivants ; ils les étourdissent par une forte pression du corselet et les glissent à l'intérieur de la feuille de papier replié, ils rabattent les bords, puis de retour chez eux, ils tuent les insectes en disposant les papillotes dans une boîte quelconque contenant des vapeurs de benzine (avoir bien soin que le liquide ne vienne pas humecter les ailes, ce qui causerait des accidents presque irréparables). Les papillotes ne peuvent être utilisées que pour les papillons de jours, la plupart des nocturnes comme les sphynx, les noctuelles possèdent un gros abdomen qui se déformerait ainsi comprimé ; d'ailleurs on ne peut songer à les enfermer vivants, car ils ont la vie très dure et ils s'abîmeraient en se frottant contre le papier.

2° Crépusculaires.— Le filet sert également à prendre le soir les papillons crépusculaires, sphynx et smiérinthes qui volent rapidement au-dessus des fleurs, plongeant dans leur calice leur longue trompe sans jamais se poser. On peut aussi les trouver durant le jour dans les lieux ombragés ou sombres et on les rencontre souvent appliqués contre les vieux troncs d'arbres, les murailles, les rochers ; comme ils sont alors parfaitement immobiles, on peut s'en saisir soit en appliquant au-dessus d'eux le goulot débouché du flacon à cyanure, soit en les piquant sur place.

Avec ce dernier mode de capture, il est certaines précautions, à prendre, car il est des espèces telles que certains sphynx, des lychinées, des noctuelles sur lesquels l'épingle risque de glisser par suite de la dureté de cette partie du corps ; l'insecte réveillé ne manquerait point de s'enfuir ; cet accident n'arrive pas avec le *piquoir*, c'est un petit instrument que l'on peut fabriquer soi-même, en enfonçant trois épingles du côté de la tête et jusqu'à mi-longueur dans un morceau de bois tendre de la grosseur d'un crayon ordinaire, de façon à former une espèce de trident sous les coups duquel aucun papillon ne pourra s'échapper. On peut plus simplement emmancher ces épingles dans un tuyau de plume les maintenant écartées au moyen d'un peu de cire à cacheter.

3° **Hétérocères** ou *papillons nocturnes*. — Ces papillons ne voltigeant que la nuit, on comprend que l'on ne peut employer les mêmes procédés de chasse que pour les espèces diurnes et crépusculaires.

Un grand nombre d'entre eux dorment immobiles, durant le jour contre le tronc des arbres forestiers ; on peut s'en emparer en faisant usage du maillet.

On ébranlera les arbres au moyen d'un coup sec appliqué sur le tronc à hauteur de la poitrine et en même temps on inspectera soigneusement un rayon de trois ou quatre mètres autour du pied pour découvrir les espèces que cette commotion subite aurait fait tomber immédiatement sur le sol. Quand le temps est froid et surtout nébuleux, cette chasse peut se pratiquer à toutes heures de la journée, il n'en est pas de même durant l'été lorsqu'il fait chaud, car alors les insectes s'envolent au lieu de tomber à terre lorsque le coup de maillet a été donné. Aussi, à partir du moment où les rayons du soleil auront acquis assez de force, ou même lorsque, par un temps couvert, la chaleur sera assez intense pour produire l'effet dont nous venons de parler, cette chasse devra être faite de grand matin, depuis quatre heures jusqu'à sept ou huit heures au plus.

Le meilleur procédé pour prendre des papillons nocturnes est l'emploi de la lumière ; c'est d'ailleurs le seul pour certaines espèces, les bombyx par exemple qui ne peuvent être attirés puisqu'ils ne prennent aucune nourriture à l'état parfait.

On place une lampe ou une lanterne sur une table garnie d'une nappe ou d'une feuille de papier blanc réfléchissant bien la lumière, il suffit alors de se tenir embusqué près de celle-ci pour prendre au filet une grande quantité de papillons.

Dans le centre et le midi de la France ainsi que dans les environs de Lyon, on étend durant la nuit sur un champ, dans un endroit un peu élevé de préférence et près de plantes en fleurs, des bruyères par exemple, un drap aux quatre coins desquels sont posées des lanternes ou autres sources lumineuses, nombreux sont les papillons qui viennent voltiger autour et on peut en prendre un grand nombre soit avec le filet, soit même avec la pince.

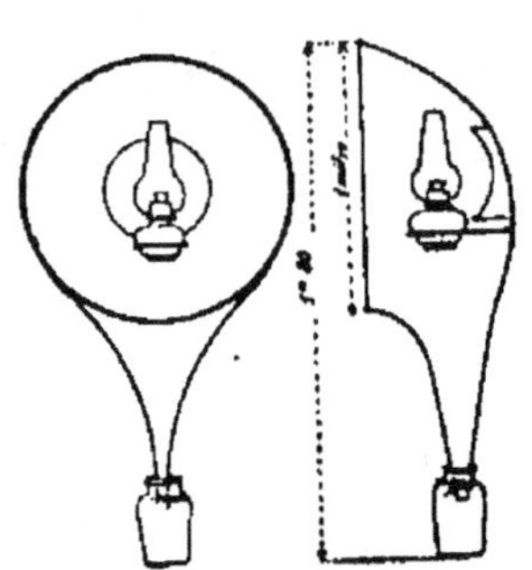

Fig. 103.— Piège Noël.

Les chasses à la lanterne, comme on les dénomme couramment, donnent surtout de bons résultats par les nuits sans lune, lorsque l'atmosphère est lourde, lorsqu'il n'y a pas de vent ou lorsque le vent est orageux.

M. Noël, directeur du Laboratoire entomologique de Rouen, a donné dans le *Bulletin de la Société des amis des Sciences naturelles de Rouen* (1894) la description d'un appareil pour la chasse aux insectes nocturnes, qui permet de prendre très vite et sans fatigue aucune une très grande quantité de ces papillons ; c'est un des moyens des plus certains et des plus pratiques pour se procurer des bombyx.

Cet appareil (*fig.* 103) se compose d'un vaste cornet en fer-blanc recourbé sur lui-même comme une pipe, la plus grande ouverture a un mètre de diamètre et la plus petite 10 centimètres; au centre se trouve un miroir concave en verre argenté de 40 centimètres de diamètre, devant lequel est suspendue une très forte lampe à pétrole, consommant 1 litre de ce liquide par nuit. La partie étroite du réflecteur plonge dans un bocal en verre d'une capacité de 2 litres où se trouve un tube à essai rempli de coton imbibé de chloroforme, dont les vapeurs se dégagent toute la nuit dans le bocal.

Aussitôt la nuit venue, on allume la lampe et on assiste alors à un spectacle étonnant; les phalènes, les pucerons, les hémiptères et les coléoptères nocturnes tourbillonnent dans le cône de lumière projeté par le réflecteur; petit à petit ces insectes se rapprochent de l'appareil, et lorsqu'ils n'en sont plus éloignés que de 3 ou 4 mètres, ils se projettent sur le miroir avec une telle violence qu'ils tombent immédiatement dans le bocal, où les vapeurs du chloroforme les engourdissent aussitôt; on voit alors le bocal s'emplir d'insectes au fur et à mesure qu'il les reçoit. Il est bon dans certaines nuits de mettre un tamis à mailles d'un centimètre de diamètre, de façon à tamiser les pucerons qui viennent en si grande quantité, que, si on ne prend pas cette précaution, les papillons, le lendemain matin, en sont tout couverts et ne peuvent être mis en collection. On a à redouter également la présence du gros coléoptère *geotrupes stercorarius* qui, n'étant pas endormi immédiatement par le chloroforme, a le temps d'endommager les papillons qui se trouvent avec lui dans le bocal.

Il est bon aussi de placer le réflecteur à l'abri de la pluie : car c'est dans les nuits pluvieuses et chaudes que l'on prend le plus de nocturnes et si le réflecteur est exposé à la pluie, on ne trouve le lendemain qu'une bouillie grisâtre dont on ne peut tirer aucun parti.

La position à donner au réflecteur n'est pas indifférente et les meilleurs résultats sont obtenus en dirigeant la lumière vers le midi à 1 mètre environ audessus du sol ; rien n'est du reste plus facile que de changer l'orientation de l'appareil, puisqu'il se suspend par un fil de fer, soit contre un arbre, soit contre un mur.

On peut aussi capturer un grand nombre d'espèces de nocturnes à la *miellée*, elle peut se pratiquer dès avril, mais elle est surtout productive en août et septembre ; on choisit dans un jardin ou sur la lisière d'un bois un arbre bien exposé, avec écorce rugueuse si possible, et on badigeonne au moyen d'un pinceau et du côté *opposé au vent* d'une préparation dont le miel forme la base. Le miel employé peut être de qualité inférieure, on le délaie dans de l'eau jusqu'à consistance sirupeuse ; quelques personnes au lieu d'eau emploient de la bière et y ajoutent une ou deux cuillerées de rhum. A défaut de miel, on peut employer avec succès soit de la mélasse, soit du sucre de canne fondu dans de l'eau ou de la bière avec adjonction de deux cuillerées de rhum. On se sert parfois de restants de confiture de framboises ou d'abricots.

Il faut renouveler le badigeonnage régulièrement tous les jours, un quart d'heure environ avant le coucher du soleil.

Si l'on n'a pas d'arbres propices dans le lieu où l'on veut pratiquer la miellée, on peut alors soit tendre des grosses cordes bien enduites de la préparation, soit planter des piquets grossiers munis de leur écorce et que l'on laisse à demeure.

M. Maindron indique un autre procédé applicable à ce cas : « c'est celui des *pommes tapées*, coupées en deux rondelles, ramollies dans de l'eau, puis imprégnées une fois qu'elles ne sont plus trop humides, de quelques gouttes *d'éther nitreux*. On fait un chapelet de ces ronds de pommes enfilés à une ficelle et on le tend entre deux arbres. La forte odeur de pomme de reinette que dégage cet appât tendu la nuit attire les noctuelles. qui viennent sucer le liquide et ne tardent pas à être engourdies par les vapeurs éthérées. On peut les piquer facilement sur place ou les faire tomber dans le flacon à cyanure. Ne pas oublier que l'éther nitreux ne doit être mis qu'en petite quantité, sans quoi l'appât n'attirerait plus les insectes. »

Ce n'est qu'après avoir répété les badigeonnages de miellée pendant trois ou quatre jours que les papillons viennent se faire prendre, c'est-à-dire lorsque le milieu est bien imprégné de l'odeur de la préparation. A partir de ce moment, on peut tous les soirs, la nuit venue, visiter avec une lanterne les arbres préparés, on y trouvera une quantité de papillons attablés, qu'il sera facile de piquer sur place ou de faire tomber dans le flacon à cyanure; ajoutons que les prunes mûres tombées des arbres, les raisins en espalier forment des miellées naturelles, qui attirent beaucoup de papillons nocturnes; on les visitera aussi la nuit avec une lumière.

M. Maindron donne le conseil suivant pour prendre en quantité des bombyx mâles, procédé que nous pouvons considérer comme une sorte de miellée. « Il suffit d'avoir la chance de se procurer une femelle soit d'éclosion, soit prise au filet. On la pique sur un morceau de liège fixé à l'appui d'une fenêtre ou sur le tronc d'un arbre. On ne tarde pas à voir des mâles arriver de toutes parts et on peut les capturer au filet. Si on laisse cette femelle appât passer la nuit dehors, on a la chance d'obtenir une ponte féconde qui permettra à la saison prochaine d'élever des chenilles et d'avoir des bombyx de toute fraîcheur. »

Quoique les papillons attirés par la miellée soient faciles à piquer, à mettre dans le flacon à cyanure ou à prendre au filet, il arrive pourtant que l'on en manque un certain nombre, c'est pour parer à ces échecs que M. de Labonnefont[1] a inventé le piège suivant dont nous lui empruntons la description (*fig.* 104) ; il est des plus faciles à construire. C'est en somme le système de la nasse aux poissons, avec une seule ouverture. Il se compose de deux cercles en fil de fer, nous leur donnons d'ordinaire 0^m,40 de diamètre. Sur ces deux cercles éloignés l'un de l'autre de 0^m,40 environ on monte un manchon de tarlatane, ce manchon sera fermé par un cône à 25 ou 30 centimètres au-dessus du cercle supérieur, sur un bouchon de liège de 5 à 6 centimètres de diamètre. Dans ce bouchon passera un fil de fer qui servira à accrocher le piège. Dans l'intérieur du manchon on fixera un cône dont la base sera cousue au cercle inférieur et dont le sommet, ayant 3 à 4 centimètres d'ouverture maintenue par un petit cercle de fer entouré d'une colerette de carton de 2 centimètres, sera relié au sommet du manchon par

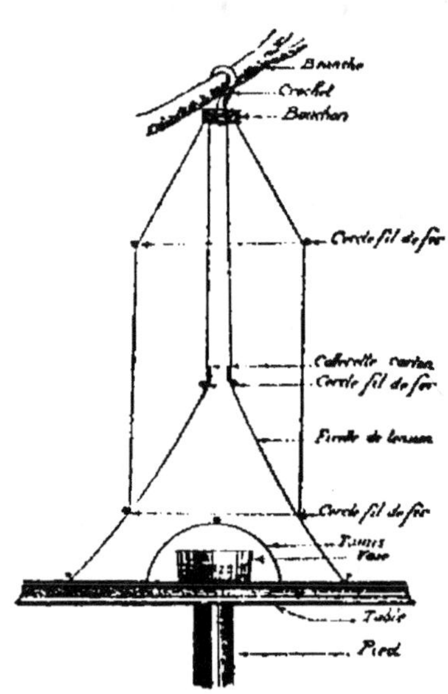

FIG. 104.

Piège de Labonnefont.

quatre fils qui le maintiendront bien droit. La colerette de carton a pour but d'empêcher les papillons de ressortir une fois qu'ils sont entrés. Le piège est suspendu à une branche ou à son défaut à une petite potence. On fixe dessous en terre un pieu sur lequel on cloue une planche, qui doit être à peine de 3 à 4 centimètres plus basse que l'ouverture du piège. Sur cette planche on met un récipient quelconque à moitié

1. Intermédiaire des bombyculteurs 1901.

rempli de miellée et recouvert d'un tamis et afin que
le vent ne puisse faire balancer l'appareil, on le fixe
aux quatre coins de la planche à l'aide de ficelles. Ce
piège peut être tendu dès les premiers jours du mois
de mars et on peut, pendant ce premier mois, ne le
visiter que le matin et le soir, les papillons peu vigoureux à cause du froid se seront endormis une fois pri-
sonniers sans se débattre. Mais à partir d'avril, il faut
enlever les captures toutes les demi-heures, il suffit
pour cela de détacher les ficelles qui retiennent le
filet à la planchette et de faire entrer par l'ouverture
du petit cône le goulot large d'un flacon à cyanure
dans lequel on aura ajouté quelques gouttes de chloroforme ou même d'éther, on présente l'ouverture du
flacon au papillon qui y tombe bien vite et est aussitôt asphyxié.

INSTRUCTIONS POUR CHASSER LES DIVERSES ESPÈCES DE LÉPIDOPTÈRES

Les **Lépidoptères rhopalocères** ou diurnes se chassent
comme nous l'avons dit au filet; plusieurs variétés
passent la nuit sur les plantes ou les fleurs, telles les
Lycinides que l'on peut facilement prendre avec les
doigts, avant leur lever et aussitôt après leur coucher.

La **Nymphale Grand Sylvain**, les **Mars** ne volent généralement que le matin de 8 à 11 heures, parfois l'après-
midi de 3 heures à 5 heures par les journées chaudes,
ils se reposent sur les fientes des bestiaux. Si on les
manque, il faut éviter de les poursuivre, sinon ils dis-
paraissent; si au contraire on les laisse tranquilles, ils
offriront une nouvelle chance au chasseur.

Les **Piérides** se rencontrent volant dans les jardins,
les **Argynnes** et les **Melitœa** dans les ornières et clai-

rières des forêts, se reposant souvent sur certaines variétés de bugles.

Les **Satyres** se rencontrent surtout dans les endroits rocailleux et stériles.

Les **Sésies** se fixent au bois pourri, ces variétés aiment à butiner, dans les jardins, les fleurs du seringa odorant.

Les **Sphinx** (à l'exception des *Macroglossa fuciformis, bombyliformis* et *stellatarum*) dorment pendant le jour au bas des plantes, ou contre le tronc des arbres. Le soir, à l'heure du crépuscule, les uns volent dans les jardins butinant sur les fleurs de chèvrefeuille, de phlox, de la saponaire, de la valériane, des pétunias, les autres dans les prairies sur diverses fleurs, les sauges en particulier.

Les **Zigènes** se posent sur les fleurs des scabieuses, des chardons et à l'extrémité des longues graminées.

Les **Bombyx** *Tau, versicolor* de la *ronce*, du *chêne*, des *buissons* MALES, volent durant le jour en plein soleil de huit heures du matin à midi, plus tard pour quelques espèces. Les FEMELLES de ces mêmes Bombyx dorment durant le jour appliquées contre le tronc des arbres ou cachées dans les feuilles sèches.

La plupart des autres **Bombycites** et un grand nombre de **Noctuélites** dorment immobiles durant le jour sur le tronc des arbres forestiers. On les fait tomber à l'aide du maillet. Un grand nombre de noctuélites, principalement des genres *Noctua, Agrotis, Polia, Hadena, Cleophana, Cucullia*, etc., volent comme les Sphinx butinant les fleurs dans les jardins et les luzernes. Les *noctuélites* peuvent aussi se prendre à la miellée ou à la lanterne, les raisins très mûrs attirent grand nombre de ces insectes, et le soir à la lanterne on peut faire des chasses fort fructueuses contre les treilles.

Les **Phalénites** se tiennent de préférence dans les

lieux ombragés, pour se les procurer il faut battre les branches d'arbres et les buissons.

D'ailleurs un assez grand nombre de Noctuélites et de Phalénites sont de mœurs diurnes volant comme les Rhopalocères dans les clairières des bois, dans les prairies ; on peut alors les prendre au filet.

Les Pyralites, les **Tineites**, les **Crambites**, volent, un grand nombre de variétés du moins, sur les fleurs (genêts, bruyères, etc.), dans les allées et clairières des bois, le moment le plus favorable pour les prendre est de 2 à 5 ou 6 heures de l'après-midi.

ALMANACH DU CHASSEUR DE PAPILLONS

Nous croyons intéressant de clore ce chapitre par un almanach du chasseur de Papillons indiquant très sommairement les différentes espèces que l'on peut rencontrer durant les divers mois de l'année et les endroits qu'elles affectionnent de préférence. Dans cette liste nous avons laissé de côté les espèces communes que l'on rencontre un peu partout et qui offrent peu d'intérêt pour le collectionneur. Nous les avons rangées dans le même mois par ordre d'éclosion, ordre qui d'ailleurs n'est point très exact, car les éclosions peuvent s'échelonner sur deux mois et certaines espèces nous offrent deux éclosions dans l'année. Egalement cette date d'éclosion ne veut point dire que c'est à cette seule époque que l'on a la chance de rencontrer les espèces indiquées ; la vie d'un papillon est plus ou moins longue et pendant toute sa durée on peut lui faire la chasse, mais, pour des raisons faciles à comprendre, c'est surtout au moment de l'éclosion qu'ils sont les plus nombreux et en meilleur état. La date d'éclosion peut d'ailleurs varier considérablement suivant la latitude de la contrée et la précocité de la saison ; nous avons dressé la liste suivante pour les années de précocité moyenne et pour le climat des environs de Paris. Pour les régions méridionales, il faudra avancer ces époques et les retarder pour les régions de l'extrême nord de la France.

JANVIER

Quelques phalénites du genre *Hibernia* ainsi que la *Larentia brumata*.

FÉVRIER

Commencement : *Hibernia pilosaria;* troncs d'arbres dans les allées des bois exposées au midi. — Fin de mois : *Hibernia leucophœria* et *progemmaria*, et plusieurs variétés des genres *Cheimonophila* et *Lemmatophila*.

MARS

Commencement : Piérides, Vanesses communes. Coliade citron, *Rhodocera rhamni*. *Brephos parthenias*, allées et clairières de bois de bouleaux. *Cymatophora flavicornis*, *Xylocampa lithorhiza*, *Luperina conspicillaris*, *Nyssia hispidaria*, *Amphydasis podromaria*, *Xylina petrificata et semibrunnea* (*oculata*), troncs d'arbres des allées des bois. *Orthosia populeti*. *Bombyx versicolor* (20 mars environ), vole dans les allées de bois de bouleaux, entre 9 et 11 heures du matin. *Orthosia miniosa, cruda (ambigua), munda*, dans tous les bois, frapper les taillis avec un maillet. — Fin de mois : *Nyssia zonaria*, prés humides. *Brephos notha*, grands bois, vole depuis 8 heures matin jusqu'à midi dans les allées et se repose sur la boue. *Amphidasis hirtaria*, troncs d'ormes bordant les promenades.

AVRIL

Commencement : Polyommate de la ronce (*P. Rubi*), vole dans les allées des parcs et clairières des bois, se pose fréquemment sur les genêts. *Chesias obliquata*, genêts à balai dans les lieux arides et sablonneux (battre les touffes)

Polyommatus phlœas, Argynne petite violette (*A. dia*). Satyre Tircys (*S. Œgeria*) et autres espèces communes de Rhopalocères dans les allées et clairières des bois. Bombyx Petit-Paon (*Saturnia carpini*) endroits buissonneux, garennes. — Mi-avril : Piéride aurore (*Anthocharis cardamines*) mâle seulement, les femelles n'éclosent guère avant mai. *Pieris daplidice* et *Anthocharis belia* (cette dernière midi de la France, lieux arides) Bombyx Tau (*Aglia Tau*), mâle vole de 8 heures à midi, allées et massifs où dominent les charmes, femelle à terre, sur les feuilles sèches ou contre le tronc des arbres. *Cymatophora ridens*, appliqué contre les chênes et les bouleaux. *Dicranura vinula et bifida* (grande et petite queues fourchues), Bombyx courtaud, reclus et anachronète (*Pygœra curtula, reclusa et anachorita*). *Notodonta chaonia et trepida, Acronycta rumicis et auricoma, Platypteryx falcula, Ennomos lunaria, illustraria et illunaria*, troncs de peupliers et de trembles (les frapper au maillet). — Fin du mois : *Anarta myrtilli*, volant sur les bruyères, *Anarta arbuti*, volant sur les trèfles et les bugles des lieux humides. Plusieurs phalénites communes telles que *Fidonia atomaria, Melanippe maculata, Sthrenia clathrata*, en abondance dans les bois et les prairies, parmi les Rhopalocères : *Leucophasia sinapis. Syritchus alveolus* et var. *Lavaterœ, Thanaos tages. Lycœna argiolus, Papilio machaon* et *podalirius, Nemeobius lucina, Argynnis euphrosyne*, clairières et allées des bois. Parmi les Hétérocères : *Euclidiami* et *glyphica*, volant sur les luzernes et les prés avoisinant les bois, Smérinthe du peuplier et Bombyx, museau et porcelaine *Orthorinia palpina* et *Notodonta dictœa*, immobiles sur les troncs des peupliers.

MAI

Commencement du mois : Les espèces que nous venons de citer à la fin d'avril ; les Rhopalocères aiment à venir se poser sur les fleurs qui émaillent les prés et les haies. *Nemeobius lucina*, sur les fleurs des bugles et sur les jeunes pousses des chênes. *Papilio podalirius* sur les fleurs blanches de l'aubépine et du prunelier, *Gluphisia crenata*, en frappant les peupliers des lieux humides. *Thyatyra batis* en battant les baliveaux, Vanesse carte géographique *Vanessa levana*, vole rapidement sur le bord des ruisseaux. *Notodonta camelina, zigzag* et *dictœoides* dans les bois où il y a des taillis de bouleaux et de chênes, *Notodonta tritophus* et *torva*, allées et quinconces de peupliers. *Notodonta carmelita*, en battant soit les chênes, soit les hêtres, *Notodonta cucullina*, lieux plantés d'érables, de platanes et de sycomores. Sphinx gazés (*Macroglossa fuciformis* et *bombyliformis*), butinant le nectar et la sauge des prés, de la bugle dans les allées et clairières des bois. humides. *Melitea cinxia* et *artemis*, communes dans les bois. *Platypterix hamula* et *lacertula*, en frappant les jeunes bouleaux des clairières humides ; phalénites diurnes pouvant se prendre au filet : *Ephyra punctaria* et *pendularia, Macaria notata, Timandra amataria*, dans les massifs. *Cymatophora or* et *ocularis* (*octogesima*), en battant le tronc des peupliers. *Acronycta ligustri*, sur le tronc des frènes. — MI-MAI : Bombyx de la ronce (*B. Rubi*) mâle vole dans les clairières des bois secs. *Ophiodes lunaris* vole durant le jour dans les hautes herbes. *Argymne selene* dans tous les bois. *Luperina basilinea, rurea, pinastri. Cucullia umbratica, Cloantha perspicillaris, Pachetra leucophœa. Hadena* W. *Latinum* (*genistæ*), appliqués sur les troncs des arbres forestiers, surtout sur ceux qui bordent les routes, les avenues et qui sont entourés d'épines. *Notodonta bicolor*, dans massifs humides plantés de bouleaux (battre les baliveaux de moyenne grosseur surtout ceux qui croissent dans un sol bien garni d'herbes). *Notodonta dodonœa*, battre les massifs de chênes. *Erastria argentula*, vole pendant le jour dans les hautes herbes. Satyre *hero*, apparition de peu de durée, clairières et allées humides des bois. Ajoutons aussi grand nombre d'espèces communes telles que Satyre céphale (*satyrus arcanius*). Hespéries sylvain et bande noire (*Hesperia sylvanus* et *linœa*). *Lycœna alexis, adonis, xanthe*, etc., ainsi que grand nombre de Noctuélites, de Phalénites, Tortricides, Pyralites, Tinéites, etc., que l'on rencontre partout et qu'il serait fastidieux d'énumérer. Bombyx feuille morte du bouleau (*Lasiocampa betulifola*) tout le mois de mai ; battre les baliveaux dans les taillis clairs, se rencontre aussi sur les peupliers des avenues sur lesquels vit sa chenille. *Larentia pectinaria (Miaria)* et *Melannippe hastata*, dans les bois, les faire lever en frappant les branches devant soi avec un bâton. — Fɪɴ ᴅᴜ ᴍᴏɪs : Epoque très favorable pour la recherche des noctuélites ; la chasse au maillet est très productive, du 20 mai au 15 juin. Les lépidoptères nocturnes éclosent en foule durant cette période. Bombyx milhauser (*Harpya milhauseri*), taillis de chênes exposés du midi. Noctuelle alchimiste (*Catephia alchimista*), tronc des chênes et des ormes bordant les lisières. *Aplecta herbida*, tronc des arbres dans les parties humides des bois. *Hadena atriplicis*, contre les murs des jardins. *Hadena thalassina* et *contigua, Dianthœcia cucubali, capsincola, carcophaga, compta, conspersa, albimacula*, etc., sur les troncs d'arbres (on prend aussi les Dianthœcia avec le filet, au crépuscule, soit dans les jardins, soit dans les bois où croissent des plantes de la famille des Caryophyllées). *Lithosia aureola* et *rubricollis*, volent pendant le jour dans les bois herbus. *Erastria fuscula*, sur le tronc des arbres isolés des clairières et des allées des bois. Nymphale sylvain azuré (*Limenitis camilla*) (reparaît fin juillet dans les bois). Ecaille Hébé (*Chelonia hebe*) et *Chelonia civica*, dans les lieux arides. Smérinthe demi-paon (*Smerinthus ocellata*), contre le tronc des saules et des peupliers ; Smerinthe du tilleul (*S. Tilia*), tronc des ormes qui bordent les routes. Nombreuses Sésies. *Sesia tipuliformis*, jardins autour des groseilliers. *S. spheciformis*, clairières marécageuses des bois d'aulnes, *asiliformis* et *apiformis*, crevasses des peupliers, *mutillæformis* pommiers. *S. tipuliformis* seringa odorant, *chrysidæformis*, vole dans lieux arides et se reposent sur les ombellifères et les euphorbes. Zygane de la millefeuille (*Zygana achilleæ*), sur des légumineuses, *lotus corniculata* de préférence. *Melitæa dictymna*, vallées et clairières des bois marécageux.

JUIN

Cᴏᴍᴍᴇɴᴄᴇᴍᴇɴᴛ ᴅᴜ ᴍᴏɪs : Nymphale grand sylvain (*Nymphalis populi*) vole de 8 heures du matin à 11 heures, puis reparaît parfois lorsque le temps est très chaud vers 3 h. 1/2 de l'après-midi, se repose sur les pentes des coteaux. Polyomnate du prunier (*Thecla pruni*), clairières où se trouvent des pruneliers. La plupart des noctuelles indiquées en fin mai, puis Sphynx petit pourceau (*Deilephila porcellus*) clairières humides des bois où pousse le caille-lait jaune (*Galium verum*). Plusieurs phalénites : *Melanthia procellata*, massifs sombres et marécageux, bas fonds humides. *Siona dealbata*, endroits des forêts où pousse la bétoine officinale. *Menalippe tristata* et *luctuata*, dans les grands bois. Satyre bacchante (*Satyrus dejanira*), lieux ombragés des grands bois. Polyommate *Chryseis* et *Argynnis ino*, clairières. *Melitea maturna*, allées des bois dans les environs des frènes, troënes ou chèvrefeuilles. *Boarmia roboraria*, appliquée contre le tronc des chênes. *B. extersaria*, contre le tronc des pins. *Cidaria picata* et *simulata* dans les mêmes localités que la précédente. *Diphteria orion*, sur les chênes dans les massifs des bois exposés au midi. *Xylophasia rurea, Acronycta leporina, Apliecta tincta, advena* et *nebulosa, Luperina albicolon*, appliqués contre les troncs des arbres principalement ceux qui bordent les allées. *Hepialus hectus* et *lupulinus*, posés à l'extrémité des longues herbes, dans les allées et clairières. — MI-JUIN : *Metrocampa margaritata, Hemithea buplevraria. Phorodesma bajularia* et plusieurs autres phalénites dans les clairières des forêts. *Cabera strigillaria*, endroits où poussent les genêts à balai. *Xylophasia polyodon* et *lithoxilea*, contre les arbres dont le tronc est garni d'épines. Satyre Tristan. *S. hyperanthus* dans les bois, Satyre myrtile (*S. janira*) dans les prairies. Nymphale petit sylvain (*Limenitis sibylla*), clairières des bois ombragés, Argynne tabac d'Espagne (*Argynnis paphia*) fleurs de ronces et de chardons. A. *Adippe* clairières et lisières des bois, sur les ronces et les chardons. *Apatura iris*, dans les grands bois. *Apatura ilia* et variété *Clytie* connus sous le nom de Petit-Mars dans les prairies humides, les bois où se trouvent des saules, se reposent souvent sur les arbres ou sur les matières excrémentielles; la femelle vole très haut et ne descend qu'après 3 heures de l'après-midi. Polyommate lyncée (*Thecla lynceus*), posé sur la ronce, serpolet et bruyère, comme dans tous les bois. *Thecla w album*, sur les routes plantées d'ormes. Hespérie miroir (*Steropes aracinthus*), clairières ombragées près des étangs.

Argynne phœbé, *Lycœna arion* et *œgon*, *Syrichtus alveus*, clairières ombragées. *Lycœna alsus* parue une première fois en mai et qui reparaît mi ou fin juin sur le versant des côteaux arides. — FIN DU MOIS : *Thecla acaciæ* bois, volant autour des pruneliers. Hespérie de la guimauve (*Syrichtus atheæ*), bois secs et montagneux. Callimorphe *dominula*, prairies marécageuses. *Emydia grammica* et Lithosie *irrorea*, clairières arides des bois. Lithosie servante, *L. ancilla*, lieux plantés de bruyère. Lithosie *helveola*, parties marécageuses des bois.

En frappant le tronc des arbres par une matinée sombre et froide ou le matin de 4 heures à 7 heures lorsque la journée doit être chaude, on fera tomber nombre de variétés intéressantes d'Hétérocères : Noctuelle *batis* (reparaît fin juillet) massifs humides garnis de ronces et de framboisiers. Noctuelle *derasa*, mêmes lieux sur le tronc des châtaigniers ainsi que *Cymatophera duplaris* (*bi-puncta*) *fluctuosa*, *Cleocceris vinimalis*. Bombyx v. noir (*Liparis v. nigrum*), bois un peu humides sur le tronc des tilleuls. Bombyx du saule (*Liparis salicis*), tronc des saules et des peupliers. *Hydrilla caliginosa*, clairières ombragées, vole sur les longues graminées. *Leucania comma*, voisinage des mares et étangs. *L. lythargiria*, clairières des bois secs. *Boarmia lichenaria*, contre le tronc des arbres revêtus de lichens. *Melanthia albicillata*, dans clairières humides où poussent les ronces et les framboisiers. *Thephrosia crepuscularia*, tronc des arbres des mêmes localités. *Hemithea thymiaria*, clairières un peu découvertes. *Cidaria russata*, *prunata*, *undulata* et *vetulata*, parties humides et ombragées des bois.

FIN JUIN ET COMMENCEMENT JUILLET, moment des plus favorable pour la chasse des grandes espèces de Rhopalocères ainsi que la plupart des phalénites, est aussi l'époque de l'éclosion d'une foule de Microlépidoptères, Pyralites, Crambites, Tinéites qu'il serait trop long d'énumérer.

JUILLET

COMMENCEMENT DU MOIS : Suivant le manque de précocité de la saison les mêmes espèces que fin juin. *Melitœa par-*

thenia, bois secs. *Fidonia auroraria*, bois ombragés. *Aspilates vibicaria*, clairières arides. Zigène *minos*, sur les scabieuses, centaurées. Lithosies *quadra, complana, complanula*, clairières des bois et sur le tronc des arbres bordant les routes. *Luperina scolopacina*, bois montagneux et ombragés, frapper les arbres pour les faire tomber. Bombyx du Hêtre (*Harpya fagi*) Angérone du prunier (*Angerona prunaria*). Phalène papilionaire (*Geometra papilionaria*), grandes forêts, battre les taillis sombres. La phalène papilionaire se lève parfois à l'approche du chasseur et vole un certain temps vers le soir. *Satyrus semele*, vole dans les bois arides. *Satyrus hermione*, se repose contre les troncs des chênes et des bouleaux. Zygène du sainfoin (*Zygœna onobrychis*). *Zygena fausta, minos, hippocrepidis peucedani* coteaux et mamelons arides. — MI-JUILLET : Noctuelle du myrtelle (*Anarta myrtillii*, bruyères des bois; *Amphipyra pyramidea, Scotophila tragopogonis*, etc., se trouvent souvent à l'intérieur des jointures des barrières dans les bois. Polyommate *Amyntas*, parties arides des bois, parfois sur les bruyères. Réapparition de *Papilio podalirius*, Nymphale *camilla, Lycœna hylas*, Piéride *daplidice, Syrichthus sao* et plusieurs autres espèces qui avait déjà apparu au printemps. — FIN JUILLET : Vanesse, carte géographique brune (*Vanessa prorsa*) forêts. Polyommate *corydon*, garennes, côteaux et clairières sèches. *Bryophila algæ, Cosmia diffinis* et *affinis*, tronc des arbres qui bordent les routes, ormes principalement. Ecaille *hera* bois, *Heliothis dipsacea, Acontia solaris, albicollis* et *luctuosa, Erastria sulphuralis*, lieux arides principalement champs de luzerne situés près des bois. *Cossus ligniperda* (de juin à mi-août, mais principalement fin juillet) contre le tronc des ormes le long des routes. Vanesse Mors (*Vanessa antiopa*), bois de bouleaux. Ajoutons une quantité d'espèces vulgaires telles que les Vanesses communes, satyre *Tithonus, Plusia gamma*, etc., et plusieurs phalénites qui se rencontrent partout.

AOUT

COMMENCEMENT DU MOIS : Polyommate acis. (*Lycœna acis*), prairies humides. Polyommate du bouleau (*Thecla betulæ*), jardins et lisières des bois, *Bryophila perla* et *glandifora*, parapets des quais et des ponts. Notodontes *dictæoides*, *dromedarius, Platyplerix falculata, lacertula, Acronycta, leporina* et *auricoma* ainsi que plusieurs autres noctuélites du printemps dans les arbres des taillis de chênes ou de bouleaux (frapper au maillet). Noctuelle cythérée (*Cerigo cytherea*), bois secs et sablonneux, se repose sur les arbres garnis d'épines qui bordent les routes, vole en plein jour sur les chardons, les luzernes. Satyre *fauna* et satyre hermite (*briseis*), bois sur les coteaux. — Mi-août : Satyre Petit-Agreste (S. *arethusa*). *Satyrus cirsii,* Hespérie *comma,* clairières arides. *Eubolia bipunctaria,* lieux arides. *Eubolia mœniaria,* voisinage des rochers. *Larentia aquata,* voisinage des genevriers. *Fidonia plumaria,* bruyères à mi-côte des mamelons arides. Noctuelle porte-pieux (*Agrotis valligera*), luzernes avoisinant des bois arides. — Fin du mois : Lichénée bleue (*Catocala fraxini*), tronc d'arbres le long des routes, principalement trembles et peupliers. Aspilates *gilvaria* et *citraria,* lieux secs et stériles. — Durant tout le mois : Coliade soufre (*Colias hyale*), champs de luzerne. Colyade souci (*C. edusa*), prairies élevées. *Agrotis tritici, aquilina, segetum, nigricans (fumosa) obelisca,* etc., champs de luzerne avoisinant les bois (volent au crépuscule). *Cosmia fulvago,* frapper les bouleaux.

SEPTEMBRE

Commencement du mois : Polyommate strié (*Lycæna bætica*), commun dans les parcs où l'on cultive le baguenaudier (*colutea arborea*). *Xanthia cerago,* contre les peupliers et les trembles, frapper du maillet. *Xanthia rufina* et *ferruginea, Hoporina croceago,* taillis de chênes et de bouleaux. *Ennomos alniaria* et *lunaria,* troncs d'arbres bordant les routes. *Cidaria testata (achatinaria),* lieux humides des bois. — Mi-septembre : *Xanthia gilvago,* chemins et murs arides. *Cidaria simulata,* deuxième éclosion, tronc des pins. — Fin du mois : *Leucania, Lalbum, Cerastis satellitia,* tronc des ormes bordant les routes.

OCTOBRE

Commencement du mois : *Agriopis aprilina*. Noctuelle protée (*Hadena protea*), tronc des gros chênes exposés au midi. *Xanthia silago*, voisinage des saules marceaux. — *Orthosa pistacina*, arbres bordant les routes. *Cerastis vaccinii*, *polita*, *erythrocephala*, intérieur des massifs, souvent posés sur des feuilles mortes. *Xylina rhizolitha et semibrunna* (*oculata*), taillis de chênes. *Cidaria psittaata* et (*miata coraciara*) bois de conifères. *Collix sparsata*, vole sur les genêts. — Fin du mois : *Larentia dilutaria*, taillis de chênes. *L'Autumnaria*, tronc des bouleaux. Bombyx des buissons (*Bombyx dumeti*), bois et forêts, le mâle vole de 10 à 1 heure, la femelle reste cachée durant le jour dans les herbes et broussailles.

NOVEMBRE

Commencement du mois : *Asteroscopus cassinia*, tronc des ormes des routes. *Hibernia aurantiaria* et *defoliaria*, taillis des bois. — Fin novembre : *Hibernia aceriaria*, *bajaria* et *rupicapraria*, taillis.

DÉCEMBRE

Comme janvier.

CHAPITRE IX

LÉPIDOPTÈRES (Suite)

COMMENT ON SE PROCURE DES PAPILLONS. B. ÉLEVAGE ET CHASSE DES CHENILLES ET CHRYSALIDES. FERMES DE PAPILLONS

Il ne faut pas croire qu'il soit possible de faire une collection sérieuse à peu près complète en se contentant de faire la chasse aux papillons, certaines espèces ne viennent que peu ou point au réflecteur ou à la miellée et beaucoup de ceux qui se font prendre sont en mauvais état et indignes de prendre place dans une collection faite avec soin.

Le véritable moyen d'avoir de bons et beaux sujets en parfait état consiste dans l'éducation des chenilles, éducation qui permet non seulement de garnir ses boîtes de magnifiques et rares espèces, mais aussi d'étudier vraiment chaque sujet dans sa vie entière et de découvrir les si nombreuses merveilles que contient l'étude de l'entomologie.

On peut se procurer les chenilles nécessaires, soit en les faisant éclore d'œufs, soit en les capturant toutes écloses. Nous nous occuperons tout d'abord de l'éclosion *ab ovo* pour étudier ensuite les moyens de chasse des chenilles déjà écloses qui recevront en captivité les mêmes soins que les sujets de même âge élevés chez le collectionneur.

Élevage ab ovo. — Les œufs peuvent être récoltés par le collectionneur lui-même, ainsi au cours des excursions on peut trouver des œufs de lépidoptères sur des végétaux, on les prend soigneusement, sans essayer de les détacher de leur support, car ils sont la plupart du temps si fortement collés qu'on les écraserait plutôt que d'y parvenir; on emporte donc la feuille, la tige ou un morceau de l'écorce de l'arbre. Une bonne précaution est de noter le nom de la plante sur laquelle on les a trouvés, on aura ainsi une indication sur l'espèce probable.

Si l'on prend la *femelle* d'un papillon rare, il est bon de la piquer sur une plaque de liège ou d'aloès sans la tuer. Neuf fois sur dix, ces femelles seront fécondées et ne tarderont pas à se débarrasser de leurs œufs, si toutefois la ponte n'a pas été faite, ce dont il est facile de se rendre compte par la mollesse de leur abdomen; les femelles ainsi traitées, même très endommagées lors de leur prise, donnent des œufs tout aussi bien que les sujets intacts.

Si la femelle n'a pas été fécondée et si l'on se trouve dans la région où elle a été prise, on la pique également et on la met en plein air, des mâles ne manqueront pas de venir et la féconderont, on pourra aussi profiter de cet *appât* pour s'emparer d'un mâle.

Lorsqu'on obtient dans les boîtes à éclosion les deux sexes d'une même espèce, on peut les laisser vivre vingt-quatre heures, ils s'accouplent souvent pendant la nuit qui suit leur éclosion, mais il est rare que cet accouplement ait lieu lorsque la femelle est née vingt-quatre heures avant le mâle. Toutefois, si l'on attend très prochainement la naissance d'un mâle et qu'on tienne beaucoup à avoir des œufs fécondés sans que la femelle soit trop abîmée, on peut la piquer vivante sur un liège. Si elle est d'une race dont il existe des exemplaires dans la contrée, on peut la mettre en plein air dans un jardin ou contre une fenêtre comme nous l'avons expliqué plus haut.

Il arrive pourtant que certaines espèces refusent de s'accoupler dans les boîtes d'éclosion maintenues dans les appartements, mais exigent le plein air. On doit alors installer la boîte à éclosion sur un piquet au-dessus d'arbres ou mieux, les fixer dans les branches. Un système encore plus pratique consiste dans l'utilisation de manchons en gaz de coton (*fig.* 105) dans lesquels sont maintenus deux cercles de fil de fer, disposition due à M. Givelet pour obtenir des œufs du bombyx de l'ailante : 1^m,50 de gaze de coton de 1^m,40 de large cousu par ses deux extrémités donne le manchon. Deux cordes de 1^m,50 de circonférence en fil de fer non recuit de 3 millimètres de diamètre sont cousus à l'intérieur par quelques points. Les deux extrémités sont simplement ficelées, l'une sert à suspendre à une branche d'arbre la cage ainsi obtenue ; l'autre sert de porte. Cette cage revient très bon marché et tient fort peu de place lorsqu'on n'en a plus besoin.

Fig. 105.

Accouploir Givelet.

Fig. 106.

Cage à papillons.

Dans les éclosions en captivité on réussit parfois à croiser les espèces et à obtenir des métis, mais cet accouplement est excessivement rare pour les papillons indigènes ; on croise au contraire assez facilement les espèces exotiques de la famille des saturnides élevés en France. Ces hybrides sont toujours fort recherchés des collectionneurs et il y a toujours grand intérêt à en produire ; aussi quoique se rapportant plus exactement à des Lépidoptères Bombyciens, les conseils de M. Darcy sont intéressants à rapporter.

« 1° Appareil à accouplement sujestif facilitant les opérations de croisement des Lépidoptères Bombyciens.

« On place dans une grande cage à papillons (*fig.* 106) (boîte de 0ᵐ,50 de côté sur toutes ses faces et recouverte d'une fine toile métallique), une petite boîte également grillée sur toutes ses faces et contenant une femelle de même espèce que le mâle que l'on veut croiser. Celui-ci laissé libre dans la grande cage s'accouplera avec une femelle différente d'espèce que l'on aura soin de fixer auparavant sur la petite boîte renfermant la femelle servant d'appât. L'odeur que répand cette dernière — et la plus connue du mâle — tromperait donc ce dernier.

« On opère ainsi un croisement en spéculant sur l'acuité prodigieuse des sens guidant les mâles des Bombyx dans leurs accouplements. Les seules difficultés qui pourraient surgir dans le rapprochement viendraient de la réception du mâle par la femelle à croiser, ou si les espèces choisies pour être accordées n'avaient pas à peu près la même conformation de corps et d'instinct n'appartenant pas à des espèces très voisines.

« 2° Localisation de l'odeur caractéristique facilitant les rapprochements sexuels des Lépidoptères Bombyciens et l'avantage que l'on pourrait retirer de cette connaissance pour vaincre les difficultés qui surgissent dans les accouplements artificiels de ces insectes entre eux.

« Au mois de juillet ayant obtenu chez moi plusieurs éclosions de Bombyx quercus (femelles) j'ai réussi par le moyen de celles-ci à capturer un assez grand nombre de mâles de cette espèce, soit dans mon appartement, soit en pleine campagne.

« Par cette opération déjà connue, il nous a été possible de remarquer, en différentes fois, que l'odeur plus ou moins sensible pour nous que répand le liquide émis par le papillon femelle à sa sortie du cocon était aussi un appât, *ad hoc*, pour se procurer des mâles de l'espèce. J'en déduis, et à l'appui d'une semblable expérience faite tout dernièrement avec une femelle du *Bombyx catax*, que l'odeur du liquide émis par le papillon naissant, mâle ou femelle — la même odeur dont l'insecte est imprégné — serait une piste comme cela se passe chez bien de gros animaux — pour faciliter les rapprochements des sexes. Or, chez les Bombyx, la femelle ayant aussi (en rapport de son rôle dans l'acte du rapprochement) les antennes relativement pectinées, je me permets de déduire qu'il se pourrait que par subterfuge, en se servant de l'objet sur lequel le mâle s'est vidé, l'on puisse *vaincre* les difficultés qui surgissent, dans un croisement, du côté de la femelle et faciliter l'action modifiante de la semence du mâle. L'on se servirait pour accomplir cette opération de l'appareil à accouplement suggestif, cité précédemment. Je me permets aussi de croire qu'une liaison graduelle existe entre les odeurs particulières à chacun des Lépidoptères du même groupe — à l'exemple de la parenté qu'ont les sèves des arbres pouvant se greffer entre eux — et c'est en conséquence ce rapport qui faciliterait les croisements artificiels déjà obtenus, tels que *Samia acropia* avec *Samia gloveri*. »

Les papillons de jour pondent rarement en captivité et l'on peut dire qu'ils ne s'accouplent presque jamais dans les boîtes à éclosion, les seules exceptions s'obtiennent à l'aide des manchons dont nous avons déjà parlé, mais le fait est rare. On peut pourtant obtenir quelques œufs de femelles prises à la chasse et rapportées vivantes. Voici d'après M. de Labonnefont, comment il convient d'opérer. « On pique l'insecte avec une épingle aussi fine que possible, sur un bouchon de liège, le bouchon est placé le soir à la lumière d'une lampe près d'une boule de coton imbibée d'eau sucrée, légèrement aromatisée, et le tout est placé sur des feuilles de la plante qui nourrit d'ordinaire les chenilles de cette espèce : violette pour les Argynes, carotte ou fenouil pour le Machaon, pêcher pour le Podalyre, saule pour le Morio, on obtient bientôt un certain nombre d'œufs. »

Il faut, pour obtenir des œufs bien vigoureux, allier autant que possible une femelle avec un mâle issu de parents étrangers à celle-ci, car les mariages entre sujets issus de la même ponte, c'est-à-dire consanguins, amènent presque toujours la dégénérescence de l'espèce et finissent même au bout de quelques générations à produire des sujets stériles et même parfois incapables d'accomplir le cycle de leur existence.

On trouve facilement des œufs de lépidoptères dans le commerce ; il y a quelques années, quelques spécialistes seulement vendaient cette marchandise plutôt bizarre, alors la plupart des œufs étaient de bonne qualité. Aujourd'hui des éleveurs étrangers inondent les journaux d'offres de cette nature, et cela à des prix dérisoires ; ils envoient — en ayant bien soin de le faire toujours contre remboursement — des œufs mal fécondés ou provenant d'accouplements consanguins plusieurs fois répétés. Il est bon de mettre en garde les amateurs, car l'élevage de pareilles semences se fait très mal ; au contraire avec les soins nécessaires — à moins d'avoir à faire à quelques espèces très délicates — les élevages réussissent très bien, si l'on a des œufs vigoureux, c'est-à-dire provenant de sujets bien fécondés et non consanguins.

On place généralement les œufs pondus en attendant leur éclosion dans un verre à boire recouvert d'une feuille de carton percé de trous. Dans de pareilles conditions, l'aération se fait mal et elle est surtout nécessaire au moment de l'éclosion. Il est préférable d'adopter le dispositif représenté par la figure 107. C'est un bâti en sapin établi comme ceux qui servent en chimie à supporter les éprouvettes. B sont des tubes de verre de 15 millimètres de diamètre ouverts à leurs deux extrémités. Deux bouchons C, percés d'un trou suivant leur grand axe, sont garnis de gaze fine collée sur leur surface intérieure et servent à clore le tube tout en permettant à l'air de circuler librement.

Lors de l'emploi, on inscrit le nom, l'espèce à laquelle appartiennent les œufs, la date de la ponte, le nom de la plante qui forme la base de la nourriture de la chenille, etc., sur une petite fiche de papier que l'on place dans le tube lui-même. Un coup d'œil suffit pour visiter tous les œufs, aucune petite chenille ne passe inaperçue. Cet appareil se fixe au mur, à la hauteur des yeux au moyen de deux petits anneaux.

Fig. 107.
Tubes
pour conserver
les œufs.

Les chenilles, qui viennent d'éclore, sont alors délicatement transportées dans un appareil spécial que l'on dénomme éleveuse, car il ne faut pas croire que l'on puisse conduire jusqu'à l'état parfait des insectes en les maintenant fermés dans des boîtes plus ou moins aérées; d'ailleurs dès leur naissance il faut leur donner à manger. On a combiné plusieurs types d'éleveuses, nous allons sommairement les passer en revue.

Le procédé le plus simple et le plus primitif consiste simplement en bouteilles et rameaux d'arbustes ou de plantes fraîches. Couper un rameau, tailler en biseau l'extrémité, qui doit tremper, au moment même où on va l'employer, et l'introduire jusqu'au fond dans une bouteille presque pleine d'eau à goulot étroit et court, caler la branche dans le goulot avec un peu de papier froissé, voilà toute l'installation nécessaire.

Le papier froissé a pour but, non seulement d'empêcher les ballottements des branches, mais aussi de boucher aux jeunes chenilles le chemin par lequel elles iraient se noyer, sans que l'instinct les avertisse du danger.

Quand les feuilles d'une branche sont presque toutes mangées ou qu'elles commencent à se faner, enlever la branche, la placer sur une bouteille *vide*, en bouchant toujours le goulot et en approcher la bouteille pleine sur laquelle on aura disposé une nouvelle branche, dont on entremêlera le mieux possible le feuillage avec celui de la branche précédente. Celle-ci n'étant plus dans l'eau se desséchera rapidement et les chenilles déménageront d'elles-mêmes en peu de temps. Si l'on avait laissé tremper la vieille branche, elles auraient pu continuer à manger plus ou moins longtemps de la feuille fanée nuisible à leur santé. On peut aussi couper les petits rameaux supportant les chenilles et les accrocher sur le nouveau bouquet de branches.

Beaucoup de chenilles sont très vagabondes surtout pendant les premiers jours qui suivent leur naissance, et on est obligé de replacer à chaque instant sur les branches, au moyen d'un petit pinceau ou d'une plume, celles qui se sont laissé tomber ou qui ont fui.

Si elles sont sur une surface où elles peuvent se cramponner, étoffe, bois brut, etc., on ne peut même pas les ramasser directement, car on les déchirerait plutôt que de les faire lâcher. Le seul moyen est de placer à leur portée une feuille sur laquelle elles ne tardent pas à monter et qu'on place alors sur le rameau voulu.

Pour éviter cet inconvénient on peut procéder ainsi : Dans un manchon (sac à deux ouvertures) en gaze, en mousseline, en linon, on introduit le feuillage du ra-

meau. Après avoir ficelé le bas du manchon autour
de la branche, on met celle-ci tremper dans l'eau et

FIG. 108. — Élevage sur bouteilles et bocaux
avec ou sans manchons.

par l'ouverture du haut, on introduit les œufs ou les
jeunes chenilles. Le haut du manchon étant re-

fermé, on n'a qu'à entretenir de l'eau dans le récipient jusqu'à ce que les feuilles soient mangées. Le déménagement s'opère en coupant les brindilles portant les chenilles, pour les placer sur la nouvelle branche emprisonnée ou libre (*fig.* 108).

Un système, qui donne d'excellents résultats pour l'élevage en chambre, est celui sur plantes empotées ; il faut disposer d'un jardin dans lequel les jeunes arbres, arbustes, ou plantes seront cultivés en pots enterrés dans le sol, ne rentrer les pots qu'au moment de les utiliser, avoir soin de les arroser en temps voulu et emprisonner, si on craint leur fuite, les chenilles dans un manchon ou sous une cloche en grillage (*fig.* 109).

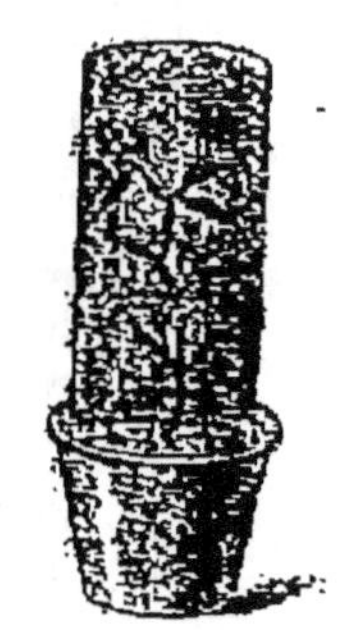

Fig. 109. Plante en pot recouverte d'une cloche en grillage.

Mais nombreux sont les collectionneurs préférant l'emploi de boîtes ou d'éleveuses ; les premières consistaient dans de simples cages en toile métallique analogues aux garde-manger, ou, système adopté par M. Wailly de cloches en verre percées au sommet et près du bas de deux trous recouverts de gaze ou de toile métallique.

Ces appareils primitifs ont été depuis grandement perfectionnés ; donnons d'après la description de leurs inventeurs les modèles reconnus actuellement les meilleurs.

Voici d'abord l'éleveuse de M. Culot : « Quatre planchettes de 1 centimètre d'épaisseur environ forment le corps de la boîte. Comme grandeur moyenne, j'indiquerai deux planchettes de 29 × 12 centimètres pour les côtés A (voir *fig.* 110), deux planchettes de 12 × 12 pour le plancher et le dessus B ; la planchette B sera

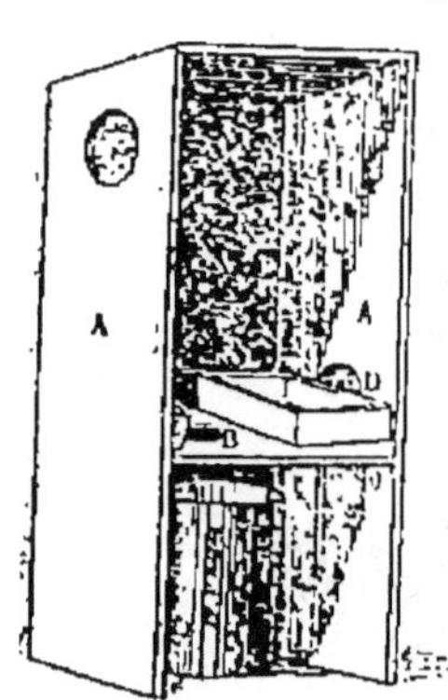

Fig. 110. Éleveuse Culot.

placée à 9 centimètres du bas des côtés A, ce qui donnera un corps de boîte de 18 × 12 intérieurement et laissera en dessous un vide de 9 centimètres qui servira pour placer le verre d'eau. Un trou de 2 centimètres de diamètre est percé au milieu du plancher dans lequel on introduira les plantes, dont les tiges dépasseront en dessous de façon à plonger dans un verre d'eau ; de cette manière le verre étant libre, quand on voudra remplacer l'eau évaporée ou absorbée par les plantes, sans avoir rien à déranger de celles-ci, on n'aura qu'à soulever la boîte, remplir le verre et remettre en place.

Voici donc l'inconvénient relatif au remplacement de l'eau des flacons qui se trouve supprimé. Le deuxième avantage est que l'intérieur de la boîte est entièrement occupé par les plantes, ce qui permet aux chenilles de toujours trouver la nourriture à leur portée sans avoir à remonter dans la partie supérieure de la boîte quand elles viennent à tomber, ce qui arrive forcément avec les boîtes dans lesquelles on met le flacon contenant les plantes puisque tout l'espace occupé par le flacon est dépourvu de feuillage. Il est bien entendu que si les branches ne remplissent pas entièrement le trou du plancher, on devra boucher les vides avec des tampons de papier pour éviter que les chenilles ne viennent à se sauver.

On voit en DD les trous d'aération garnis d'une fine toile métallique (EE indique la place des boîtes à métamorphoser que l'on peut introduire dans l'éleveuse, voir plus loin page 274).

Pour les plantes résistant bien à l'air, on garnit une face de toile métallique, l'autre sera vitrée de façon à voir facilement ce qui se passe dans la boîte, ce que ne permet pas généralement la toile métallique. Pour les plantes fanant vite, la porte et le côté opposé seront complètement vitrés.

La porte (non figurée dans le croquis et qui ferme le côté laissé ouvert) sera faite au gré de l'éleveur, l'important est qu'elle ferme bien. J'ai pour mes boîtes un procédé de fermeture très simple et tout à fait hermétique consistant en une simple feuille de verre fixée dans une rainure et maintenue par un coulisseau.

En jetant un coup d'œil sur la figure, on verra que cette boîte d'élevage est de la plus grande simplicité et que chacun peut la fabriquer. Il est en effet indispensable que les boîtes d'élevage soient aussi simples que possible, car on doit pouvoir les manier et les nettoyer facilement. La dimension indiquée, soit 18×22 centimètres intérieurement, est une grandeur moyenne dans laquelle on pourra élever une douzaine de petites chenilles jusqu'à l'âge adulte ou bien un même nombre de chenilles de toute autre espèce plus grosse jusqu'au moment où les chenilles auront atteint une taille d'environ 3 centimètres, après quoi, elles devront être divisées et placées dans une boîte plus grande.

Généralement à l'exception de très grosses espèces, je ne fais pas usage de trop grandes boîtes, j'ai toujours préféré me servir de boîtes moyennes et diviser mes élèves de façon à en avoir peu ensemble. A moins de très petites espèces, je ne dépasse pas douze dans une même boîte et je m'en suis toujours bien trouvé. J'aime beaucoup mieux par exemple élever dix chenilles du *Bombyx quercus* dans une boîte 24×16 que vingt chenilles de cette même espèce dans un appareil ayant deux fois cette dimension. En agissant ainsi on surveille beaucoup mieux ses élèves et si une maladie se déclare dans une boîte, elle n'a la chance de contaminer que les sujets qui s'y trouve et plus leur nombre sera réduit, moins les pertes seront grandes. Cette manière de faire a encore un autre avantage, c'est de permettre en divisant ses sujets de placer ensemble des sujets de même taille et de même âge. Aussi lorsqu'on possède une ponte et que l'on a par exemple 60 œufs qui éclosent, il arrive qu'au bout de quinze jours ou trois semaines au plus, elles sont souvent très variables comme taille soit qu'elles aient éclos irrégulièrement, soit que dans le nombre il s'en trouve qui aient mieux progressé que les autres. Donc à ce moment, si on les divise par dix ou par douze, on mettra ensemble toutes celles de même taille, ce qui au moment de la chrysalidation permettra de voir tous les sujets d'une boîte se chrysalider presque en même temps et sera très avantageux à ce moment au point de vue de la surveillance.

Les mesures indiquées, soit une fois et demi plus hautes que larges, sont surtout utiles pour les espèces vivant sur les arbres ou autres plantes à rameaux, mais celles vivant sur des plantes basses (plantain, pissenlit, mouron, etc.) lesquelles plantes coupées s'étalent plutôt en largeur qu'en hauteur, il sera bon de construire des boîtes moins hautes, c'est-à-dire qu'elles devront être carrées ou même plus larges que hautes, car il faut toujours faire en sorte que les plantes touchent le haut de la boîte. »

FIG. 111.
Éleveuse
André.

Une heureuse modification de l'appareil a été faite par M. André de Mâcon qui s'exprime en ces termes : « De mon côté, inspiré de l'idée de M. Culot, j'ai fait quelques élevages en modifiant son dispositif. Dans le fond d'un verre ou d'un bocal quelconque (fig. 111) je perce au moyen d'une lime trempée dans de l'essence de térébenthine un trou plus ou moins grand que je bouche ensuite par un morceau de toile métallique. Je taille une rondelle de liège qui servira de bouchon à l'ouverture principale du verre. Ce bouchon est percé vers le bord d'un trou d'aération, recouvert (face intérieure) d'un morceau de toile métallique. Au centre je fais un trou pour passer la tige de la plante nourricière. Le vase contenant de l'eau est en métal (une boîte vide de pois ou haricots de conserve) : les bords sont coupés en lanières courbées de manière à emboîter exactement le bouchon et à le séparer de la surface de l'eau. Pour les chenilles qui vivent de plantes dont la tige est trop courte pour tremper dans l'eau (laitues, pissenlit, plantain, etc.) on supprime le vase en fer-blanc et, au moyen de quatre épingles plantées dans le bouchon servant de support, on permet à l'aération de s'opérer,

Fig. 112.
Éleveuse
de 1ᵉʳ âge
J. Jullien.

les plantes se conservent plusieurs jours ainsi, car l'aération est faible. »

L'éleveuse de M. André offre le grand avantage d'être d'une construction très simple tout en étant très pratique.

L'établissement de celle de M. John Jullien nous paraît plus difficile, elle offre néanmoins des avantages sérieux ; en voici la description d'après M. John Jullien lui-même :

« Un bâti de sapin (*fig.* 112) porte à sa partie supérieure une plaque de zinc avec ouvertures périphériques d'aération garnies de fine toile métal-

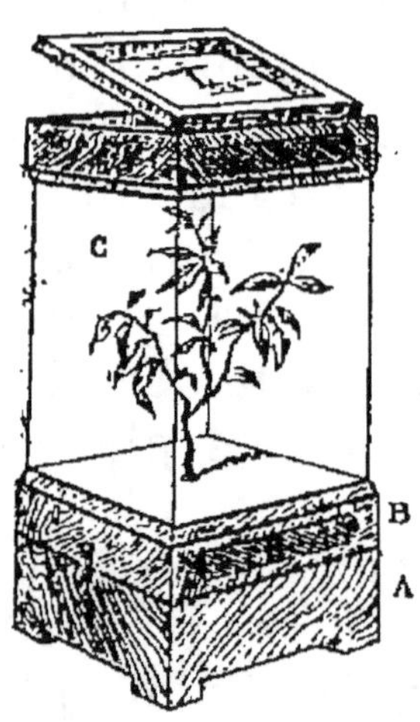

Fig. 113.
Éleveuse de 2ᵉ âge
J. Jullien.

lique inoxydable soudée ; un anneau de liège, collé dans la planchette supérieure, maintient solidement à frottement dur un cylindre de verre obtenu en supprimant le fond d'un bocal de pile électrique ; un couvercle de liège, muni au centre d'un disque de fine toile métallique, ferme le haut de l'appareil. Un tube de laiton soudé à la plaque de zinc communique avec le dessous de l'appareil en traversant une sorte de plancher, lequel empêche la vapeur d'eau d'entrer dans le cylindre en verre et de se condenser à l'intérieur en formant à la surface du verre des gouttelettes d'eau dans lesquelles se noient infailliblement les petites chenilles. La tige du végétal servant de nourriture passe dans le tube en laiton pour aller tremper dans un verre d'eau placé sous le bâti. Enfin deux plaques mobiles, avec coulisse et vis de pression, permettent de régler à volonté l'arrivée de l'air par le bas de l'appareil. Malgré l'apparente complication de ce système rien n'est plus facile, avec un peu d'adresse que de construire soi-même quelqu'un de ces appareils pendant les longues soirées d'hiver. »

Pareille éleveuse convenant surtout aux chenilles venant de naître, M. John Jullien a imaginé un autre modèle pour les adultes: « Une caisse A (*fig.* 113) contient de la terre meuble, au centre de laquelle est placé un cylindre de zinc permettant de placer et de retirer sans difficulté un flacon plein d'eau dans lequel trempe la nourriture. C'est une cage entièrement vitrée, sans montants, avec châssis supérieur et inférieur B et D, ouvertures d'aération F garnies de fine toile métallique, de bronze ou de fil de fer étamé. La cage vitrée se fixe sur la caisse au moyen de deux crochets et s'enlève à la façon d'un globe de pendule, ce qui laisse la nourriture entièrement à la portée de la main; de là l'extrême commodité de ce système lorsqu'on veut renouveler les plantes ou déplacer les chenilles. Le couvercle vitré E permet d'introduire de nouveaux élèves sans avoir besoin d'enlever la cage elle-même. La partie supérieure étant complètement vitrée et *sans montants*, on peut tout à son aise observer les chenilles et étudier leurs mœurs, ce qui est incommode ou impossible avec les autres systèmes. Les plantes, même les plus délicates, telles que le saule, le peuplier, etc., se conservent admirablement dans ces boîtes vitrées, même sans mettre tremper les branches dans l'eau. L'atmosphère intérieure présente un degré d'humidité rappelant celui auquel sont soumises les chenilles en liberté, ce qui facilite beaucoup les changements de peau et la transformation en chrysalide. Enfin, la construction de ce genre de boîtes peut se faire à peu de frais si l'on emploie pour la partie bois de vieilles caisses d'emballage et pour la vitrerie des clichés photographiques hors d'usage dont les professionnels de l'objectif ne demandent qu'à se débarrasser à prix modique. A ce propos je conseillerais l'emploi de plaques des formats suivants : 13 × 18, 18 × 24, 24 × 30. »

Fig. 114.

Abri pour élevage en plein air.

Les éleveuses une fois habitées peuvent être soit conservées dans l'intérieur de l'appartement, soit installées en plein air. L'élevage en chambre peut être conseillé pour les élevages des espèces exotiques, il est plus délicat et exige surtout, durant les grandes chaleurs, l'arrosage des chenilles à l'aide du pulvérisateur. Pour les espèces indigènes, l'élevage en plein air est beaucoup plus pratique et l'emplacement le meilleur est dans un coin du jardin. On choisira un endroit à l'ombre autant que possible ; en tout cas, le soleil, fanant très vite les plantes, devra être évité, ainsi que la pluie, il faudra donc construire un abri pour les éleveuses. Voici la description de celui de M. Culot (*fig.* 114): on prend quatre montants en bois assez forts pour supporter le tout (les liteaux connus sous le nom de lambourdes sont très bons pour cet usage, ils mesurent 8 centimètres de large sur 3 d'épaisseur). Les deux montants de derrière auront $1^m,25$ et ceux de devant $1^m,50$, deux traverses de 60 centimètres réuniront les montants de côté à 20 centimètres du bas, deux autres traverses seront placées à 50 centimètres au-dessus des premières et deux autres traverses à 30 centimètres au-dessus des troisièmes, enfin deux traverses réuniront sur la face et le fond les deux montants de devant et de derrière, ces deux dernières traverses auront $1^m,40$ de longueur et devront dépasser de 20 centimètres de chaque côté les montants; de la sorte les montants auront entre eux un écartement de 1 mètre sur la face et sur le fond. Des planches de 85 centimètres seront clouées sur les traverses pour former le toit, en tenant compte de l'inclinaison, elles dépasseront derrière de 20 centimètres tandis qu'elles affleureront sur la face; ces planches seront recouvertes de toile goudronnée ou de zinc pour obtenir une toiture imperméable à la pluie. Sur les traverses, on clouera des planches de 1 mètre qui maintiendront l'écartement et formeront des rayons sur lesquels prendront place les éleveuses. Le devant devra être fermé par une porte à claire-voie pour empêcher que les chats ou autres animaux du voisinage viennent se promener parmi les boîtes à chenilles, les côtés et le fond seront, pour la même raison, revêtus de grillage à mailles fines.

Si l'on ne disposait pas d'un endroit ombragé toute la journée, on garnirait de toile les côtés pouvant être atteints par le soleil.

Cet abri devra être isolé du sol pour éviter que les fourmis y pénètrent; pour cela on placera sous chacun des quatre pieds une cuvette que l'on tiendra toujours pleine d'eau; les montants se trouvant ainsi isolés au milieu de l'eau, aucune fourmi ne pourra y monter. Pour éviter que le bois des montants ne s'imprègne d'eau, ce qui les ferait pourrir par la suite, on assujettira avec de fortes vis une bande de fer plat à chacun des montants, de façon que la partie libre du fer trempe seule dans l'eau.

De même que l'abri devra être isolé du sol au moyen des cuvettes, on ne devra pas l'accoter contre un mur, on veillera également à ce qu'il ne se trouve pas un arbre dessus, car les fourmis pourraient monter sur l'arbre et se laisser tomber sur le toit de l'abri (on sait que les fourmis sont un des plus terribles ennemis des chenilles).

D'après les mesures indiquées, l'abri aura 1^m,50 de hauteur sur le devant, 1 mètre de largeur et 60 centimètres de profondeur; avec une telle dimension on pourra déjà y placer un bon nombre d'éleveuses; mais, si cela ne suffisait pas et que l'on veuille augmenter la hauteur, il faudrait aussi augmenter la largeur et la profondeur, faute de quoi la hauteur n'étant plus proportionnée aux autres dimensions, un fort coup de vent pourrait renverser le tout. C'est pour cela que l'on donne une profondeur de 60 centimètres quoique en réalité moitié eût suffi, puisque les boîtes doivent être placées côte à côte et non l'une derrière l'autre.

Un point important dans la réussite de l'élevage des chenilles consiste dans une propreté parfaite, on doit également éviter l'encombrement en ne mettant qu'un petit nombre de sujets dans une même boîte.

Une autre condition essentielle consiste dans la fraîcheur des plantes, qui leur servent de nourriture; en effet les plantes fanées ne conviennent plus aux chenilles, du moins d'une façon permanente; il faut donc les renouveler sans retard, de là des manipulations presque toujours nuisibles aux insectes en ce sens qu'on les dérange, chose peu importante il est vrai en temps ordinaire, mais fort dangereuse durant les périodes de mue. En outre il est des plantes qui ne croissent pas dans le voisinage immédiat de l'habitation, et leur recherche fréquente cause un grand dérangement; aussi on doit faire son possible pour conserver les plantes fraîches durant cinq jours au moins, on y arrive en diminuant l'aération; d'après le système de M. Culot, adoptons pour les plantes délicates des éleveuses entièrement vitrées ou plus exactement vitrées sur deux faces, l'aération étant assurée par deux trous grands comme une pièce de dix centimes et garnies de toile métallique, percés dans deux côtés opposés de la boîte, l'un à quelques centimètres du bas, l'autre à quelques centimètres du haut, de façon à avoir un léger courant d'air traversant obliquement la boîte, aération bien suffisante pour une boîte moyenne.

Pour les plantes robustes et pour les branches de certains arbres : hêtre, pin, chêne, en plus des deux trous d'aération une des faces est entièrement grillagée. Quoique beaucoup de chenilles soient polyphagées, il faut autant que possible leur donner leur nourriture habituelle, c'est-à-dire les feuilles des plantes ou arbres sur lesquels on les trouve généralement ; les traités d'entomologie fourniront, là-dessus, tous les détails utiles à l'éleveur.

Ainsi que nous l'avons dit, la fraîcheur de la nourriture est essentielle et nous avons conseillé à ce sujet le changement tous les cinq jours et cela pour les raisons que dans l'*Intermédiaire des Bombyculteurs*, M. Culot explique comme suit : « En effet beaucoup de plantes se conservent fraîches pendant huit jours et plus, et cependant il faudrait bien se garder d'attendre qu'elles soient fanées pour les changer, pour la raison qu'une plante coupée et privée de la nourriture qu'elle absorbait par ses racines n'est plus dans les conditions voulues lorsqu'elle trempe simplement dans l'eau ; ici, elle peut se conserver un temps assez long, mais par suite de l'eau qu'elle absorbe seule, au bout de quelques jours, elle devient trop aqueuse, ses principes nutritifs s'altèrent et malgré son apparence de fraîcheur, les chenilles la délaissent ou continuent quand même à manger faute de mieux et finissent souvent alors par contracter ainsi une diarrhée qui les fait périr. Je répète donc, et c'est un point de la plus haute importance, qu'en dépit de leur aspect de fraîcheur, les plantes doivent être renouvelées tous les cinq jours. A cet effet il sera bon de placer sur chaque boîte un petit rectangle de carton sur lequel on notera chaque fois le jour où la nourriture a été changée, c'est un travail des plus simples et qui évitera des erreurs de mémoire.

« Ce qui précède relativement à la nourriture est surtout très important pour les chenilles qui sont élevées depuis l'œuf — j'ai l'habitude dans mes élevages *ab ovo*, de changer, comme je l'ai dit, les plantes tous les cinq jours ; cependant j'ai constaté que s'il est vrai qu'une chenille sortie de l'œuf aujourd'hui et placée sur une nourriture toute fraîche, mange celle-ci avec appétit durant cinq jours : par contre, une chenille nouvellement éclose et placée sur une nourriture de deux ou trois jours se met à manger difficilement et parfois pas du tout. Devons-nous conclure de ce fait que la chenille qui mange pendant cinq ou six jours une même plante s'est graduellement accoutumée au changement de goût qui s'opère dans celle-ci à mesure qu'elle vieillit dans l'eau? C'est possible et même probable ; et nous-mêmes, qui avons peut-être le sens du goût moins développé que chez les insectes, ne trouvons-nous pas en mangeant une salade venant d'être cueillie au jardin, que cette salade a un goût de fraîcheur particulièrement engageant que nous ne rencontrons pas dans une salade cueillie depuis plusieurs jours et conservée au frais dans un magasin de comestibles. En tout cas et quoi qu'il en soit, l'observation est là pour en conclure. »

Nous devons donc, pour une chenille qui vient de sortir de l'œuf, donner une nourriture n'excédant pas trois jours et dans tout autre cas changer tous les cinq jours.

Il convient pourtant de noter que contrairement à ce que nous venons de dire, certaines chenilles dédaignant les plantes fraîches ne s'en alimentant que lorsqu'elles sont fanées ou même sèches, mais ce sont de très rares exceptions que l'on apprendra du reste à connaître par la pratique.

Lorsqu'on est de retour à la maison avec la provision de plantes nécessaires à la nourriture des chenilles, on se contente la plupart du temps de les placer dans l'eau telles qu'elles ont été rapportées; si la course a été un peu longue et surtout le temps chaud, il arrive que la place où la branche a été coupée se soit cicatrisée, ce qui fait que placée ainsi dans l'eau, la plante n'absorbe que difficilement et se fane assez vite, il est donc prudent de rafraîchir la coupe en sectionnant à nouveau quelques millimètres plus haut; quelques éleveurs se trouvent également bien de fendre en outre légèrement le bout de la branche, cette entaille longitudinale facilitant l'absorption de l'eau. Il faut toujours couper les branches avec un instrument tranchant et non se contenter de les casser. On prendra toujours les branches sur des arbres sains et déjà formés, sur des sujets déjà âgés plutôt que sur des sujets jeunes. On rejettera les pousses tendres, qui se manifestent le long des troncs des arbres émondés et que l'on appellent rejetons, car s'il y a quelques espèces qui s'en trouvent bien comme le *catephia alchymista*, leurs feuilles sont trop aqueuses pour la plupart des autres ; choisissez de préférence des pousses venues sur des branches de l'année précédente au moins.

On met en général les branches ou plantes dans des flacons d'eau et on place le tout dans l'éleveuse.

Ce système a des inconvénients. D'abord le bocal ou flacon tient beaucoup de place en hauteur ; ensuite comme certaines plantes ont vite fait d'absorber l'eau contenue, on a beaucoup de peine à remettre l'eau sans déranger les plantes et par suite les chenilles ; aussi a-t-on avantage à adopter des éleveuses du genre de celles de M. Culot dans lesquelles le récipient se place en-dessous.

En plaçant les plantes, on aura soin d'arranger le feuillage de façon que les feuilles touchent les parois sur plusieurs points ; ceci pour permettre aux chenilles vagabondes de retrouver facilement la nourriture. Il ne faut pas néanmoins que l'éleveuse soit trop garnie de ces plantes, il faut éviter un excès ; ainsi une petite branche de peuplier ayant une huitaine de feuilles sera suffisante pour une éleveuse ordinaire. Si l'on a des plantes très touffues, il faudra supprimer des feuilles.

Quant on renouvelle la nourriture, il arrive assez souvent que plusieurs chenilles sont en train de muer, à ce moment la plupart des espèces sont fixées aux parois de l'éleveuse, aux branches ou aux feuilles, à l'aide d'un tapissage de soie préalablement filées par elles. Il faut alors bien se garder de les détacher du lieu où elles se sont fixées ; si la chenille se trouve sur une branche ou sur une feuille, on coupera cette feuille ou cette branche à l'aide de ciseaux et on placera le morceau auquel elle adhère sur la nourriture fraîche. Quant aux chenilles collées aux parois de la boîte, on les laissera où elles se trouvent, en ayant soin de ne pas les froisser en changeant les plantes. Pour les autres chenilles ne muant pas, et qui sont restées fixées aux plantes enlevées, on les fera tomber dans l'éleveuse garnie de feuillage frais à l'aide petit pinceau, mais on n'agira ainsi que pour celles qui se laissent facilement détacher ; pour celles au contraire qui se cramponnent aux feuilles, on opérera comme pour les sujets en pleine mue, c'est-à-dire qu'on découpera le morceau auquel elles sont fixées et on le portera dans la boîte.

Hivernage. — Nombreuses sont les chenilles qui ne passent à l'état de papillon que l'année suivante ; aussi passent-elles l'hiver en s'abritant de diverses façons.

Cet hivernage constitue une difficulté pour l'éleveur, car à l'exception de celles qui passent l'hiver a nu contre les branches, il n'est guère possible d'arriver à réunir dans une éleveuse toutes les conditions que trouvent ces insectes lorsqu'ils sont en liberté dans les champs.

Les excellents conseils de M. Culot dans l'*Intermédiaire des Bombyculteurs* nous apportent quelque lumière à cet égard ; citons-les *in extenso*.

« Pour les chenilles hivernant contre les branches, on se contente de les laisser dans la boîte éleveuse qui les contient les branches sèches, restes de leur dernier repas anti-hivernal et cela suffit dans la plupart du temps ; mais il est des fois où on réussit mal ou même pas du tout. C'est que ces branches que nous avons laissées dans l'éleveuse sont complètement sèches et, qui nous dit qu'en liberté la chenille, endormie sur la branche, ne s'éveille pas de temps à autre pendant quelques instants pour grignoter quelques parcelles d'écorce, pour ensuite se rendormir pour un temps plus ou moins long ; or, pour la chenille en liberté, l'écorce fraîche lui permet cette fantaisie ; sur une branche entièrement sèche ce frugal repas lui sera défendu. Mais c'est surtout pour les chenilles de noctuelles que l'hivernage en captivité est le plus mortel ; la plupart de ces chenilles passent la période hivernale cachées sous les feuilles sèches, sous les pierres ou sous les mousses dans le voisinage des plantes qui leur ont servi de nourriture avant l'hiver ; là, parmi les feuilles humides elles peuvent, comme il a été dit plus haut, grignoter de temps en temps quelques bribes de nourriture, car j'ai pour ma part la conviction que les chenilles, ou du moins beaucoup d'entre elles s'éveillent de temps à autre pendant l'hiver et prennent dans ces courts instants quelques parcelles de nourriture. J'appuie mon dire sur ce fait, que par un joli soleil d'un beau jour d'hiver il n'est pas rare de voir des chenilles se promener parmi les feuilles sèches, tombées sur les talus bien exposés, dans les champs ou sur la lisière d'un bois; or, il est à supposer que pendant son réveil, la chenille doit prendre quelque nourriture.

J'ai observé chez des chenilles de *arctia purpurata*, en hivernage dans une éleveuse fixée près de ma fenêtre que, par une chaude journée de février, un bon nombre d'entre elles se promenaient dans la boîte, s'arrêtant à quelques secs débris de feuilles, comme si leur désir était d'y donner quelques coups de dents.

Un des écueils, qui m'a toujours paru être le point de départ d'un échec dans l'hivernage des chenilles, c'est lorsque quittant définitivement leur long sommeil elles vont se remettre franchement à manger, il y a à ce moment une grande difficulté à vaincre, c'est de savoir choisir le moment où la nourriture fraîche doit être placée à nouveau dans la boîte à élevage.

Si on met les plantes trop tôt, on risque en réveillant avant l'heure les chenilles, souvent très délicates à cette période de leur vie, de leur causer un dérangement qui peut les faire périr. Si d'autre part, on tarde trop, les chenilles périssent faute de nourriture, ce dernier cas peut se produire sans qu'il y ait négligence de la part de l'éleveur, pour cette raison, que dans un même pays les arbres et les plantes de la même espèce, suivant qu'ils sont placés dans une exposition différente, peuvent entrer en végétation avec des écarts de huit jours et plus; si donc on cueille les premières feuilles sur une plante tardive, on arrivera trop tard pour donner de la nourriture aux chenilles. On comprendra par ce qui précède pourquoi j'ai dit que l'hivernage était très difficile pour beaucoup d'espèces.

Pour opérer avec le plus de chances possible, on devra donc pour l'hivernage en captivité s'approcher autant qu'on le pourra des conditions que les chenilles trouvent dans la nature. Le mieux sera, pour celui qui a un jardin ou un bois à sa disposition, de faire hiverner en liberté, pour cela les chenilles hivernant contre les branches d'arbres (tels sont les *Lasiocarpa*) seront placées sur une branche enveloppée d'un manchon à mailles aussi peu serrées que possible; quant aux chenilles vivant de plantes basses, après avoir choisi un endroit où pousse la plante qui sert de nourriture à l'espèce, on y sèmera quelques feuilles, on y placera les chenilles après avoir scrupuleusement enlevé toutes les fourmis; on recouvrira la place avec un couvre-plat en toile métallique que l'on aura soin de faire entrer de quelques centimètres dans la terre pour éviter que les chenilles ne se sauvent. On remplacera avantageusement le couvre-plat par un cylindre en zinc recouvert d'une toile métallique d'un côté, ce cylindre aura de 15 à 20 centimètres de hauteur, de façon que son bord libre entre aussi profondément que possible dans la terre, le diamètre sera proportionné au nombre de chenilles que l'on aura à y placer pour l'hiver.

Pour les hivernages à l'intérieur, on devra placer les boîtes en dehors de la fenêtre et à un endroit que le soleil n'atteint pas, on se contentera de placer des feuilles sèches dans le fond, ces feuilles devront appartenir à la plante qui sert de nourriture à l'espèce. Au printemps ou plutôt dès que la plante entre en végétation, on devra offrir à manger aux chenilles, mais on devra agir avec précaution en plaçant la nourriture de façon à ne pas les réveiller de force. Les arbres et les plantes du voisinage devront être visités au moment où ils entrent en végétation, de manière à voir ceux qui sont les plus avancés, ce sera ces derniers que l'on choisira. On ne craindra pas d'offrir aux chenilles des branches dont les bourgeons montrent à peine un peu de vert, car souvent les chenilles n'attendent pas que les feuilles soient développées et commencent à ronger les bourgeons, dès qu'ils commencent à s'entr'ouvrir.

Chrysalidation. — Les chenilles ayant prospéré durant tout ce stage de la vie vont passer à l'état de chrysalides avant de devenir insectes parfaits. L'éleveur doit prendre quelques précautions à l'époque de la chrysalidation ; en effet si certaines espèces se filent un cocon attaché aux branches contenues dans l'éleveuse ou fixé aux parois de cet appareil, il ne faut pas oublier que bon nombre au contraire se chrysalident en terre ou sous la mousse ou sous des feuilles mortes ; elles périraient, si elles ne trouvaient point dans leur éleveuse des matières dans lesquelles elles peuvent se réfugier. Certains éleveurs conseillent de garnir le fond de l'éleveuse d'une couche de terre, de feuilles ou de mousse, mais cette pratique est peu recommandable, car il rend impossible le nettoyage de l'appareil ; nous avons recommandé plus haut la plus excessive propreté, on doit pour cela chaque fois que l'on change la nourriture en profiter pour enlever les excréments des chenilles ; pour cela on n'a le plus souvent qu'à incliner la boîte pour les faire tomber, chose

absolument impossible lorsque le fond est garni de
terre, on ne peut même pas changer cette terre, car
on s'exposerait bien souvent à déranger des chenilles
en train de chrysalider. On comprendra facilement
que ces excréments qui recouvrent la mousse et la
terre, sur laquelle ils forment une couche le plus souvent en fermentation, sont un foyer d'émanations peu
recommandables pour la santé des chenilles. D'autre
part les chrysalides doivent être traitées d'une manière spéciale dans une boîte à métamorphoses créée
à cet usage.

Le modèle le plus en usage consiste en une caisse
en bois (*fig.* 115) à un ou plusieurs compartiments
garnie au moins de deux côtés de
toile métallique assez fine et dont le
fond sera recouvert de 20 centimètres
de terre fine et de mousse ou d'autre
matières comme on le verra plus
loin; dans cette terre on fixe des
flacons remplis d'eau pure et limpide
dans laquelle baigne l'extrémité des
branches dont le feuillage sert de
nourriture aux chenilles. Lorsqu'on prévoit que le
moment de la chrysalidation est proche, on porte
les insectes sur ces branches, après avoir soigneusement bouché avec du papier l'ouverture des flacons.
Les chenilles descendront d'elles-mêmes et s'enfonceront dans le sol ou dans la mousse pour s'y chrysalider, soit dans une coque, soit dans la terre nue.
Si la terre devient sèche, il faut l'arroser avec un ar-
rosoir muni d'une pomme à trous fins.

FIG. 115.
Boite à chrysali-
dation à plu-
sieurs compar-
timents.

Cette question de l'humidité a une grande importance. M. Bouscarel a démontré qu'à l'état de nature
les chrysalides se trouvaient dans un milieu constamment humide, sans exagération pourtant, et en réunissant ces conditions, il a démontré que l'on rencontrait

beaucoup moins de chrysalides desséchées que dans le système habituel ; aussi M. Culot déjà cité, et à qui nous devons tant d'appareils ingénieux pour l'élevage des chenilles, a-t-il combiné une boîte donnant un état d'humidité constant.

Cette boîte aura la dimension qu'il plaît à chaque amateur de lui donner ; l'important est que la hauteur intérieure soit de 12 centimètres au moins, ceci pour permettre aux papillons de grande taille dont les ailes sont pendantes au moment du développement de n'être aucunement gênée par un défaut de hauteur.

Donc tout en laissant libre chaque éleveur, quant aux dimensions supposons une boîte de : longueur 27 centimètres, largeur 18 centimètres, hauteur 15 centimètres, c'est une mesure moyenne dans laquelle on peut loger bon nombre de chrysalides. Cette boîte est construite avec quatre planchettes en sapin non rabotées intérieurement pour permettre aux papillons de s'accrocher facilement aux parois. Intérieurement à 2 centimètres du bas, on établira un plancher fait de petites lamelles de bois ou mieux de verre, ces lamelles auront 1 centimètre et demi de largeur et seront placées de façon à laisser entre elles un espace de 2 à 3 millimètres, voilà pour le fond.

Le couvercle sera formé d'une feuille de verre posée sur la boîte et maintenue soit dans une battue, soit simplement à l'aide de petites pointes plantées sur les côtés de la boîte pour empêcher le verre de se déplacer.

Deux trous ronds garnis de toile métallique, d'un diamètre de 3 centimètres environ, seront percés dans le milieu de la hauteur de chaque petit côté de la boîte ; ces trous étant placés en opposition donneront un courant d'air suffisant. Une cuvette en zinc d'une hauteur de 5 centimètres et dont la longueur et la largeur seront calculées de façon que la boîte entre dans cette cuvette aussi juste que possible mais sans forcer.

La boîte ne devra entrer dans la cuvette que de 1 centimètre, ce que l'on obtient facilement en clouant contre les parois extérieures un petit liteau placé à la distance voulue.

La cuvette sera garnie sur la moitié de sa hauteur de sablon fin et bien lavé ; ce sablon sera maintenu humide hiver comme été, on le mouillera aussi fortement que l'on voudra pourvu cependant que l'eau ne le recouvre pas. La boîte étant en place sur la cuvette vu les dimensions indiquées, le plancher se trouvera à quelques centimètres au-dessus du sable. On comprendra que grâce aux espaces laissés entre les lamelles du plancher, l'humidité montrera directement dans la boîte et se communiquera aux chrysalides.

Une très bonne pratique consiste à faire des boîtes de ce modèle, mais de dimensions plus réduites, de façon à pouvoir à l'aide de deux garnir le fond de l'éleveuse ; on n'a pas alors à s'inquiéter des chenilles en train de se chrysalider, elles descendent d'elles-mêmes et on n'a plus qu'à retirer les boîtes, ce qui rend l'éleveuse disponible.

Le choix de la terre qui servira à garnir les boîtes n'est pas indifférent. Le *Guide de l'éleveur de chenilles* dit à ce sujet : « On doit prescrire celles qui sont argileuses ou calcaires ainsi que celles qui contiennent des matières décomposées. Comme il faut maintenir ces terres fraîches au moyen d'arrosements fréquents, elles finissent par se durcir au point que la chenille ne peut y pénétrer ; si elle y pénètre, le papillon ne peut plus en sortir. Le terreau de jardin engendre la moisissure et les champignons, les chrysalides y pourrissent le plus souvent. La meilleure terre est celle de bruyère ; si on n'a pas de cette terre à sa disposition, on peut se servir de bonne terre de jardin non fumée. »

M. Culot recommande la sciure de bois : « La terre

de bruyère, nous dit-il, est très difficile à se procurer pour quelqu'un qui se trouve éloigné des endroits où s'exerce l'industrie horticole. J'ai donc pensé que le mieux était de remplacer la terre par une autre substance à la portée de tous et c'est la sciure de bois que j'ai trouvé être ce qu'il y a de préférable, préférable même à la meilleure terre de bruyère.

« La sciure qui convient le mieux est celle du bois blanc, saule ou peuplier ; à défaut, on peut prendre de la sciure de sapin ; mais comme cette dernière a une odeur résineuse qui pourrait ne pas plaire aux chenilles, on détruira cette odeur en faisant infuser la sciure dans de l'eau bouillante, on laisse bouillir dix minutes après quoi on verse le tout dans un tamis sur lequel on fait couler de l'eau froide pour rincer, on laisse égoutter et on fait sécher en étendant la sciure sur une feuille de papier ou sur une table. Ainsi préparée, la sciure sera débarrassée de toute odeur et prête à être employée. La sciure devra être préalablement tamisée de façon à avoir une grosseur moyenne comme grain ; pour cela on la passera dans deux tamis — un à mailles assez larges pour laisser passer les morceaux de grosseur moyenne et ne retenant que les gros morceaux que l'on jettera — on criblera ensuite le premier tamisage dans un tamis fin, qui ne laissera passer que la poussière ; ce sera ce qui reste sur le tamis qui devra être employé pour les chenilles. La sciure a sur la terre le grand avantage de ne pas se tasser, ce qui supprime les arrosages toujours ennuyeux ; depuis plus de quinze ans j'emploie la sciure sans y avoir remarqué le plus léger inconvénient. »

Il est bon d'ébouillanter la sciure pour détruire les germes ou insectes qu'elle pourrait contenir.

Quelques espèces demandent de la mousse ; on cherchera dans les bois de la mousse aussi pure que possible et on la triera pour enlever les impuretés ainsi que les matières organiques qui pourraient s'y trouver mélangées, enfin on la passera à l'eau bouillante pour tuer les fourmis et autres insectes qui seraient cachés dans les brindilles, enfin après l'avoir fait soigneusement sécher étendue sur une table, on en garnira les boîtes.

Lorsque la boîte contient des espèces indigènes, on la place à l'air libre, soit dans un coin du jardin, soit en dehors d'une fenêtre, pourvu toutefois qu'elle soit à l'abri des grandes pluies et surtout du soleil ; pendant les grands froids le sable des cuvettes dans le système Culot gélera, mais cela n'est aucunement nuisible aux chrysalides indigènes. Par contre pour les espèces exotiques ou provenant simplement d'un climat plus chaud que celui de l'éleveur les appareils devront être placés dans un appartement pas trop chauffé, mais dont la température se maintient toujours à quelques degré au-dessus de zéro.

Recommandons d'inscrire sur la boîte le nom de l'espèce, la quantité de chenilles chrysalidées, le moment probable de l'éclosion.

Quant aux chenilles, qui se tissent des coques ou des cocons, le mieux est de les laisser dans l'éleveuse, car on risque de les blesser en voulant les détacher ; néanmoins avec quelques espèces comme les Bombyx séricigènes qui font des cocons très durs l'enlèvement n'a aucun inconvénient ; on se contente de les placer sur la terre d'une boîte à métamorphoses.

Éclosion de papillons. — Voici le moment de l'éclosion nous placerons les boîtes à métamorphoses contenant les chrysalides, les branches sur lesquelles se sont fixées certaines chenilles ainsi que les cocons détachés et les chrysalides nues dans la boîte à éclosion. Celle-ci consiste en une boîte de moitié plus petite que les éleveuses et garnie au fond de 10 à 15 centimètres de terre ; les parois au lieu d'être de vitrage ou de toile métallique seront garnies de forte toile à tissu peu serré, de la toile d'emballage par exemple. Le dessus sera formé d'un cadre de verre qui nous permettra plusieurs fois par jour de jeter un coup d'œil dans l'intérieur sans courir le risque d'effrayer les papillons nouvellement éclos ; il faut entretenir un peu d'humidité dans ces boîtes durant la belle saison surtout et l'on y arrive en projetant de l'eau à l'aide d'un vaporisateur sur la terre. Lorsque les papillons sont nés et secs, il suffit de les faire tomber dans le flacon à cyanure pour avoir des sujets parfaits. Si l'on ne veut pas tenter la reproduction, il faut en effet tuer aussitôt que possible les sujets mis dans la boîte à éclosion, car en cherchant à s'évader ils pourraient abîmer leurs ailes.

Il existe aussi un moyen d'élever des papillons qui donne beaucoup moins de peine à l'amateur, c'est l'élevage en plein air. Résumons-le en quelques mots. On fait éclore les œufs comme d'habitude, puis on met durant quelques jours les jeunes dans une éleveuse ordinaire ou plus simplement on place une branche garnie de ses feuilles dans des vases pleins d'eau, ces branches sont enfermées dans des manchons de grosse tarlatane à mailles très fines ; ces manchons seront munis à leurs ouvertures d'une coulisse et d'un cordon solide, on introduit et on fixe près des feuilles les œufs disposés dans un petit cornet en papier rugueux [1], les deux ouvertures du manchon sont alors fermées, celle d'en bas serrant fortement la branche au-dessus du niveau de l'eau. L'éclosion se fera ainsi avec la plus grande facilité et les petites chenilles au sortir de l'œuf se rendront bien vite sur les feuilles qui leur servent de nourriture. Les manchons sont recommandables pour deux principales raisons : 1° certaines chenilles tombent très facilement de la branche ; les ramasser

---

1. Il est prudent de ne pas entasser les œufs dans le cornet, et de faire plusieurs cornets dans lesquels se trouveront trois ou quatre œufs seulement.

pour les replacer serait chose difficile et la plupart du temps très dangereuse pour le petit insecte. Si au con-

FIG. 116. — Élevage en plein air (arbre lilas) garni de manchons.

traire celui-ci est enfermé, la chute ne sera qu'à quelques centimètres et il remontera de lui-même très facilement sur les feuilles; 2° l'ouverture supérieure du manchon facilitera une visite quotidienne et celle d'en bas bien fermée à sa base arrêtera toute velléité de fuite et de noyade.

Lorsque les insectes auront pris plus de force on les met en plein air; pour cela on transporte la branche chargée de chenilles sur un arbre ou plante de même essence et on enferme le tout bien soigneusement dans un même manchon, les chenilles passeront d'elles-mêmes de la branche coupée qui se flétrira rapidement sur celle qui fait partie de l'arbre (*fig.* 116). Lorsque les feuilles de cette dernière branche seront dévorées, on introduira dans le manchon l'extrémité d'une branche voisine et les chenilles changeront également d'elles-mêmes de domicile. Il faut prendre la précaution de fermer très solidement le manchon de tarlatane afin d'empêcher les fourmis d'y entrer, il est même prudent de placer à la base de la branche une cravate de ouate bien imbibée d'alcool naphtaliné. On aura ainsi soin de ne pas attendre que les chenilles aient mangé toutes les feuilles pour leur en donner de nouvelles, un jeûne de quelques heures suffit pour les faire périr. Il faut enfin durant les fortes chaleurs abriter les manchons des rayons solaires et les arroser une fois par jour à l'aide d'un pulvérisateur.

Lorsqu'on traite ainsi des chenilles, qui hivernent en terre, il est bon de les rentrer dans une éleveuse dès que le moment de l'hivernage approche, mais on peut laisser dans les manchons celles qui restent fixées aux branches, de même au moment de la chrysalidation on installera dans des boîtes à métamorphoses les chenilles qui se chrysalident sous terre, tandis qu'on laissera dans les manchons celles qui font des cocons ou restent fixées à l'état nu aux branches.

Au lieu de faire éclore les chenilles, l'éleveur se contente parfois de chasser les chenilles déjà écloses et de poursuivre leur éducation soit dans une éleveuse, soit en plein air; ce procédé est même obligatoire pour certaines espèces, qui comme les diurnes ne pondent que très difficilement en captivité. De prime abord l'élevage des chenilles capturées paraît séduisant, car il diminue grandement les soins que l'on doit donner aux élèves; il paraît même plus avantageux de s'emparer de ces chenilles à l'état le plus avancé possible et même à l'état de chrysalides; il présente pourtant un gros inconvénient; les chenilles ont des ennemis terribles dans les *ichneumons*, qui les piquent pour déposer dans les tissus de la chenille leurs œufs d'où sortent des larves, qui vivent au détriment de la chenille n'occasionnant sa mort qu'au dernier stage de sa vie, ce qui fait qu'au lieu de voir sortir de la chrysalide un splendide papillon, l'éleveur ne voit éclore que des jeunes ichneumons. En effet, c'est le plus souvent lorsque la chenille est déjà dans son cocon que la larve parasite, après s'être nourrie des parties grasses de la chenille, arrive à toute sa taille et se transforme elle-même en nymphe; ces conditions sont presque obligatoires, car si la larve parasite arrivait à toute sa taille avant que la chenille soit elle-même parvenue à la sienne, cette larve ne se trouvant pas dans les conditions voulues pour opérer sa nymphose serait condamnée à périr; tenant compte du temps nécessaire au développement de la larve, la nature a donné à l'insecte mère l'instinct voulu pour choisir le moment propice pour poser son œuf sur ou dans la chenille destinée à nourrir sa progéniture. Or il est curieux de noter que c'est le plus souvent après sa dernière mue, c'est-à-dire dans son dernier âge, que la chenille est piquée. En effet l'œuf est parfois très visible à l'œil nu et se trouve incrusté sur la peau de la chenille, si donc cet œuf est visible au dernier âge, c'est une preuve qu'il a été placé depuis la dernière mue, car s'il avait été pondu avant, le premier changement de peau l'aurait fait disparaître ou bien en cas de forte incrustation la chenille n'aurait pu se débarrasser de sa dépouille. On peut donc conclure que plus on capture les chenilles âgées, plus on a de chance de les trouver ichneumonées. Il est évident qu'en les capturant plus jeunes, on aura à les nourrir plus longtemps, mais on aura en compensation plus de chance de réussite relativement aux ichneumons, quoique par exception des chenilles plus jeunes soient parfois piquées, elles aussi. Les chenilles capturées demandent les mêmes soins que leurs sœurs du même âge mis en captivité, nous n'avons pas à y revenir.

Chasse aux chenilles. — La chasse des chenilles peut se faire en tout temps, en toute saison, mais elle est plus fructueuse pendant les mois de printemps, d'été et au commencement de l'automne ; une foule d'espèces n'existent qu'à ce moment de l'année. Il y a des chenilles partout, chaque plante, chaque arbre, les mousses, les écorces, les bois morts en récèlent presque toujours un certain nombre.

« Si vous vous promenez dans une allée propre, nous dit M. de Labonnefont, bordée d'arbres ou d'arbustes, regardez à terre avec soin, vous y verrez bientôt des graines noires, plus ou moins grosses, qui ne sont autres que des excréments de chenilles et fort souvent en cherchant bien dans les branches placées immédiatement au-dessus, vous y découvrirez caché sous une feuille l'auteur ou les auteurs... du délit. Que de fois n'avons-nous pas trouvé ainsi les larves du *Sm. Tiliæ* sur le tilleul et l'orme : *Vinula, Apatura, Ilia, Sm. populi* sur le peuplier et le saule. Il y a quelques années, nous nous étions par hasard mis à l'ombre pour quelques instants au pied d'un saule lorsque nos yeux rencontrèrent sur le sol une certaine quantité de ces grains noirs dont nous parlions plus haut, cherchant aussitôt les producteurs de ces semences, nouveau genre, nous découvrions bientôt au sommet d'une grosse branche toute une colonie de chenilles de la magnifique *V. Antiopa*, arrivées à leur dernière croissance et qui, placées le soir même dans une boîte d'élevage, étaient presque toutes en chrysalides trois jours après. »

Si l'on ne se contente pas des chenilles d'espèces communes et si abondantes qu'il n'y a pour ainsi dire qu'à se baisser pour les prendre, mais si l'on recherche des espèces rares, il faut certaines connaissances en botanique ; en effet ce n'est que sur certaines plantes que vous trouverez les sujets de l'espèce que vous recherchez.

Lorsque vous avez fait une capture, n'oubliez pas de noter la plante sur laquelle vous l'avez trouvée afin de pouvoir lui en donner de semblables comme nourriture. Trois moyens sont préconisés pour la chasse aux chenilles.

1° **Le parapluie.** — Ayez un parapluie ouvert le manche en haut et battez au-dessus avec un bâton, les haies, les taillis, les jeunes arbres, vous ferez tomber un grand nombre d'espèces qu'il vous sera aisé de recueillir dans le parapluie. Frappez aussi avec un maillet les arbres trop élevés en ayant soin de donner des coups secs et vigoureux, car si les premières secousses sont trop faibles pour faire tomber par surprise les chenilles, celles-ci prévoyant un danger se cramponnent si fortement qu'on les écraserait plutôt que de les faire tomber.

2° **A la fauche.** — Ayez un troubleau en toile de la grandeur d'un filet à papillon ordinaire, mais avec une monture plus solide et *fauchez* avec cet instrument le soir, après le coucher du soleil, la partie supérieure des trèfles, luzerne, prés, bruyères des bois et eaux, sur toutes ces plantes basses vous récolterez une

quantité de chenilles, dont parfois il est très difficile
de se procurer les papillons. Cette chasse, comme
celle au parapluie, est surtout abondante en mai-
juin, puis en septembre.

3° Aux feuilles sèches. — Beaucoup de chenilles qui
passent l'hiver à l'état de larve se réfugient pour
se mettre à l'abri du froid dans les tas de feuilles
sèches que le vent ou la main des hommes réunissent
en automne aux pieds des arbres. On trouve là une
foule d'espèces d'Hétérocères qu'il est facile de recueillir. Il suffit pour cela de mettre deux ou trois
poignées à la fois de ces feuilles dans des filets à larges
mailles qu'on secoue fortement au-dessus d'une nappe
sur laquelle les chenilles tombent bientôt. Cette chasse
peut se faire en automne, mais il est encore préférable de la faire au printemps, on s'évite ainsi la peine
d'hiverner ses élèves.

Les chenilles ne sont ni sales ni venimeuses, il faut
cependant éviter le plus possible de les prendre avec
les mains ou un instrument quelconque, non par
crainte de se contaminer, mais parce que ces insectes
sont très délicats et que la moindre pression, le
moindre froissement peuvent les faire périr. Il est
préférable, lorsque faire se peut, de couper la feuille
ou même la branche sur laquelle se trouve la larve et
de placer le tout dans la boîte de chasse. Les chenilles
tombées dans le parapluie, comme celles que l'on
trouve sur une branche ne pouvant être coupée,
s'enlèvent facilement à l'aide d'une feuille d'arbre
qu'il suffit de leur présenter.

Les chenilles seront placées dans des boîtes en fer
blanc percées de trous, il faut n'en mettre qu'une petite
quantité dans chaque boîte (*fig.* 117).

Rentré à la maison, on les met dans des éleveuses.

La chasse aux chrysalides est également un moyen
qui permet à l'amateur d'obtenir de beaux papillons.

Comme on le sait, les chenilles accomplissent leur métamorphose de plusieurs manières, les unes à l'instar du ver à soie se filent une coque plus ou moins dure, les autres se suspendent horizontalement ou verticalement soit au tronc des arbres, soit aux parois des murailles, il en est plusieurs qui pratiquent sous l'écorce des arbres une petite loge dans laquelle elles renferment leurs chrysalides, le plus grand nombre s'enterrent au pied des arbres ou au bas des plantes qui leur ont servi de nourriture ; c'est donc dans ces lieux que l'amateur, s'armant surtout de patience, fera la chasse aux chrysalides. Armé d'un écorçoir, il explorera les vides des écorces des vieux arbres, les cavités des murailles, soulèvera les lichens, les mousses qui couvrent les troncs, fouillera le sol à un pied de profondeur au pied de l'arbre s'attachant particulièrement aux sujets disséminés et plantés dans un terrain meuble dans lequel les chenilles ont pu s'enterrer facilement.

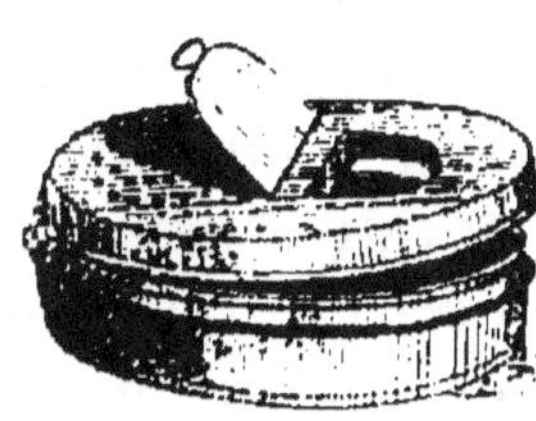

Fig. 117.
Boîte pour récolter
les chenilles.

Cette chasse peut se pratiquer toute l'année, l'hiver on pourra faire des trouvailles rares, de même au printemps et durant l'été, mais les mois où les captures deviennent les plus nombreuses sont les mois de septembre et d'octobre.

Il faut surtout pour réussir de la patience comme nous l'avons déjà dit et à ce propos extrayons quelques passages d'un article du Révérend Joseph Green. Après avoir cherché à démontrer fort spirituellement que l'insuccès est dû neuf fois sur dix au manque de patience du chasseur et donné une liste de 113 espèces de chrysalides trouvées par lui au pied des arbres, il dit. « Ceux au pied desquels il faut chercher de préférence sont : le saule, le chêne, l'orme, le bouleau, le hêtre, le frêne, l'aubépine ; on ne devra cependant pas négliger entièrement les autres arbres lorsqu'on les rencontrera isolés, quoi qu'il y ait beaucoup moins à trouver ; c'est à la racine des sapins entre autres que l'on rencontrera les *Boarmia abietaria* et *tranchea*.

« Les seules choses nécessaires pour cette chasse sont un déplantoir de jardinier et une petite boîte garnie de mousse, les chrysalides seront prises en main le moins possible et avec beaucoup de précautions.

« Les meilleures localités sont les parcs et les vergers où il y a des arbres disséminés, les arbres autour desquels les animaux domestiques ont enlevé le gazon, ceux situés sur les bords des rivières, des digues, etc. ; un sol sec et friable est le plus avantageux pour cette chasse. Lorsqu'on a rencontré ces conditions, on introduit le déplantoir à environ 20 centimètres du tronc et à la profondeur de 10 centimètres, on éparpille la terre, on examine aussi la partie découverte par l'enlèvement de la terre et l'on tâte doucement pour tâcher de découvrir les cocons qui sont adhérents à l'arbre et aux racines ; si cependant celles-ci sont fortement entrelacées, il n'y a pas avantage à les examiner. On doit aussi visiter avec beaucoup de soins les nœuds et crevasses formés dans l'écorce, on est souvent étonné du peu de dimension des trous ou crevasses dans lesquels une chenille peut pénétrer. Il faut également chercher dans et sous la mousse qui recouvre les racines et le bas du tronc, c'est presque toujours de cette manière que l'on se procure des chrysalides de Bombyx.

« En fouillant autour des arbres dont les racines ne sont pas du tout à découvert, il ne faut pas s'écarter de plus de dix centimètres du tronc, ni pénétrer à plus de huit centimètres de profondeur. Lorsque l'on aura fouillé dans un sol trop dur pour que les chenilles aient dû y pénétrer, si l'on remet la terre en place après l'avoir bien divisée, il est probable que plus tard on sera dédommagé de la peine par des chrysalides que l'on y rencontrera. »

Les chrysalides ainsi découvertes seront placées pour le transport dans des boîtes en bois percées de trous ou dans de petites boîtes rondes ou ovales à couvercle percé de trous que les pêcheurs utilisent pour placer les asticots ; on garnit soigneusement ces boîtes d'un bon lit de mousse afin de garantir les chenilles contre les chocs que peuvent causer les transports.

Arrivé chez soi, on les mettra dans des boîtes à métamorphoses reposant sur un lit de sable ou de mousse ou encore on les enterrera légèrement dans de la sciure de bois, en ayant soin de leur faire prendre autant que possible une position identique à celle dans laquelle on les avait trouvées.

On trouve souvent des cocons ligneux, terreux ou soyeux dans lesquels sont enfermés les chrysalides de certaines espèces, il faut les prendre avec autant de soin que si c'étaient des chrysalides nues, et, *sans chercher à les ouvrir* pour en vérifier le contenu, les placer dans la boîte à éclosion et cela dans la position dans laquelle on les avait trouvé s'aidant au besoin de fils pour les attacher sur des brindilles ou les fixer aux parois de la boîte, précaution utile si l'on ne veut point avoir des papillons avortés, aux ailes plissées du plus fâcheux effet.

Elevage des chenilles de microlépidoptères. — Les instructions que nous venons de donner ne s'appliquent pas dans leur entier à l'élevage des chenilles des microlépidoptères, aussi croyons-nous intéressant de rapporter ici une étude de M. H.-T. Stainton de Mountfield sur l'éducation de ces espèces. « La plupart des petites chenilles de microlépidoptères peuvent, sans inconvénient, être privées d'air; et on les élève facilement dans des tubes bouchés aux deux extrémités.

« Les chenilles mineuses du genre *Nepticula* et du genre *Lithocolletis* ne peuvent quitter la feuille dans laquelle elles se trouvent pour entrer dans une autre. Aussi si la feuille se flétrit avant que la chenille ait acquis tout son développement, celle-ci meurt infailliblement. L'entomologiste doit donc faire tout son possible pour conserver la fraîcheur des feuilles qui sont habitées par des chenilles, on réussit le mieux lorsqu'on les place dans des boîtes de fer-blanc bien fermées; là les feuilles conservent encore leur fraîcheur pour plusieurs journées et ce temps suffit presque toujours à ces petites chenilles pour achever leur nourriture et être prêtes à se changer en chrysalides; les chenilles des *Lithocolletis* ne donnent pas beaucoup de peine, parce qu'elles se changent en chrysalides toujours en dedans de la cavité qu'elles se sont creusée. Les chenilles des *Nepticula* au contraire quittent presque toujours leur retraite et descendent par terre où, parmi les feuilles qui s'y trouvent, elles construisent leurs très petits cocons. Dans les boîtes en fer-blanc, il faut chercher ces cocons parmi les feuilles les plus basses, où l'on en trouve quelquefois une vingtaine ramassées ensemble, comme si ces chrysalides aimaient la société. Pour les chenilles des *Elachista*, qui minent les feuilles de graminées, on se sert de tubes de verres bouchés aux deux bouts ou fermés à un bout et bouchés à l'autre, cette chenille quitte presque toujours sa retraite pour se changer en chrysalide et on la trouve attachée à la tige ou à la feuille de la graminée, sans être cachée dans un cocon.

« Pour les chenilles des *Gelechia*, des *Depressaria*, etc., etc., il faut seulement des boîtes de fer-blanc plus grandes que celles des petits genres et il faut veiller à ce que l'humidité de la trop grande masse de plantes qu'on y met, n'apporte pas la moisissure, car alors les chenilles meurent. Il faut donc toujours éviter la moisissure et la dessiccation des feuilles ; ce sont les Scylla et Charybde du microlépidoptériste, si les feuilles deviennent trop sèches on perd les chenilles, il en est de même si la moisissure se développe. Les chenilles du genre Coleophora, qui portent toujours des fourreaux ayant besoin d'air, il ne faut pas les mettre dans les boîtes fermées hermétiquement. L'éducation de ces espèces devient donc un peu plus difficile que celle des autres chenilles de microlépidoptères et la manière de les élever ressemble davantage à celle en usage pour les autres chenilles. Il faut pour conserver fraîches les plantes qui leur servent de nourriture, baigner l'extrémité inférieure de leurs tiges dans des petits flacons contenant de l'eau et placer ceux-ci dans des boîtes ou des pots à fleurs dont le haut est recouvert de gaze ; celles des chenilles qu'on trouve au printemps ne donnent pas beaucoup de peine, puisqu'en juin-juillet éclosent de ces papillons. Mais celles qu'on se procure en automne exigent plus de soins, attendu qu'elles passent tout l'hiver sans se métamorphoser ; si on les garde à l'intérieur, elles sont exposées à se dessécher et leur transformation en chrysalide est au moins fort douteuse. Aussi conseillons-nous de les garder dans les jardins en les laissant dans des pots à fleurs recouverts de gaze, afin qu'elles soient autant que possible dans les conditions les plus naturelles, exposées aux intempéries de l'atmosphère, la neige et la pluie, qui leur seront moins préjudiciables que la sécheresse. »

ALMANACH DU CHASSEUR DE CHENILLES

Nous basant sur les travaux de MM. Robin, Bonnalgue et tout particulièrement sur ceux de M. de La bonnefont, nous donnons un almanach indiquant les chenilles qui se trouvent durant les divers mois de l'année, ainsi que les plantes où on les rencontre le PLUS COMMUNÉMENT. La plupart des chenilles paraissent plusieurs mois de suite, aussi avons-nous indiqué (à l'exception pourtant de la plus grande partie des chenilles de mars-avril que l'on trouve très petites dans les tas de feuilles ou herbes sèches au pied des arbres) le mois où d'ordinaire elles atteignent la moitié de leur taille.

MARS-AVRIL

Durant ces deux mois la plupart des chenilles se trouvent au pied des arbres dans les feuilles sèches, on peut aussi en capturer un certain nombre en fauchant au filet les herbes et plantes basses. Elles sont, en général, du premier âge.

Arbres fruitiers (pommier, poirier, prunier, prunelle, etc.). — LARIA *L. Negrum*. LIPARIS *Chrysorrhea*. PSILURA *monacha*. OCNERIA *detrita*, *rubea*. BOARMIA *gemmaria*.

Buis. — BOARMIA *buxicolaria*.

Bruyères. — BOMBYX *rubi*. AGROTIS *strigula*, AMPHIPYRA *effusa*, ASPILATES *strigillaria*, EUPITHECIA *scopariatata*, *nanata* (aussi pommier), *minutata*, *goossinssiata*.

Chêne. — LASIOCAMPA *tremulifolia* (aussi orme, bouleau). HERMINIA, *derivalis*; PECHIPOGON *barbalis* (feuilles sèches).

Chèvrefeuille. — LIMENITIS *camilla*, *sybilla*; POLYPHŒNIS *sericala*.

Coronille. — EUBOLIA *arenacearia*.

Corydales. — PARNASSIUS, *mnemosyne*.

Epine-vinette. — RHIZOGRAMMA *detersa*.

Euphorbe. — EUGROSTIS *indigenata*. MINOA *murinata*.

Fougères. — HEPIALUS *hecta* (racines).

Fraisiers. — RUSINA *tenebrosa*.

Genêt. — MAMESTRA *tincta*, *advena*, HYPOPLECTIS *adspersana*, HEMEROPHILA *abruptaria*, *nychthemeraria*; SYNOPSIA *sociaria*. ENCONISTA *mimosaria*, *agaritharia*. SCORIA *lineata*; STILBIA *anomala*. HERMINEA *tentacularia*.

Genévrier. — BOARMIA *solieraria*, *perversaria*. LIGIA *opa-*

caria. ORTHOLITHA *plumbaria.* CIDARIA *alpicolaria;* EUPITHECIA *mnemosynata, oxycedrata, sobrinata.*

HYPERICUM. — Toutes les ANAÏTIS excepté *paludata.*

Intérieur des arbres. — Cossus *ligniperda* (lichens). BOARMIA *angularia, lichennaria, glabiaria* (arbres).

Millefeuilles. — ACTIA *hebe.*

Noisetier. — EPIONE *parallelaria.*

Ononis Spinosa. — APLASTA *onoraria.*

Ortie. — ARCTIA *villica;* CALLIMORPHIA *dominula, maculania;* SPILOSOMA *fuliginosa;* BOMOLOCHA *fontis.*

Peupliers. — SESIA *apiformis* (racines); LASIOCAMPA *populifolia.*

Pissenlit. — CRATERONYX *taraxaci, dumi.*

Pins. — LASIOCAMPA *pini;* ELLOPIA *prosapiaria* (écorce). CIDARIA *variata, firmata.*

Pommiers. — EUPITHECIA *rectangula* (fleurs).

Plantain. — CARADRINA *taraxaci.*

Plantes basses (oseille, chicorée, plantain, pissenlit, primevère, seneçon, lierre terrestre, melilot, etc.). MELITÆA *artemis;* LYCÆNA *escheri, hylas, cyllarus;* POLYOMMATUS *alciphron.* EMYDIA *striata.* NEMEOPHILA *russula, plantaginis;* tous les ARCTIA sauf *hebe* et *casta;* CALLIMORPHIA *dominula, hera, matronula* (deux ans); SPILOSOMA *fuliginosa, luctifera, lubricipeda, menthastri, uerticæ.* AGROTIS *polygona, signum, genthina, linogrisæa, fimbria, interjecta, sobrina, punicæa;* MAMESTRA *leucophæa, serratilinea, dentina;* CLADOCERA *optabilis;* HELIOPHOBUS *hispidus;* ULOCHLÆNA *hirta;* APOROPHILA *lutulenta, nigra;* DIPTERYGIA *scabriuscula;* TRIGONOPHORA *flammea,* GRAMMESIA *trigammica;* presque tous les CARADRINA à l'exception de *pulmonaris;* AMPHIPYRA *tragoponis, tetra, livida;* VENILIA *macularia;* CIDARIA *tæniata, truncata, munitata, aptata, montanata, quadrifasciara, scripturata, bilineata.*

Plantes marécageuses. — CARADRINA *pulustris.*

Plantes potagères. — MAMESTRA *oleracea.*

Prunier, prunellier. — LASIOCAMPA, *pruni, quercifolia.* EPIONE *advenaria.*

Ronces. — THECLA *rubi;* HYPPA *rectilinea.*

Romarin. — EUPITHECIA *rosmarinata.*

Rumex. — CLEOGENE *lutearia, niveata, pelletararia;* SCORIA *lineata.*

Saule. — MACARIA *alternaria*. EUPITHECIA *ternuita* (châtons).

Serpolet. — LYGIA *jourdanaria*.

Sycomore. — LOBOPHORA *certata*.

Thym. — BOARMIA *occitanaria* (aussi sur le chêne vert). PHASIANE *scutulata*.

MAI

Althea. — SPILOTHYRUS *alceæ, altheæ*; SYRICHTUS *carthami*.

Arlousier. — CHARAXES *jasius*.

Arbres forestiers. — DEPRANA *falcataria, curvatula*, presque tous les *Tæniocampa* principalement sur bouleau, saule, peuplier et hêtre); CIRRHŒDIA *ambusta*. Tous les EUGONIA, HYBERNIA *aurantiaria, leucophœaria, marginaria, defoliaira;* ANISOPTERYX *aceraria, æscularia;* PHIGALIA *pedaria;* BISTON *hispidarius, pomonarius* (aussi sur arbres fruitiers).

Arbres fruitiers. — DILOBA *cæruleocephala*, CIRRHÆDIA *ambusta;* LASIOCAMPA *pruni, quercifolia*.

Artemisia. — AGROTIS *senna;* HELIOTHIS *scutosus*.

Aubépine. — APORIA *cratægi;* THECLA *pruni, betulæ, spini;* INO *pruni;* AGLAOPE *infausta;* BOMBYX *cratægi, neustria, lanestris, catax;* ORGYA *gonostigma;* MISELIA *oxyacanthæ;* VALERIA *jaspidea, oleagina;* NEMORIA *strigata;* THALERA *fimbrialis* (polyphage).

Bouleau. — LIMENITIS *populi;* MELITHÆA *maturna;* VANESSA *polychloros, xanthomelas;* BOMBYX *neustria, populifolia;* ARCTIA *hebe;* ENDROMIS *versicolora;* PTILOPHORA *plumigera* (ainsi que plusieurs espèces qui se trouvent sur les trembles, peupliers et saules (voir plus loin).

Bruyère. — ACIDALIA *fumata*.

Carex. — ERASTRIA *uncula;* PHOTHEDES *captiuncula;* HERMINIA *cribrumalis*.

Carotte. — PAPILIO *machaon*.

Champignons. — BOLETOBIA *fuliginaria*.

Chêne. — THECLA *quercus ilicis;* NOLA *togatulatis, strigula*. HYLOPHILA *prasinana, bicolorana;* CATOCOLA *sponsa, promissa;* LASIOCAMPA *suberifolia;* NOTODONTA *chaonia;* LOPHOPTERYX *camelina* (aussi sur arbres fruitiers). Tous les DRYOBATA (surtout sur le chêne vert) tous les DYOCHONIA, ORTHOSIA *ruticilla, iota, macilenta, helveola;* APORIA *crocœago;* ORRHODIA *vaccinii;* SCOPELOSOMA *satellicia;* XYLINA *semibrunnea, saucia, furciferas, ornithopus;* ZENCLOGNATHA *griscalis;* HIMERA *pennaria.*

Chèvrefeuille. — LIMENITIS *camilla, sybilla;* PSODOS *serotinaria.*

Clématite. — PSODOS *varixgata.*

Cognassier. — BOMBYX *rubi.*

Corydalis. — PARNASSIUS *mnemosyne.*

Crucifères. — PIERIS *calladice brassicæ, rapæ, duplidicæ.*

Érable. — XANTHIA *sulphurago.*

Fougères. — HEPIALUS *hecta* (racines puis jeunes pousses).

Fraisières. — ARGYNIS *euphrosine;* SYRICTHUS *malvæ.*

Framboisier. — SYRICTHUS *sao.* GRAMMODES *bifasciata.*

Frênes. — THECLA *roboris;* CIRRHŒDIA *xerampelina.*

Galium. — MACROLOSSA *stellatarum, bombiliformis;* ARCTIA *casta;* POLIA *suda;* ACIDALIA *emarginata;* MESOTYPE, *virgata;* CIDARIA *dotata, ocellata, viridaria, suffumata, tophoceata, achromaria, uniformata;* EUPITHECIA *distinctaria.*

Garance. — LYTHRIA *sanguinaria.*

Genêt. — LYCŒNA *damon, argus ægon, argiolus, alexis, alsus, adonis, dorus, icarus;* ZIGŒNA *trefolii, peucedani, loniceræ;* ARCTIA *purpurata;* ORGYIA *aurolimbata, antiqua;* DASYCHIRA *fascellina;* APOROPHILA *lututenta, nigra;* AMMOCONIA *vetula;* POLIA *flavicincta, ruficincta, venusta;* GRAMMODES *algira.* ORTHOLITHA *mæniata, peribolota, bipunctaria.*

Graminées. — ŒNIS *aello.* Presque tous les SATYRES, les les EREBIA; ARGE *galathæa, psyche;* BOMBYX *potatoria* (dans bois); ARCTIA *pudica;* CLYCOPIDES *morpheus;* CŒNONYMPHA *hero, ædippus, iphis, pamphilus, tiphon;* AGROTIS *fatidica* (racines) presque tous les HADENA (souvent racines), ANCHOCELLIS *lunosa;* ORTHOSIA *pistacina, humilis;* HERMINIA *lentacularia;* ORTHOLITA *limitata.*

Groseillier. — LYGRIS *associata.*

Helianthemum. — INO *geryon;* CEROCALA *scapulosa;* PSODOS *asperària;* SCODONIA *lentiscana.*

Hêtre. — Presque toutes les espèces du chêne.

Houx. — ORTHOLITA *coarctata.*

Jasmin. — Les mêmes que les pommes de terre et solanées.

Lichens. — LITHOSIA *complana, lurideola* (arbres) *caniola;* NACLEA *ancilla* (pierres) GALLIGENIA *miniata;* SETINA *irrorella* (pierres), *mesomella, griscola, lurideola* (arbres) *complana, canionola, unita, sororcula,* tous les BRYOPHILA. AVENTIA *flescula* (arbres).

Lilas. — THECLA *roboris;* PERICALLIA *syringaria.*

Liseron. — ANOPHIA *leucomelas;* ŒDIA *funesta.*

Luzerne (voir aussi plantes basses). — LYCŒNA *damon, argus* (genêt aussi) presque toutes les ZYGŒNA.

Mauve (Voir aussi Althea).— XANTHODES *malvæ, graellsii;* ORTHOLITHA *cervinata.*

Menthe. — EUCOSTRIS *herbaria.*

Millefeuilles. — BISTON *zonarius.*

Moutarde. — ANTHOCARIS *belia.* LEUCOPHARIA *sinapis.*

Nerpruns. — Tous les SCOTOSIA excepté *badiata.*

Noisetier. — EPIONE *paralellaria.*

Oignon. — NEMORIA *viridata.*

Orme. — EROPUS *ulmi,* MISELIA *bimaculosa;* AMPHIPYRA *perflua, cinnanomea;* CATEPHIA *alchimista;* ABRAXAS *pantaria.*

Persil. — PLUSIA *aurifera.*

Peuplier (Voir aussi saule). — APATURA *iris, ilia.* LIMENITIS *populi.* LASIOCARPA *populifolia.* Tous les CYMATOPHORA, les DYSCHORISTA, PLASTHENIS. XANTHIA *gilvago, ocellaris.* PSEUDOPHIA *lunaris;* EPIONE *apiciaria.*

Pin. — LASIOCAMPA *pini;* PANOLIS *piniperda;* NUMERIA *pulveraria;* CIDARIA *verberata.*

Plantes basses. — Presque tous les MELITŒA. TESTOR *ballus,* SYNTHOMIS *phegea;* HESPERIA *proto, alveolus;* EMYDIA *striata, cribrum;* DEIOPEIA *pulchella;* NEMEOPHILA *plantaginis,* tous les ARCTEA excepté *Hebe* et *casta;* EUPREPIA *pudica;* HEPIALUS *humuli* (racines), *sylvius* (racines) *lupulinus* (racines). BOMBYX *castrensis;* presque tous les AGROTIS; MAMESTRA *leucophæa, serratilina, dentina, peregrina* (sable). DIANTHŒCIA *proxima,* AMMOCONIA *vetula;* POLIA *serpentina, polymita, flavicenita, canescens;* HADENA *porphyrea, gemmea, abjecta, latericia, monoglypha, rurea;* MANIA *maura;* NŒNIA *typica,* AMPHYPIRA *tragoponis, tetra, livida;* presque tous les ORTHOSIA et ORRHODIA; PLUSIA *æmula, iota, gamma, circumflexa hochenvarthi.* HELIOTHIS *dipsacens, peltiger, armiger;* ZAN-

CLOGNATA *tarsiplumaris, grisealis, tarsipennalis* (polyphage). BISTON *alpinus*; PSODOS *dilucidaria, obscufaria.*

Plantes marécageuses. — Tous les HYDRHŒGIA (racines et tiges); presque tous NONAGRIA; SCOTOSCHROSTA *pulla*, SENTA *maritima*; TAPINOSTOLA *bondii*; CALAMIA *lutosa, phragmitidis*; MELIANA *flammea.*

Pomme de terre. — ACHERONTIA *atropos* (jeune).

Pommier. — LASIOCAMPA *pruni, quercifolia*; BOMBYX *cratægi.*

Prunellier. — THECLA *pruni, betulæ, spini*; INO *pruni*; AGLAOPE *infausta*; BOMBYX *cratægi, neustria, catax*; ORGYIA, *gonostigma*; CILIX *glaucata.* AMPHIPYRA *pyramidæa, cinnamomea*; TŒNIOCAMPA *gothica*, tous les SELENIA. CROCALLIS *tusciaria, elinguaria, dardoinaria*; ANGERONA *prunaria*; URAPTERIX *sambucaria*; EUPITHECIA *chlærata.*

Rosier. — SCOTOSIA *badiata.*

Saule (Voir peuplier, bouleau). — APATURA *iris, ilia*; LASIOCAMPA *populifolia*; SARROTHRIPA *undulana, bicolorana*; CLEOCERIS *vinimalis*; ORTHOSIA *circellaris* (bourgeons); XANTHIA *fulvago* (châtons), tous les ZONOSOMA.

Saxifrage. — PARNASSIUS *appolo*; CIDARIA *flavicincta, nobiliaria.*

Scabieuse. — NEMEOPHILA *russula*; INO *globulariæ*; PHODORESMA *smaragdaria*; ASPILATES *ochrearia*; EUPITHECIA *scabiosata.*

Sedum. — LYCŒNA *orion*; GNOPHOS *ambiguata, pullata, glocinaria.*

Tilleul (Voir arbres forestiers). — XANTHIA *citrago.*

Trèfle. — Presque toutes les ZYGŒNA.

Tremble (Voir peuplier, bouleau, saule). — BREPHOS *puella.*

Violette. — ARGYNIS *aphirape*, EUPHROSINE et presque toute la totalité des autres ARGYNES (jeunes et ne sortant que la nuit); HABRYNTHIS *scita.*

JUIN

Arbres forestiers. — DEPRENA *falcataria, curvatula, harpagula, lacertinaria*, toutes les TŒNIOCAMPA et les CATOCALA; BOARMIA *crepuscularia, bistortata*; CHEMATOBIA *boreata.*

Arbres fruitiers. — PAPILIO *podalirius;* THECLA *betulæ, spini;* LASIOCAMPA *quercifolia, pruni;* BOMBYX *lanestris, catax;* NUMERIA *pulveraria;* CHEMOTOBIA *brumata;* CIDARIA *bicolorata;* EUPITHECIA *insignata.*

Aubépine. — AGLAOPE *infausta;* DEMAS *coryli* et presque toutes les chenilles indiquées à arbres fruitiers.

Bouleau. — NOTODONTA *torva, dromedarius, trimacula;* LOPHOPTERIX *carmelita, camilina;* tous les COSMIA (aussi sur saules et peupliers). TÆNIOCAMPA *miniosa, incerta;* BREPHOS *parthenias, nothum;* GEOMETRA *papilionaria;* NEMORIA *viridatæ;* ZONOSOMA *porata, punctaria, linearia,* tous les CABERA ; TRIPHOSA *sabaudiata;* CIDARIA *siterata, miata.*

Bruyères. — ANARTA *myrtilli;* PACHYCNIMIA *hippocastanaria.*

Carotte. — PAPILIO *machaon;* DASYPOLIA *templi.*

Chardoñs. — VANESSA *cardui.*

Chêne. — THECLA *quercus, ilicis;* CNETHOCAMPA *processionea;* LIPARIS *dispar,* V. *nigrum, monocha, auriflua;* SARROTHRIPA *undulana;* NOLA *togatulatis strigula;* NOTODONTA *zigzag.* NOTODONTA mêmes que sur bouleau. CALYMNIA *trapezina;* TÆNIOCAMPA *stabilis, gracilis, incerta, opima, munda;* COSMIA *polcaciæ;* SCOTOSCHROSTA *pulla;* ASTEROSCOPUS *nubeculosus, sphinx;* PHORODESMA *pustulata;* ZONOSOMA *linearia;* METROCAMPA *margaritaria, honoraria.* BOARMIA *ilicaria, umbraria* (chêne vert), *roboraria, consortaria;* HALIA *gesticularia; contaminaria;* EUPITHECIA *irriguata, massiliata.*

Chèvrefeuille. — TÆNIOCAMPA *antiqua;* XYLOCAMPA *areola* tous les LITHOCAMPA ; HELIOTHIS *nubiger.*

Clématite. — GEOMETRA *vernaria.*

Crucifères. — PIERIS *brassicæ, napi, rapæ.*

Ecorces (dans les). — Presque tous les SESIA.

Epine-Vinette. — EUCOSMIA *certata.*

Erables. — EUPHITECIA *undata.*

Fusain. — ABRAXAS *adustata.*

Genêt (et aussi trèfle, sainfoin, luzerne). — LYCÆNA *argiades, argus, bellargus, corydon, damon;* presque tous ZYGÆNA. FIDONIA *famula, limbaria;* SELIDOSOMA *tæniolaria;* SPINTHEROPS *spectrum;* CATAPHANES *hirsuta, dilucida;* PSEUDOTERPNA *pruinata, corsicaria;* PELLONIA *vibicaria, calabraria;* HEMEROPHILA *abruptaria;* PHASIANE *clathrata;* EUBOLIA *assi-*

milaria; ENCONISTA *agaritharia;* CHESIAS *spartiata, rufata.*

Graminées. — SATYRUS *proserpina, mæra, megræa, hyperanthus, ægeria, hermione, phædra;* ARGE *galathea* presque tous les EPINEPHILE, les CŒNONYMPHA, BOMBYX *potatoria* (bois). CIDARIA *austriacaria.*

Groseillier. — VANESSA *C. Album;* ABRAXAS *grossulariata* HALIA *wawaria.*

Lichens. — NACLIA *ancila, murina, mundana* (murailles); NOLA *thymula* (lichen du thym); SETINA *aurita;* LITHOSIA *muscerda* (frêne, saule), *lurideola, cireula;* GNOPHOS *quadra;* BOARMIA *glabraria;* les THEPHROSIA (bois mort).

Liseron. — SPHYNX *convolvuli;* ACONTIA *lucida, luctuosa:* AGROPHILA *trabealis.*

Noisetier. — NEMORIA *porrinata;* CABERA *pusaria.*

Orme. — THECLA *W. album;* VANESSA *polychloros:* tous les CALYMNIA sauf *trapesina;* AMPHIPHYRA, *perflua, cinnamomea;* TŒNIOCAMPA *pulverentula, stabilis;* ABRAXAS *pantaria, sylvata.*

Ortie. — VANESSA *prorsa. C. Album, urticæ, io.*

Peuplier (Voir saule, tremble, bouleau). — APATURA *iris, ilia;* LASIOCAMPA *populifolia;* SMERINTHUS *populi, ocellata;* NOTODONTA *zigzag, tritophus, torva, gentina;* PTEROSTOMA *palpina;* PYGŒRA *anachoreta, anastomosis, curtula, pigra;* tous les DYSCHORISTA, les PLASTHENIS; TŒNIOCAMPA *populeti, incerta:* MESOGONA *oralina;* COSMIA *abluta;* ABRAXAS *marganata;* BAPTA *temerata;* STEGANIA *trimaculata.* LOBOPHORA *carpinata, halterata, sexalisata.*

Pin. — SPHINX *pinastri;* LASIOCAMPA *pini;* PANOLIS *piniperda.*

Plantes basses. — CALOCAMPA *vestusta, exoleta;* XYLOMYGES *conspicillaris;* ANARTA *nigrita,* presque tous les ACIDALIA (souvent feuilles sèches); BOARMIA *selenaria;* GNOPHOS *furvata, pullata, glaucinaria, mucidaria, zelleraria;* DASYDIA; PSODOS *alticolaria,* presque tous les PSODOS; HALIA *semicanaria;* CIDARIA *didymata, fluctuata, ferrugata, spadicearia, designata;* GYMNOCOLIS *pumilata.*

Plantain. — Presque tous les MELITHÆA.

Pomme de terre. — ACHERONTIA *atropos.*

Pommier. — SMERINTHUS *ocellata;* LASIOCAMPA *pruni, quercifolia.*

Prunellier et prunier. — ACHROYCTA *auricoma, myricæ;* TALPOCHARES *communi, macula;* BAPTA *pictaria;* RUMIA *luteolata;* HYBERNA *rupricapraria, macula, bajaria;* TRIPHOSA *dubitata;* LYGRIS *prunata.*

Rosier. — CIDARIA *rivata.*

Saule. — VANESSA *C. Album, antiopa, xanthomelas, polychloros;* LIPARIS *salicis;* SMERINTHUS *ocellata, populi;* LASIOCAMPA *ilicifolia;* HARPYA *verbasci, furcula, bifida, herminea, vinula, notodonta, tremula;* TŒNIOCAMPA *miniosa, opima;* PACHNOBIA *leucographa;* MESOGONA *oxalina,* CŒLYMNIA *trapesina;* COSMIA *abluta;* SCOLIOPTERYX *libatrix;* ANARTA *melanopa;* CABERA *exanthemata;* NUMERIA *pulcharia;* DIASTICTIS *artesiaria;* LYGRIS *testata, populata.*

Saxifrage. — PARNASSIUS *apollo, delius.*

Scabieuse. — NOLA *chlamydulalis;* EPIMECIA *ustulata;* CLEOPHANA *antirrhini, serrata.*

Trèfle. — PHASIANE *glarearia;* EUBOLIA *murinaria.*

Violette. — ARGYNIS *selene, dia, daphne, niobe, adippe, paphia, pandora, lathonia.*

Vigne. — DEILEPHILA *celerio.*

JUILLET

Arbres fruitiers. — SATURNIA *pyri.*

Arbres forestiers. — DREPANA *falcataria, curvatulata;* PHALERA *bucephala, bucephaloïdes.*

Baguenaudier. — LYCŒNA, *iolas* (gousses).

Bouleau (voir saule, peuplier). — FIDONIA *carbonaria.*

Bruyère. — ANARTA *myrtilli;* BOMBYX *rubi* (jeune).

Camomille. — CUCULLIA *camomillæ.*

Carotte. — PAPILIO *machaon;* EURHIPARIA *adulatrix;* TELESILLA *amethystina.*

Caryophillus. — MAMESTRA *reticulata;* DIANTHŒCIA *compta.*

Chardon. — VANESSA *cardui.*

Chêne. — EUPITHECIA *abreviata, dodoneata.*

Chèvrefeuille. — LIMENITIS *camilla;* LOBOPHORA *polycommata.*

Clématite. — THYRIS *fenestrella* (feuilles rouillées); EUPITHECIA *isogrammaria.*

Cyprès. — LASIOCAMPA *lineosa*.

Fougères. — ERIOPUS *purpureofasciatus*; PHASIANE *petraria*.

Frêne (voir Lilas). — ACRONYCTA *ligustri*; SPHINX *ligustri*.

Genêt. — HETEROGYNIS *penella*, tous les ORGYA.

Graminées. — PSYCHE *graminella*; LEUCANIA *impudens, impura, pallens, straminea* (bord de l'eau), *scirpi, punctosa, andereggii, loreyi*; ERASTRIA *deceptoria, fasciana*.

Groseillier. — VANESSA *C. Album*.

Hêtre (Voir bouleau). — AGLIA *tau*.

Jasmin. — ACHERONTIA *atropos*.

Laurier rose. — SPHINX *nerii*.

Légumineuses. — MAMESTRA *marmosora*.

Lilas. — SPHINX *ligustri*; ATTACUS *cynthia*.

Liseron. — SPHINX *convolvuli*; AGROPHILA *trabealis*.

Marronier d'Inde. — ACRONYCTA *aceris*.

Mauve. — ACONTIA *viridisquama*.

Millepertuis. — CHLOANTHA *hyperici, polyodon, radiosa*.

Noisetier. — ANDROMIS *versicolor*.

Orme (Voir Tilleul). — ACRONYCTA *aceris*; SATURNIA *pyri, pavonia*.

Ortie. — PLUSIA *triplasia, tripartita, chrysitis, chalcytes*.

Peuplier (Voir Saule). — Tous les CYMATOPHORA, ACRONYCTA *megacephala, alni*.

Pin. — EUPITHECIA *pusillata, abietaria* (cônes), *togata* (cônes).

Plantes basses. — Celles déjà citées en mars, ARCTIA *caja*; ACRONYCTA *euphorbiæ*, presque tous les AGROTIS; HYPENODES *costæstrigalis, albistrigalis*.

Plantes marécageuses. — LEUCANIA *impudens, impura*.

Pomme de terre. — ACHERONTIA *atropos*.

Prunellier. — ACRONYCTA *auricoma*.

Réséda. — PIERIS *napi*.

Ronce. — SATURNIA *pavonia*.

Saule (Voir peuplier, bouleau). — VANESSA *antiopa*; SMERINTHUS *ocellata, populi*; tous les ARGYA, presque tous les HARPYA; ANARTA *melanopa*.

Sedum. — LYCŒNA *orion*.

Scabieuse. — MACROGLOSSA *fuciformis*, NEMEOPHILA *russula*.

Tilleul. — Smerinthus *tibæ*.
Trèfle. — Mamestra *trifolii*. Bombyx *trifolii*. Euclidia *mi*.
Violette. — Argynis *pales, dia, lathonia*.
Vigne. — Deilephila *porcellus, elpenor*.

AOUT-SEPTEMBRE

On trouve encore et surtout au mois d'août bon nombre de chenilles de juillet ; cependant la plus grande partie de celles qu'on peut rencontrer pendant ces deux mois, passent l'hiver à l'état de larves et reparaissent en mars-avril. Nous les avons déjà indiquées à ces deux mois, on peut également trouver ces chenilles en hivernage pendant les mois d'hiver.

Dans la nomenclature ci-dessous nous signalons surtout les espèces qui se chrysalident en août-septembre pour éclore au printemps suivant :

Acacia. — Lycœna *argiolus*.
Arbousier. — Eupithecia *unedonata*.
Arbres fruitiers. — Smerinthus *ocellata* ; Bombyx *populi, pruni*.
Arbres forestiers. — Toutes les Drepana, presque toutes les Harpya.
Aubépine. — Eupithecia *exiguata*.
Baguenaudier. — Lycœna *sebrus, iolas*.
Bruyère. — Lycœna *argiolus* ; Bombyx *rubri*.
Campanule. — Eupithecia *denticulata, nepelata, campanulata*.
Carotte. — Papilio *machaon*.
Chêne. — Heterogena *limacodes* ; Hybocompa *milhauseri* ; Boarmia *roboraria* ; Halia *contaminaria* ; Phalera *bucephala*.
Clématite. — Cidaria *procellata, acuata, vitalbata, corticata, tersata, emulata* ; Eupithecia *breviculata, coronata*.
Cyprès. — Cidaria *cupressata*.
Epine-vinette. — Eucosmia *montivagata*.
Frambroisier. — Les Gonophora.
Frêne. — Lobophora *viretata* ; Eupithecia *fraxinata* ; Sphinx *ligustri*.
Génevrier. — Cidaria *simulata, juniperata* ; Eupithecia *helveticaria*.

Genêt (Voir ronce). — MAMESTRA *thalassina, pisi, persicarinæ, contigua;* FIDONIA *roraria.* EMATURGA *atomaria;* SCODIONIA *penulataria.*

Graminées. — PENTOPHORIA *morio.*

Laurier-rose. — SPHINX *nerii.*

Lilas. — SPHINX *ligustri.*

Lichens. — GNOPHRIA *rubricollis.*

Liseron. — SPHINX *convolvuli.*

Maïs. — Tous les SESAMIA.

Millefeuilles. — EMATURGA *atomaria;* EUPITHECIA *millefoliata, sulfulvata.*

Ombellifères. — EUPITHECIA *oblongata.*

Orme. — UROPUS *ulmi.*

Ortie. — VANESSA *C. album, urticæ.*

Pêcher. — PAPILIO *podalirius.*

Persicaire. — MAMESTRA *persicariæ.*

Peuplier. — HETEROGENA *asella;* NOTODONTA *tremula, dictæoïdas.*

Pin. — MACARIA *signaria, liturata;* BUPALUS *piniarius.*

Plantes basses. — MAMESTRA, *contigua, thalassima, dissimilis, pisi, persicariæ, splendens;* METOPOCERAS *canteneri;* CLADOCERA *optabilis;* HELIOPHOLUS *hispidus;* PERIGRAPHA *cincta;* TŒNIOCAMPA *gothica, gracelis.*

Pommier. — BOMBYX *quercifolia, pruni;* SMERINTHUS *ocellata.*

Pomme de terre. — ACHERONTIA *atropos.*

Ronce. — BOARMIA *repandata.*

Saule (Voir peuplier). — Les NOTODONTA, les PYGŒRA; EUSCOSMIA *undulata.*

Saxifrage. — EUPITHECIA *gemmelata.*

Thym. — ATROOLOPHA *pennigeraria.*

Trèfle. — MAMESTRA *aliena.*

Tussilage. — DEILEPHILA *nicæa.*

Violettes. — PYGMŒNA *fusca.*

LES FERMES DE PAPILLONS

Comme les timbres-poste les papillons ont leurs collectionneurs fervents, qui n'hésitent pas à dépenser des sommes énormes, quelquefois même leur vie pour se procurer un bel exemplaire d'une variété rarissime.

C'est ainsi que le célèbre collectionneur allemand Karl von Hagen succomba sous les flèches des cannibales de la Nouvelle-Guinée, au cours d'une expédition entreprise afin de capturer certains papillons introuvables sur les marchés d'Europe. Du moins il prit plusieurs spécimens d'une espèce magnifique que nul Européen n'avait vus avant lui. C'est un superbe papillon d'un jaune éclatant et d'un noir très sombre remarquable par de gracieux petits appendices fixés à ses ailes postérieures. Il n'avait pas encore été catalogué et il ne l'eût peut-être jamais été, si les bagages de l'infortuné savant n'avaient été retrouvés. Les papillons furent envoyés au Dr Haudinger, de Dresde, qui leur donna le nom de « papillon de Paradis à ailes d'oiseaux » et qui en vendit plusieurs à raison de 625 francs la pièce.

Ce prix, qui paraîtra sans doute extraordinaire aux profanes, n'étonnera guère les amateurs. Beaucoup de papillons atteignent des prix variant de 200 à 600 francs, lorsque ce sont de beaux spécimens d'une espèce nouvellement découverte ou demeurée fort rare. On peut comparer les papillons à des valeurs de bourse, les lois de l'offre et de la demande régissent les cours. Telle famille dont les membres deviennent de plus en plus rares verra sa valeur rapidement décuplée. C'est le cas du Polyammatus dispar, lépidoptère d'origine anglaise. Chaque exemplaire qu'on se procurait naguère pour 5 ou 6 francs en vaut aujourd'hui 250 et 300. Il existe des collections de papillons qui valent des fortunes, aussi on comprend aisément comment devant l'importance de ce commerce peu connu l'idée de créer des fermes de papillons ait pu germer dans des cerveaux inventifs. M. N. Watkins est en effet l'un des premiers qui eut l'idée d'élever des papillons et pendant plusieurs années son établissement d'Eastbourne a fourni des myriades de ces jolis insectes ailés à tous les collectionneurs particuliers ainsi qu'aux muséums des deux mondes. A Eastbourne cette ferme d'un nouveau genre couvrait une superficie de près de 6.000 mètres carrés, tout près de la côte sud d'Angleterre, dans un site suffisamment abrité des vents du large. C'était un immense jardin rempli de fleurs et d'arbres devant servir de nourriture aux chenilles et aux papillons. Ces insectes placés dans des cages grillagées, sélectionnés avec soin, se reproduisaient et fournissaient à leurs possesseurs des œufs d'où provenaient des chenilles et enfin d'autres papillons dont la vente était fort lucrative. Les habitants ailés de la ferme de M. Watkins ne valaient pas moins, paraît-il, de 70.000 francs.

Actuellement le plus grand établissement de ce genre est sans contredit celui de M. Newmann à Bexley dans le Kent, qui comprend non seulement un parc mais un bois d'assez vastes dimensions. M. Newmann ne se livre qu'à l'éducation d'espèces indigènes et à sa ferme, véritable entreprise commerciale d'importante envergure sont attachés des explorateurs qui parcourent les Iles Britanniques cherchant les chenilles de diverses variétés méritantes pour les rapporter à Bexley où elles suivront les différents stages de leur existence et fourniront la « semence » pour la saison prochaine.

M. Newmann n'était qu'un simple employé de bureau, lorsque, amateur lépidoptériste convaincu, il eut l'idée de créer l'établissement qu'il dirige aujourd'hui et qu'il a vu décupler dans l'espace de huit ans. Le jardin offre tout d'abord un aspect bizarre avec ses nombreuses éleveuses et cages à papillons et avec ses arbrisseaux et petits arbres entièrement renfermés dans de larges manchons en gaze ou en tulle. Ces manchons ont non seulement pour but d'empêcher les chenilles de fuir, mais aussi de les protéger contre leurs nombreux ennemis, des ichneumons, des oiseaux et des chats en particulier ; non pas que ces derniers puissent être rangés parmi les mangeurs de chenilles [1], mais à cause des déchirures qu'ils font aux manchons en se promenant la nuit dans le jardin ; aussi a-t-on dû le clore complètement avec du grillage métallique et des filets le transformant ainsi en une vaste volière. Un travail considérable est le transport des chenilles d'un arbuste à l'autre lorsque les feuilles ont été dévorées, ce qui se fait fort rapidement puisque certaines chenilles dévorent journellement jusqu'à vingt-huit fois leur propre poids ; un arbrisseau est souvent dénudé dans 24 heures. Les insectes sont transportés un à un et l'on voit quel travail cela représente, lorsqu'il s'agit de soigner à la fois 8 à 10.000 chenilles.

M. Newmann recherche ou fait rechercher les chenilles à l'état sauvage, il les élève et s'applique surtout à les faire reproduire en captivité ; le point difficile est de nourrir ces papillons ; pour certains comme le Papilio Machaon, espèce qui lui est toujours fort demandé par les débutants, il suffit de placer dans leurs cages des fleurs convenables aspergées de miel mélangé à de l'eau, mais pour certaines espèces comme le sphinx (*Delephila*) Elpenor, il est impossible de trouver en quantité suffisante les plantes nécessaires, M. Newmann a tourné la difficulté, il nourrit artificiellement ses élèves. Autour d'une soucoupe remplie de miel et d'eau, il place des Elpenor la la tête contre la miellée, puis après avoir déroulé avec une fine aiguille leur longue langue, il en trempe l'extrémité dans le liquide, le papillon se met de suite

---

1. Nous avons pourtant vu des chats manger avec délices des vers à soie.

à pomper la préparation sucrée, son corps reste immobile, le battement seul de ses ailes indique sa satisfaction ; puis lorsqu'il est repu, il prend subitement son vol et s'enfuirait certainement si la fenêtre était ouverte. Une méthode de nourriture consiste à toucher la langue des papillons avec un fin pinceau chargé de miellée. Les papillons ainsi nourris pondent en captivité, les œufs sont éclos dans une serre spéciale dans laquelle les jeunes chenilles passent leur premier âge maintenus dans des éleveuses vitrées.

M. Newmann élève plus de deux cents espèces de papillons et il vend suivant le désir de chacun des œufs, des chrysalides prêtes à se transformer ou des papillons étalés.

Les papillons adultes sont tués, soit dans le flacon à cyanure, soit en les piquant, le plus près possible de la tête, entre les deux pattes de devant avec une plume à dessin trempée au préalable dans une forte solution d'acide oxalique ; la mort est instantanée, mais il faut une certaine adresse pour piquer au bon endroit du premier coup.

Les papillons triés sont conservés en papillotes puis étalés durant l'hiver. L'entreprise donne de très jolis bénéfices.

Il existe en Allemagne des établissements semblables et en Suisse, en particulier celui de M. Culot ; en France nous pouvons signaler le laboratoire de M. Denfer et les élevages si intéressants de M. André de Mâcon, de Labonnefont de Cercoux, ces deux derniers lépidoptéristes s'intéressent particulièrement aux Séricigènes, producteurs de soie.

CHAPITRE X

LÉPIDOPTÈRES (Suite)

—

PRÉPARATION ET CONSERVATION DES LÉPIDOPTÈRES

Quelques manipulations sont nécessaires pour donner aux papillons que l'on a pu se procurer le port et l'attitude qu'ils devront conserver dans les boîtes de collection, quelques précautions sont à prendre pour les mettre à l'abri des nombreuses causes d'altération.

Trois circonstances peuvent se présenter, les papillons qu'a sous la main le collectionneur peuvent être : 1° encore vivants ; 2° morts depuis peu et possédant encore assez de souplesse pour qu'on puisse les manier comme s'ils étaient vivants ; 3° morts depuis un temps plus ou moins long, désséchés et raides. D'après ces divers états, il convient d'opérer de manières différentes.

1° **Le papillon est encore vivant.** — Il faut de suite le mettre à mort. On employait autrefois des procédés assez barbares, dont le plus simple consistait à leur enfoncer longitudinalement en dessous de la tête une aiguille ou une épingle, après l'avoir préalablement trempée dans une solution de savon arsenical ou dans de l'eau dans laquelle on a fait bouillir du tabac à fumer ; il était pourtant insuffisant pour les grosses espèces qui ont la vie dure, les Sphinx et les Bombycites en particulier ; on procédait alors de la façon suivante : enfoncer, toujours en dessous de la tête et dans le sens longitudinal, mais seulement à une profondeur de 8 à 10 millimètres une épingle longue de 5 centimètres environ de longueur, ceci fait tenir le papillon par le dessous du corselet entre le pouce et les deux premiers doigts de la main, de manière à ce qu'il ne puisse faire le moindre mouvement, après quoi faire rougir à la flamme d'une bougie toute la partie supérieure de la longue épingle ; la chaleur ne tarde pas à se communiquer à la partie inférieure de l'épingle et en moins d'une ou deux minutes le papillon meurt. L'emploi d'une épingle très longue est indispensable, car en se servant d'une plus courte, le papillon risquerait en se débattant, de se brûler les antennes au contact immédiat de la chandelle. (Bien entendu, quelle que soit la manière d'opérer, il faut, une fois l'insecte mort, retirer de suite de son corps l'épingle qui aura servi à le faire périr.)

Ces procédés assez cruels sont tombés en désuétude ; actuellement, on obtient rapidement et sans souffrance la mort du papillon en lui faisant respirer certaines substances comme l'essence de serpollet, l'ammoniaque, la benzine. Tenir la tête de l'insecte au-dessus d'un flacon rempli de l'un de ces liquides ou maintenir devant sa bouche durant quelques instants un pinceau chargé de ces produits en évitant avec grand soin de toucher les ailes qui seraient tachées.

Enfin le moyen le plus simple consiste dans un séjour plus ou moins long dans le flacon à cyanure. M. de Labonnefont conseille pour les gros Hétérocères la pratique suivante que l'on peut employer avec ces sujets qui, endormis momentanément sous l'influence d'un des produits susmentionnés, pourraient sortir de leur torpeur : passer à l'aide d'une aiguille de la tête à l'anus un fil préalablement trempé dans le jus de tabac que livre la régie, le tabac amène la mort de l'insecte et le fil qui reste dans le corps consolide l'abdomen, qui se détache si facilement au moindre choc quand le papillon est sec.

L'insecte mort, on peut le placer de suite sur l'étaloir; mais nous ne saurions assez recommander que la mort soit complète, car si le papillon avait encore assez de force pour remuer un peu, il ne tarderait pas, en cherchant à se délivrer, à détacher un nombre plus ou moins grand d'écailles de ses ailes et des poils qui recouvrent son corps.

2° **Papillons morts depuis peu.** — Ces papillons ayant gardé leur souplesse peuvent être placés de suite sur l'étaloir; néanmoins pour les microlépidoptères, il convient d'attendre comme on le verra plus loin.

3° **Papillons morts depuis un certain temps.** — Ces papillons sont plus ou moins desséchés et il n'est pas possible de donner la position voulue aux ailes sans les briser, il faut pour pouvoir les *étaler*, **les ramollir** auparavant.

Ramollissoir. — Cet appareil consistera simplement en un plat ou assiette de 4 à 8 centimètres de profondeur dans lequel on mettra une couche de sable très fin et très pur, ou mieux de grès pulvérisé (le sable, dit de Fontainebleau, convient très bien n'étant que du grès très fin), on l'arrose copieusement en ayant soin de l'égoutter un quart d'heure après pour enlever l'excès d'eau qui n'a pu être absorbée, on pique les papillons sur le grès en ayant soin que leur corps n'y touche pas, et l'on recouvre le tout d'une cloche en verre. Plus simplement encore le ramollissoir peut consister en une vieille marmite dont on garnit le fond de sable et dont on remet le couvercle une fois les papillons placés.

Il faut absolument recouvrir l'assiette ou refermer la marmite, à la fois pour obtenir une chaleur humide et pour préserver les papillons des attaques des mouches qui pondraient dans leur corps des œufs donnant plus tard naissance à des larves dévastatrices.

Il est bon d'arroser la salle, pendant les chaleurs surtout, soit avec de l'eau phéniquée, soit avec une solution de sublimé (bichlorure de mercure) au 2 0/0. Nous avons recommandé plus haut de piquer les papillons sur le grès, de façon à ce que leur corps ne touche point cette substance humide, M. de Labonnefont opère pourtant autrement et s'en trouve fort satisfait. A l'aide d'un couteau à papier ou d'un instrument quelconque il trace sur le sable des sillons de 5 à 6 millimètres de profondeur et place dans ces sillons les papillons à la suite les uns des autres, en faisant en sorte que les articulations des ailes soient en contact avec la couche humide ; ce procédé réussi, paraît-il, très bien pour les papillons envoyés en papillotes et dont les ailes sont repliées les unes contre les autres.

Le temps, durant lequel les insectes doivent rester dans le ramollissoir, varie suivant leur grosseur et peut aller de 12 à 24 et 36 heures. Il faut pourtant signaler que les papillons bleu tendre ou vert clair perdent leurs fraîches couleurs dans l'atmosphère humide du ramollissoir. Il faut donc ou les étaler de suite après leur mort ou employer le procédé suivant que recommandait Berce :

Il consiste à préparer un vase en terre ou en faïence, à bords droits, auquel on adapte un bouchon de liège fermant hermétiquement ; au fond de ce vase on met des feuilles de laurier-cerise que l'on aura hachées menu, sur une épaisseur de 2 à 3 centimètres, on pique alors sur le bouchon les papillons que l'on veut ramollir ou conserver frais et on le replace sur le vase. On peut de cette manière ramollir toutes les espèces de papillons. Les seules précautions à prendre consisteront à choisir des feuilles de laurier-cerise bien mûres et non les jeunes pousses, les essuyer si elles sont bien mouillées, tenir le vase au frais et dans l'obscurité, le visiter souvent et si l'on aperçoit quelque trace d'humidité, le déboucher et l'essuyer ; changer les feuilles lorsqu'on s'aperçoit qu'elles jaunissent ou qu'elles ont quelque trace de moisissure. Les couleurs ne sont jamais altérées.

Etalage. — Les ailes du papillon se trouvant soit naturellement, soit à la suite d'un séjour dans le ramollissoir dans un état de souplesse suffisant, on procède à l'étalage qui a pour but d'étendre presque horizontalement les ailes de l'insecte. On se sert pour cela d'*étaloirs* (*fig.* 118). L'étaloir consiste essentiellement en une planchette en bois tendre et épaisse

FIG. 118.—Étaloir.

creusée en son milieu d'une rainure ou gouttière plus ou moins large suivant la grosseur de corps des papillons à traiter et garnie en son fond d'une bande de liège, agave ou moelle de sureau ; la planchette n'est pas absolument plane, mais se relève en pente douce presque insensible des deux côtés de la gouttière. Le bois tendre doit être exclusivement employé, car il faut pouvoir y planter aisément des pointes. La surface doit en être soigneusement unie, poncée et polie afin que les ailes délicates du papillon ne subissent aucune éraflure. L'esprit inventif et commercial des fabricants d'instruments à l'usage des naturalistes ont inventé des étaloirs de différents modèles plus ou moins ingénieux ; si l'on en excepte pour le voyage et à cause de leur légèreté ceux *dits évidés*, les modèles les plus simples sont encore les meilleurs. Il est d'ailleurs facile d'en construire soi-même. L'appareil se composera de deux planchettes en bois tendre de 7 à 8 millimètres d'épaisseur sur 5 centimètres de large et de 30 à

40 centimètres de long. Par un léger coup de rabot on donne à la surface supérieure de chacune de ces planchettes une légère pente; puis pour éviter l'ennui du ponçage et polissage toujours difficile pour un amateur, on recouvre cette surface d'une feuille de papier blanc bien collé, puis on les place à côté l'une de l'autre en laissant entre les deux un vide ou rainure de 4 à 10 millimètres et on les fixe dans cette position sur une planchette de bois assez épaisse. On termine en collant à la colle forte tout le long de la rainure, au fond, sur la planchette support, une bande de liège, d'agave ou de tourbe qui permettra de planter facilement les épingles portant les papillons, par suite la planche support, sur laquelle sont clouées les deux pièces de l'étaloir, peut être en bois dur. Il faut posséder des étaloirs de largeur différente de rainure suivant la grosseur des papillons que l'on a à traiter; le commerce en fournit des modèles avec largeur de rainure variant de 2 millimètres à 16 millimètres; 3 types suffisent en général : un modèle à large rainure de 16 millimètres pour les gros papillons de nuit, un autre à rainure de 6 millimètres pour les espèces moyennes et un dernier à rainure de 3 millimètres pour les petites variétés.

Pour étaler un papillon (*fig.* 119), celui-ci étant au préalable piqué sur une épingle, on choisit un modèle d'étaloir ayant la rainure un peu plus large que le corps de l'animal, on enfonce alors dans le milieu de la rainure et bien verticalement l'épingle, qui traverse le corselet du papillon jusqu'à ce que le corps de l'insecte, entrant dans la rainure, ses ailes viennent naturellement reposer sur chacune des deux planchettes; avec une épingle emmanchée sur une petite tige de bois, on fait glisser l'aile droite de façon que le bord interne forme un angle droit avec le corps, on maintient cette aile avec une bande de papier piquée avec des épingles à tête d'émail, on opère de même façon pour l'aile gauche, puis on engage les ailes inférieures très légè-

Fig. 119. — Manière d'étaler.

rement sous les supérieures de façon à laisser visible la plus grande surface possible, on achève de fixer les ailes à l'aide de bandes de papier tenues par des épingles et on laisse sécher (*fig.* 120). Il faut évidemment opérer avec de grandes précautions pour ne point érafler les

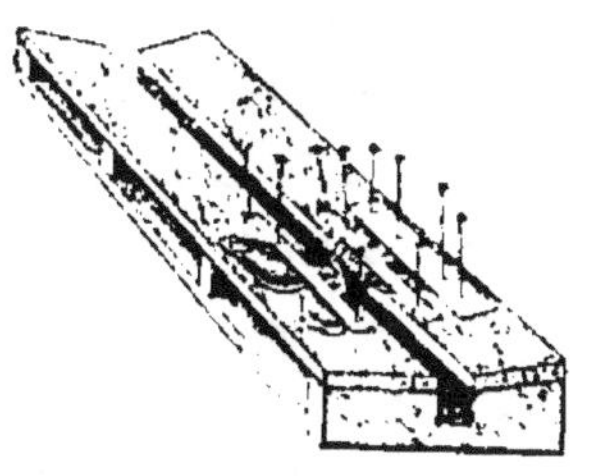

FIG. 120.

Papillon sur l'étaloir maintenu par des bandes de papier.

ailes si délicates : le mieux est de les faire mouvoir en poussant légèrement, avec l'aiguille emmanchée, en dessous de la principale nervure et une fois l'aile en position, on pose la bande de papier que l'on maintient en place en appuyant avec l'index de la main gauche, pendant qu'on pique avec des épingles les deux extrémités de la dite bande. Lorsque les ailes sont repliées au point de se toucher comme dans les exemplaires provenant de papillotes, le mieux est de commencer de les séparer en introduisant entre elles une petite bande de bristol mince. Les bandes qui servent à maintenir les ailes sont découpées dans du bristol fin, leur longueur varie suivant l'étendue des ailes du papillon et leur largeur de 5 à 10 millimètres ; les épingles employées pour les fixer sont des épingles en acier à tête de verre que l'on trouve dans toutes les merceries (*fig.* 121).

FIG. 121.

Épingle à tête de verre.

On aura soin de diriger les antennes en avant et de les maintenir dans cette position à l'aide de 2 épingles fixées dans le liège de la rainure ; l'abdomen tend parfois à se relever, on l'assujettit à l'aide d'une bande de papier comme les ailes ; par contre quelques papillons ont un corps volumineux qui tend à s'affaisser, on évitera cet accident en passant sous le corps des épingles croisées en X.

Chez les hétérocères les pattes ont souvent une grande importance, aussi est-il utile de diriger en avant la première paire afin qu'on puisse bien les voir sans toucher à l'insecte, on les empêchera de se rétracter en les maintenant avec des épingles.

On laisse les papillons sur l'étaloir tout le temps nécessaire pour qu'ils se sèchent bien, 15 jours suffisent en général, mais pour les sphinx, les gros Bombyx, etc., 3 semaines sont nécessaires pour la dessiccation complète.

Les spécimens que l'on aura fait ramollir au préalable sécheront plus vite que ceux qui auront été étalés de suite après leur mort, on peut les retirer de l'étaloir au bout d'une semaine. En tous cas s'ils n'étaient pas bien secs lorsqu'on les retire, ils se déformeraient au bout de quelques semaines.

Ne laissez jamais l'étaloir garni de papillons à l'air libre et à la poussière. Enfermez-les dans une armoire et saupoudrez-les de naphtaline, ils sécheront moins vite mais vous éviterez ainsi l'envahissement des dermestes. « Que de fois. dit avec raison M. de Labonnefont, un papillon exposé au grand air n'a-t-il pas été la cause de la destruction de boîtes entières, grâce aux larves vivantes qu'il y avait apportées ! »

Boîtes ou cartons pour ranger les lépidoptères. — En principe, toute boîte en bois ou en carton, pourvu qu'elle soit propre, peut servir à la collection. L'essentiel est qu'elle soit close de toutes parts, afin d'interdire l'entrée à la poussière et aux petits animaux parasites. Il est utile dans ce cas de tapisser tout l'intérieur avec du papier blanc de bonne qualité uni ou quadrillé, peu importe que l'on double dans les coins par excès de prudence. Le fond de la boîte sera garni d'une lame de liège ou de tourbe ; le liège était autrefois le plus employé, mais actuellement on préfère soit l'agave, soit la tourbe ; dans cette dernière les épingles s'enfoncent plus facilement sans se tordre et cette matière est fournie à un prix très modéré par tous les marchands naturalistes en plaques de dimensions différentes suivant les besoins et de 7 à 8 millimètres d'épaisseur ; néanmoins ne négligez pas pour piquer les insectes dans la boîte de vous servir toujours de

FIG. 122. — Pinces à piquer.

pinces à piquer (*fig.* 122) ; ce sont des pinces en acier à mors recourbés destinés à saisir l'épingle pour pouvoir la piquer solidement, dans le fond ; si l'on prenait l'épingle par la tête, on risquerait de la ployer et de briser le papillon.

Il faut toujours pour piquer les lépidoptères dans les boîtes de collection se servir d'épingles spéciales vernis noir et éviter celles en acier qui, se rouillant dans le corps de l'insecte, ne tarderaient pas à se briser.

Les véritables collectionneurs adoptent avec raison

FIG. 123. — Cadre à papillons.

des boîtes en carton *avec dessus vitré* (*fig.* 123), l'absence de vitre oblige d'ouvrir la boîte toutes les fois que l'on veut voir les insectes ; outre que durant le temps de l'examen les insectes dévastateurs pourraient s'introduire, le choc d'air produit par la fermeture ébranle les ailes et finit par les détacher.

Nous ne conseillons pas de suspendre aux murs les boîtes vitrées contenant des lépidoptères; la lumière atténue assez rapidement leurs brillants coloris au point de les faire disparaître presque dans certaines espèces, il faut au contraire les maintenir dans l'obscurité, dans un placard quelconque. Lorsque la collection est importante, on range les boîtes dans des casiers spéciaux (*fig.* 124). L'inconvénient de cette disposition en tiroir dans un casier est de ne point permettre d'avoir de la collection une vue d'ensemble. M. de Labonnefont nous signale l'heureux arrangement qu'avait combiné un lépidoptériste de sa connaissance. Il avait fait construire un meuble ayant à l'extérieur la forme d'une armoire à deux portes de 2^m,50 de haut sur 0^m,80 de large. Le

Fig. 124.
Meuble à casier.

meuble n'avait que 0^m,60 de profondeur; les portes, dont le bas roulait sur des galets, avaient chacune 5 feuillets de dimensions égales formés par de grands cadres vitrés de 0^m,09 de profondeur; voulait-il montrer sa collection, les portes s'ouvraient, les feuillets étaient développés et le spectateur avait devant lui un immense tableau de 8 mètres de large sur 2^m,50 de hauteur. Tout y était classé avec le plus grand soin et le coup d'œil était ravissant.

Classement de la collection. — La collection doit être classée avec beaucoup d'ordre; la classification actuellement la plus usitée est celle de Staudinger dont s'est servi le Dr Seriziat pour la confection de ses excellents catalogues de lépidoptères de France et d'Europe, y compris les microlépidoptères et les différentes subdivisions.

Nous n'avons rien à dire sur les différents genres d'étiquettes, les uns les prennent d'assez grandes dimensions, les autres plus petites (*fig.* 125); disons simplement que l'on trouve maintenant dans le commerce des catalogues imprimés d'un seul côté qui, une fois découpés et collés sur du carton mince, forment de parfaites étiquettes; il est utile de marquer, si on peut le reconnaître, le sexe du papillon.

FIG. 125.
Etiquette.

En histoire naturelle, on est convenu d'employer le signe ♂ pour indiquer les sujets mâles et celui ♀ pour désigner ceux femelles; ces signes ont été empruntés au système planétaire où ils désignent Mars et Vénus.

On fixe les étiquettes collées sur du carton mince au-dessus ou au-dessous de chaque rangée d'individus bien régulièrement au fond de la boîte à l'aide d'épingles, dites *camion*. Il existe une autre façon de placer les insectes qui offre l'avantage de les présenter dans les boîtes à la même hauteur que les papillons, ce qui donne un meilleur aspect et économise de la place, on enfile sur une longue épingle une petite rondelle de liège ou plus pratiquement une petite rondelle de moelle de sureau, on

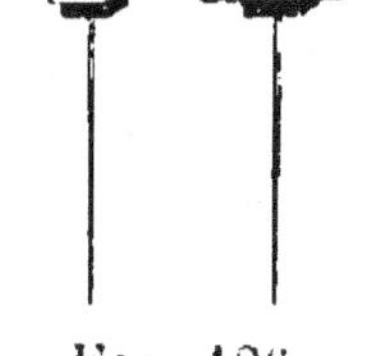

FIG. 126.
Etiquettes montées sur table de liège.

la remonte jusqu'à la tête de l'épingle qui doit s'encastrer dans la moelle, on a ainsi un petit support ou table sur lequel il est facile de coller l'étiquette (*fig.* 126).

Les entomologistes sérieux conseillent vivement de piquer à l'épingle même qui supporte le papillon une petite rondelle ou *paillette* de papier sur laquelle on inscrit la localité où a été capturé le sujet, les date, mois et année et autres indications utiles; indications qui pouvant se relever dans les diverses collections permettent d'établir les faunes locales dont l'importance est si grande (*fig*. 127).

Lorsque les sexes diffèrent, il est intéressant de mettre côte à côte dans la boîte le mâle et la femelle et pour les hétérocères qui ont au repos les ailes très diversement placées selon les genres, il est bon d'en conserver un dans chaque espèce dans cette position; qui pourrait soupçonner l'aspect d'un lasiocampe au repos en le voyant étalé dans une collection? poussant plus loin cette multiplicité des spécimens il serait bon, si la place ne manque pas, de mettre d'abord un couple de chaque espèce mâle et femelle vu en dessus, un second couple vu en dessous, un troisième couple au repos et à la suite toutes les variétés et aberrations que l'on peut rencontrer. Enfin l'idéal serait de pouvoir réunir l'œuf, la chenille soufflée à divers âges, le cocon s'il y a lieu, la chrysalide et enfin l'insecte parfait.

FIG. 127.
Papillon épinglé avec paillette portant diverses indications.

Il est difficile sinon impossible d'arriver à faire une collection complète sans faire des échanges; mais il ne faut s'adresser qu'à des amateurs sérieux ; car souvent en place des lépidoptères bien préparés que vous avez adressés, vous recevez des sujets de rebut, mal étalés, frottés ; bien heureux s'ils ne contiennent pas dans leur corps des larves d'insectes dévastateurs qui détruiront non seulement ce spécimen, mais aussi tous les autres de la même boîte; aussi est-il prudent avant de placer pareil spécimen dans la boîte de lui faire faire un séjour prolongé dans le flacon à cyanure afin de détruire tous les germes qu'il pourrait porter avec lui.

Les échanges peuvent se faire par la poste dans des boîtes assez légères tout en étant solides, le commerce en livre d'excellents modèles. Le fond de la boîte doit être garni d'une plaque de tourbe assez épaisse pour que l'épingle s'y enfonce bien ; au-dessus de la tourbe mettez une feuille de papier blanc sur laquelle vous collerez une feuille de ouate séparée par moitié, de façon que la partie lisse touche le papier. Cette ouate, si un corps, un abdomen vient à se briser, l'accrochera et l'empêchera de rouler de tous côtés et de briser les ailes et les antennes des autres papillons. Fixez avec plusieurs épingles placées en faisceaux les corps des grosses espèces et placez la boîte, ainsi garnie dans une autre plus grande et capitonnée de feutre ou de coton ; vous êtes à peu près assuré qu'elle arrivera ainsi à destination sans trop de débris.

Conservation de la collection. — Les ennemis des collections sont nombreux et sans cesse à l'aguet ; ce sont : Dermestes, Anthrènes, Ptinus ; on reconnaît qu'un papillon est attaqué par un de ces insectes à un tas de fine poussière amassée sous lui. Il faut immédiatement agir et mettre dans le flacon à cyanure tous les sujets attaqués et même ceux qui se trouvent à côté dans la même boîte. Si les sujets sont trop grand pour entrer dans le flacon à cyanure (personnellement nous avons un *bocal* au cyanure permettant l'entrée des plus forts spécimens et qui nous rend de grands services), on les placera dans une boîte quelconque, mais hermétiquement close dans laquelle on aura placé une éponge fortement imbibée de benzine ou mieux de sulfure de carbone, et on les y laisse séjourner quelques heures. Les émanations émises soit par une de ces matières, soit par le cyanure de potassium tuent l'insecte parasite.

Il est néanmoins préférable de se servir de moyens préventifs, il faudra avoir soin : 1° de placer le meuble qui renferme les boîtes dans un appartement sec, exposé au nord, car si la chaleur du soleil est nuisible en favorisant le développement des anthrènes et dermestes, l'humidité engendre la moisissure ; 2° d'ouvrir pendant une ou deux minutes toutes les boîtes de la collection et cela au moins une fois tous les mois et si cela est possible tous les quinze jours ; 3° de frapper doucement et dans divers sens les parois latérales des boîtes afin de rassembler, dans un de leurs angles les molécules de poussière qui tendent toujours à se dégager du corps des papillons, on ôtera ensuite cette poussière à l'aide d'un pinceau.

Il faut également saturer l'intérieur de la boîte de vapeurs insecticides. On recommandait fort le camphre autrefois et il est certain que ses propriétés destructives des insectes sont satisfaisantes, mais il ne tarde pas à se sublimer et à recouvrir les papillons d'une fine poussière blanche du plus désastreux effet ; cette substance doit donc être rejetée. A proscrire aussi le procédé anciennement adopté d'enduire le dessous du corps du papillon d'un enduit de savon arsenical de

Fig. 128
Boule
de
naphtaline

Bécœur, car ce produit a l'inconvénient, par l'humidité qu'il entretient, de faire tourner *au gras* les papillons (voir plus loin). La meilleure façon de préserver les collections de l'attaque des insectes, dermestes, anthrènes, teignes consiste à mettre dans la boîte quelques boules de naphtaline ; le commerce livre des boules montées sur épingles (*fig.* 128) qu'il est très commode de fixer dans la boîte. On installera aussi en le fixant dans un coin à l'aide d'une petite bande de papier un flacon débouché contenant du coton cardé que l'on imbibe d'un liquide insecticide. On peut adopter un autre dispositif qui est très pratique, on prend un petit tube de verre scellé au fond ou une éprouvette minuscule et à l'aide d'une bande de papier collée, on la fixe à une longue épingle qu'il n'y a qu'à piquer dans le fond de liège ou de tourbe de la boîte. Le commerce livre, sous le nom de fioles Sauvinet (*fig.* 129), de petits flacons inversables que l'on pique également dans le liège du fond. Quant au liquide les uns recommandent la benzine, le sulfure de carbone (nous donnons la préférence à cette dernière malgré son odeur désagréable), les autres un mélange égal de benzine et d'acide phénique (ce procédé a aussi l'avantage d'éviter les moisissures), enfin à ceux qui éprouvent de la répugnance pour les émanations fortes de ces produits on conseille l'essence de serpollet ou une huile provenant d'une plante de Malaisie, le *Kayoupouti*.

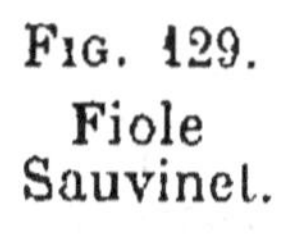

Fig. 129.
Fiole
Sauvinet.

Nous avons dit plus haut que l'humidité était aussi une grande ennemie des collections. Tout d'abord il produit sur le corps des papillons des moisissures ; on arrivera à nettoyer les insectes attaqués en frottant les surfaces recouvertes de ces végétations microscopiques avec un pinceau trempé dans de l'alcool absolu ou dans de la benzine. L'humidité est aussi la source d'un autre fléau, elle encourage la multiplication des *acares* ; ces animalcules s'installent en quantité prodigieuse sur le corps du papillon et donnent aux gros bombyx et aux autres papillons un aspect particulier, laissant croire qu'on les a trempés dans un bain d'huile, on dit alors que le papillon est *tourné au gras*. Cet accident arrive surtout aux grosses espèces : bombyx, cossus, lasiocampes dont le corps volumineux attire plus ou moins l'humidité. Le remède est assez simple, il suffit de plonger le papillon contaminé dans de la benzine de façon à ce qu'il y trempe complètement, on le retire quelques instants après et on le fait bien sécher avant de le remettre dans la collection. Le meilleur procédé pour obtenir une dessiccation complète et rapide consiste à piquer le papillon dans une petite boîte et de la recouvrir complètement d'*argile smectique* (terre à foulon ou terre de Sommières) finement broyée et tamisée. On l'y laisse un ou deux jours au plus, on le retire et on l'époussette avec un pinceau très doux ; il a repris sa fraîcheur primitive et peut être remis dans la boîte. Certaines espèces tourneront de nouveau au gras malgré les précautions prises, il faudra renouveler l'opération ci-dessus décrite, dès que cela deviendra nécessaire.

Enfin il peut arriver divers accidents aux insectes contenus dans les boîtes, antennes brisées, ailes détachées, corps rompus, etc.

Les dommages peuvent se réparer en réunissant les parties ainsi séparées et en les collant avec de la gomme laque en écaille dissoute dans l'alcool jusqu'à formation d'un sirop épais ; cette colle sèche très rapidement, elle prend sur les parties poilues du corps des insectes et en outre elle a l'avantage de résister à l'humidité.

Lorsque l'abdomen est détaché, on le colle de la même façon, mais il est prudent, la réparation une fois faite, pour éviter le retour de pareil accident, d'introduire, au moyen d'une aiguille très longue et très fine sous la tête, un fil qu'on fait ressortir par l'extrémité de l'abdomen. Ce fil qui traverse le papillon dans toute sa longueur, ne se voit pas, le consolidera dans son intérieur et le corps, quelque pesant qu'il soit, se trouvera soudé au corselet. Trempez le fil dans une solution antiseptique, sublimé ou jus de tabac, il contribuera également à la conservation de l'insecte.

Nous recommandons cette opération comme moyen préventif pour tous les gros papillons, nous l'avons déjà indiquée comme un moyen de mise à mort, mais nous le conseillons également après la mort du sujet.

Pour les ailes, il est bon de ramollir au préalable le papillon en entier ainsi que les organes détachés ; on enduit le point de cassure de gomme laque et après avoir réuni les ailes au corps (la colle étant bien sèche) on porte le tout à l'étaloir, et on traite le papillon comme si c'était un nouveau sujet à placer dans la collection, on évite ainsi le gondolement des parties recollées.

Il peut arriver aussi qu'un insecte parasite, pour s'échapper, fasse un trou plus ou moins grand dans le corps d'un papillon, on peut le boucher en faisant une pâte avec des brins de laine hachés, de couleur appropriée et de gomme laque, on applique cet enduit sur le trou et quelques coups de pinceau chargé de couleur à l'huile achèveront de donner à cette réparation un résultat satisfaisant. Avec de l'adresse il est facile de refaire ainsi de grosses parties de corps détruits.

Préparation des microlépidoptères. — La préparation des microlépidoptères est assez délicate, pourtant ces papillons aux brillantes couleurs sont très attrayants outre leur réel intérêt scientifique, car c'est parmi eux, leurs chenilles du moins, que l'on trouve les plus terribles dévastateurs de nos récoltes. Nous empruntons à M. Fologne, de Bruxelles, d'utiles indications sur la manière de préparer ces petits insectes dont l'envergure des plus grands ne dépasse guère 1 centimètre.

« Le procédé suivant est celui qui nous a le mieux réussi pour prendre les infiniment petits Lépidoptères. Il faut se munir d'un flacon ayant 8 ou 9 centimètres et l'ouverture assez large, au moins 3 centimètres. Ce flacon doit contenir un morceau de cyanure de potassium recouvert de ouate, et par-dessus celle-ci un papier satiné dont les bords sont collés au verre, le tout occupant le quart ou le tiers inférieur du flacon [1].

1. Nous avons déjà donné des détails sur la confection du flacon à cyanure et sur le moyen de prendre les microlépidoptères, mais nous trouvons intéressant de reproduire les indications de M. Fologne sans rien y retrancher. (N. D. L. A.)

Il est essentiel d'avoir un bon bouchon pour que l'air ne décompose pas le cyanure et ne produise de l'humidité. On fait entrer les papillons dans ce flacon, soit du filet dans lequel on les a pris ou directement des plantes ou feuilles sur lesquelles on les trouve posés et on les y laisse jusqu'au moment où on les voit tomber au fond. Il faut alors les en retirer de suite et les mettre chacun séparément dans autant de petites boîtes à pilules, dans le couvercle desquelles on a fait d'avance quelques petits trous avec une aiguille. Comme ils ne sont qu'engourdis, ils reviennent à eux et sont rapportés ainsi bien conservés. Si on les laissait trop longtemps exposés à l'action du cyanure, ils se raidiraient et ne pourraient plus être étalés.

« De retour chez soi, on dépose les boîtes dans un endroit frais et le jour même ou le lendemain, si on veut étaler ses petites captures, pour pouvoir les piquer, on les remet un instant dans le flacon au cyanure (opération qui est très facile, si les boîtes ont le même diamètre que le goulot du flacon).

« Les épingles à employer doivent naturellement être fines et avoir deux pointes : l'une qui sert à piquer le papillon quand il est renversé sur le dos, ce qui évite l'inconvénient de traverser le corps avec la plus grande partie de l'épingle ; l'autre destinée à le piquer dans les boîtes. On pique entre la première paire de pattes, et l'on fait passer l'épingle au travers du corselet, qu'il faut avoir grand soin de conserver intact, en l'appuyant sur un papier glacé que l'on perce en même temps afin que l'épingle dépasse de 5 millimètres environ.

« Les étaloirs pour les microlépidoptères doivent être composés de deux bandes de verre d'égale épaisseur, revêtues intérieurement de papier blanc, collées aux deux bouts sur des morceaux de bois et laissant entre elles un intervalle proportionné à l'épaisseur du corps de l'insecte ; sous cet intervalle on colle de la moelle de sureau, dans laquelle passera l'extrémité supérieure de l'épingle.

« Les papillons se placent le dessus des ailes posé sur l'étaloir. Celles-ci sont mises en place avec une fine épingle, légèrement courbée, et sont maintenues ensuite par de petits morceaux de verre plus longs que larges, dont on pose l'un des bouts sur les ailes dans le sens de leur longueur. Il est bon, avant de mettre les insectes sur l'étaloir, de déployer un peu leurs ailes en soufflant légèrement dessous. Les nervures étant saillantes sous les ailes offrent une prise à l'épingle, sans que celle-ci perce leur tissu, et l'on peut poser le verre sans crainte d'enlever les écailles de leur face supérieure ; les plus petites espèces connues peuvent être parfaitement étalées en suivant cette méthode, qui est aussi plus expéditive que celle qui consiste à maintenir les ailes avec des bandelettes de papier. »

Nous n'avons pas à ajouter aux intéressantes indications de M. Fologne, pourtant nous ferons remarquer qu'un très savant et habile microlépidoptériste, M. l'abbé Mège, conseille au contraire de ne pas étaler ces insectes aussitôt après leur mort, mais de ne les préparer que plusieurs mois après leur capture ; on les ramollit sur du sable humide dans un verre et ils se laissent étaler avec la plus grande facilité.

En place d'un étaloir en verre, on peut se servir d'un appareil composé de deux règles de bois de peuplier, assemblées parallèlement sur une planchette ; la rainure qui les sépare aura 1 à 2 millimètres de large, le fond sera garni d'une bande de moelle de sureau, elle devra néanmoins offrir une profondeur de 5 à 6 millimètres pour que les délicates pattes des insectes, qui sont relativement fort longues, puissent s'y loger.

Pour les très petites espèces, au lieu de les piquer directement avec des épingles d'entomologistes, on les embroche avec des morceaux de fil très fin d'argent ou de platine que l'on trouve chez les horlogers ; on divise le fil en petits fragments au moyen d'une pince coupante et on la lime de façon à former une pointe aux deux extrémités. Voici la façon la plus pratique de les monter : l'insecte étant piqué à un de ces fragments de fil, on prépare de petits rectangles de sureau de 10 millimètres de long sur 5 millimètres de large et 4 d'épaisseur (*fig.* 130) ou de petites rondelles de 10 millimètres de diamètre et de 4 d'épaisseur ; le microlépidoptère est piqué vers l'un des bords de cette petite plaque de sureau, tandis que l'autre bord est traversé par une longue

FIG. 130.

Carré de sureau pour monter les microlépidoptères.

épingle d'entomologiste, qui sera enfoncée dans la boîte ; le tout peut donc se manier aussi facilement qu'un papillon de grosse taille (*fig.* 131).

Album de papillons, Lépidochromie. — Comme nous venons de le voir, les collections de Lépidoptères ne sont pas d'une conservation très facile et malgré tous les soins qu'il prend, l'amateur est souvent obligé de remplacer des sujets défraîchis. Il faut lutter sans cesse contre la poussière, l'humidité, les dermestes, les anthrènes, les acares, aussi l'idéal serait de pouvoir conserver les papillons en album comme les cartes postales.

Fig. 131. Microlépidoptère monté.

Le moyen existe, et s'il est critiquable au point de vue scientifique, il n'en est pas moins très intéressant pour les amateurs.

On se rappelle la décalcomanie qui fit fureur dans la dernière moitié du siècle dernier ; cet art consistait à transporter sur une surface quelconque des images imprimées en couleur sur une couche de gomme arabique étendue elle-même sur du papier sans colle, ces images étaient elles-mêmes recouvertes de colle arabique. On découpait la gravure, on collait le côté de l'image sur l'objet à décorer, puis, mouillant le verso, on enlevait le papier sans colle et l'image restait fixée sur l'objet, comme si elle avait été peinte sur place.

La lépidochromie n'est pas autre chose, elle consiste à transporter sur le papier toutes les écailles, qui recouvrent la membrane hyaline des ailes d'un papillon.

Les ailes des papillons sont faites avec des lames transparentes tendues sur un châssis de nervures qui les soutiennent comme les baleines portent la soie d'un parapluie. Sur ces lames s'implantent les écailles qui sont imbriquées les unes sur les autres comme les tuiles sur un toit. Quand vous touchez un papillon, vous vous apercevez qu'il reste comme une fine poussière dans vos doigts. Cette poudre impalpable est due à des milliers de petites écailles. Ce sont ces écailles qui, selon qu'elles réfléchissent la lumière ou non, donnent les brillantes couleurs et les étincelants reflets aux ailes du papillon.

Il s'agira donc dans notre opération de décalcomanie de détacher ces écailles de l'aile du papillon sans troubler leur assemblage et de les transporter sur une feuille de papier ou sur un autre subjectile.

Deux procédés s'offrent à nous : 1° par simple transfert ; 2° par double transfert.

1° **Procédé par simple transfert.** — Mélangez dans un vase pouvant aller au feu 5 grammes d'amidon avec une même quantité de farine ordinaire dans 25 grammes d'eau. Pétrissez avec les doigts l'amidon et remuez le tout pour que la dissolution soit parfaite et que l'eau devienne laiteuse. Placez alors le récipient sur un feu doux et remuez doucement, sans arrêt, avec une cuiller en bois et, dès les premiers bouillons, lorsque l'eau monte dans le vase et forme des ondulations, retirez du feu, versez dans un autre récipient et laissez refroidir. La colle est faite.

Avant de s'en servir, il faut enlever l'espèce de croûte qui s'est formée sur le dessus, ainsi que toute impureté que l'on aperçoit et on la bat vivement avec une cuiller en bois afin de la rendre plus limpide.

La colle ne doit être ni trop consistante, ni trop limpide, c'est en l'employant que vous jugerez de sa qualité, que vous retrancherez ou ajouterez plus ou moins d'amidon quand vous en ferez une nouvelle.

Sur un carré de papier blanc assez léger (le papier écolier est excellent pour ce travail), tracez au crayon une ligne horizontale et une verticale, à l'aide d'un pinceau mettez une couche de colle mince et bien étendue sur une surface un peu plus grande que celle du papillon à décalquer [1]; avec des ciseaux fins, coupez les ailes près du corps, puis en vous servant de pinces, placez ces ailes sur la partie encollée, d'abord les ailes supérieures, leur bord inférieur effleurant la ligne horizontale que vous avez tracée comme point de repère. Prenez ensuite les ailes inférieures dans la position qu'elles ont coutume d'occuper sur l'étaloir en les faisant chevaucher un peu sur les ailes supérieures. Il va sans dire que vous aurez eu soin de conserver entre la base des ailes de droite et celles de gauche une distance égale à la largeur du corps du

1. Pour obtenir un étendage de la colle ne dépassant que de peu la place qui sera occupée par les ailes, certains opérateurs soigneux placent tout d'abord les ailes sur une feuille de papier quelconque dans la position qu'elles devront avoir dans la reproduction, sans oublier un espace pour le corps, et tracent avec un crayon fin le pourtour exact de ces ailes. Avec des ciseaux fins, ils découpent intérieurement ce contour, ce qui donne deux parties, l'une évidée, l'autre pleine La première servira en quelque sorte de pochoir; on l'appliquera sur la feuille de papier qui doit recevoir le décalque et avec un petit pinceau dur on étendra de la colle qui ne recouvrira le papier inférieur que sur une surface égale à celle coupée dans le pochoir, c'est-à-dire égale à celle que recouvriront les ailes ; par ce moyen, il se formera peu de bavures et la partie encollée ne dépassera pas les ailes.

papillon; bien entendu les ailes seront placées face au papier, c'est-à-dire de façon à avoir devant les yeux le dessous des ailes du papillon afin que ce soit la partie supérieure qui soit décalquée. Il faut en outre, pour avoir une empreinte bien nette, poser les ailes bien régulièrement et du premier coup.

Les quatre ailes ainsi placées, prenez une dizaine de carrés de papier buvard coupés d'avance, trempez-les dans de l'eau et pressez-les suffisamment pour exprimer le plus possible du liquide, puis vous étendrez le coussinet de papier buvard sur les ailes du papillon et mettez ainsi à la presse après avoir placé sous le papier blanc un coussin formé d'autant de feuilles de papier buvard non mouillé. La presse dont on se sert pour les copies de lettres convient parfaitement pour la lépidochromie, à condition qu'elle soit assez forte pour serrer suffisamment; à son défaut l'on peut se servir de deux planches bien planes et l'on charge la supérieure de poids (une vingtaine de kilos sont nécessaires).

Trois ou quatre minutes de forte pression suffisent pour faire parfaitement adhérer toutes les écailles. C'est juste le temps nécessaire pour préparer un second papillon.

Au sortir de la presse, on enlève d'abord les neuf premières feuilles de buvard, la dixième restant collée au papier blanc. Ces deux feuilles superposées sont fixées par quatre punaises de dessinateur sur une planchette bien unie, puis avec un pinceau très propre, on mouille bien la feuille de buvard et on l'enlève par morceaux soit avec des pinces, soit avec la pointe d'un canif. La portion, qui recouvrait directement les ailes, n'étant pas collée, viendra tout entière.

Cela fait, on prend un pinceau aussi dur que possible et très propre, on le trempe dans l'eau, et, tenant la planchette inclinée, on brosse rapidement les parcelles du buvard, qui restent encore fixées au papier blanc, en ayant soin de bien laver tout autour des ailes pour enlever le dernier atome de colle. Il ne faut pas craindre de laver avec soin. Car s'il restait de la colle, le papier, quelque bien fixé qu'il fût sur la planchette, se raidirait en séchant, ce qui produirait un effet désastreux. Après avoir bien lavé le pourtour des ailes et toute la feuille, et seulement à ce moment là, on enlève avec une pointe d'aiguille ou de canif les membranes des ailes fixées au papier, en saisissant la base des grosses nervures, on les enlève doucement. La membrane seule se détache, les écailles restant fixées au papier.

Bien que les écailles ainsi décalquées soient renversées, présentant la face qui était contre la membrane, elles ont en général exactement les mêmes dessins et les mêmes couleurs qu'au verso. Mais il n'en est plus de même lorsqu'on veut imprimer les écailles des lycènes, des polyommates et de certains sujets à couleurs changeantes. Le chatoiement de ces derniers est détruit et les sujets bleus apparaissent gris. Il faut donc avec ces sujets opérer par double transfert.

2° **Procédé par double transfert.** — Ce procédé consiste à retourner par une seconde opération le décalque déjà obtenu, de façon à ce que les écailles se présentent à nos yeux du côté *recto* au lieu de nous offrir leur *verso* comme dans le procédé par simple transfert.

Pour le premier transfert, on emploie du papier non collé qui absorbera mieux l'humidité et de la colle à la gomme arabique. Il faut choisir de la gomme arabique de bonne qualité, la gomme en poudre ne vaut rien pour cet usage. La solution devra avoir la consistance d'un très léger sirop; on peut y ajouter une pincée de sel blanc pour en accélérer la dissolution, un morceau de sucre candi pour l'épaissir, une goutte d'eau phéniquée pour la conserver plus longtemps, mais en somme ces ingrédients ne sont pas indispensables.

La première impression se fait exactement comme la première fois, mais en employant de la gomme arabique au lieu de colle d'amidon. On ne doit procéder au dépouillement de l'image que lorsque la colle est bien sèche, ce dépouillement se fait comme nous l'avons déjà indiqué. On laisse sécher cette première épreuve, puis on la transporte sur une feuille de papier, un carré de bristol enduit de colle d'amidon, côté portant sur la partie encollée bien entendu ; on met sous presse entre des coussins de papier buvard comme nous l'avons dit plus haut. Au bout de cinq minutes on retire de la presse, on enlève les buvards et l'on se trouve en présence de deux feuilles blanches entre lesquelles se trouve le décalque du papillon. On les fixe sur une planchette, le premier report en dessus et on mouille sans ménagements cette feuille de papier qui ne tarde pas à s'enlever laissant les écailles collées à la seconde dans leur position naturelle, les couleurs apparaissent alors avec leur vrai éclat.

On peut aussi opérer d'une façon un peu différente. On enduit de gomme arabique[1] une feuille de papier ordinaire, papier écolier ou papier à lettre bon marché, qui offre l'avantage de se trouver tout coupé et on y applique les quatre ailes du papillon comme précédemment, on la met sous presse entre deux coussins formés de feuilles de papier buvard[2]. Au bout de

---

1. M. Maindron recommande particulièrement, comme colle, le mucilage de graines de plantain auquel on ajoute du sucre et de la gomme arabique.

2. M. Maindron conseille aussi de placer sous les feuilles de buvard directement sur les ailes une feuille de papier huilé qui offre l'avantage de ne pas adhérer à la gomme qui dépasse les ailes tout autour des ailes. Ce papier huilé peut s'employer dans les procédés précédemment décrits.

quelques heures, la gomme est parfaitement sèche et l'on obtient une première épreuve en enlevant les bords et la membrane, comme nous l'avons dit. La différence de traitement existe dans l'obtention de la seconde épreuve. En place de colle d'amidon, on emploie du vernis blanc à l'alcool. Il faut utiliser du papier vélin ou du bristol bien fin et bien satiné. Le vernis doit être assez épais pour qu'il ne s'étende pas sur le papier et qu'il ne soit pas bu par ce dernier ; il est bon pour l'obtenir dans cet état d'en verser une quantité suffisante dans un petit godet, dans une soucoupe, ou au fond d'une tasse et de le laisser s'épaissir. On en étend alors à l'aide d'un pinceau doux et fin une couche légère, mais uniforme sur toute la surface à même des écailles des ailes décalquées dans la première épreuve et cela de façon à ne pas dépasser leur surface et à rester strictement dans leur contour[1]. On laisse prendre le vernis jusqu'à ce qu'il devienne poisseux, mais il faut bien se garder de le laisser sécher.

On applique alors l'épreuve sur la feuille de bristol, de manière à ce qu'elle adhère par la surface vernissée. On passe délicatement la main afin d'exercer une légère pression, puis après avoir attendu quelques instants, afin que le vernis soit assez sec pour qu'il ne bave pas lorsqu'on exercera une plus forte pression, on met alors sous presse.

Dès que le vernis est parfaitement sec, ce qui demande quelques heures, on retire le tout de la presse et on le place dans un bain d'eau claire où elle surnage, la partie gommée (premier transfert) touchant la surface de l'eau (peu importe d'ailleurs que l'épreuve descende au fond, ce qui arrive parfois).

Quand on juge que les pores du premier papier ont

---

1. Certains opérateurs poussent la précaution jusqu'à découper après l'application du vernis l'épreuve primitive suivant le contour des ailes.

été traversées par l'eau. On retire l'épreuve du bain où elle peut d'ailleurs séjourner assez longtemps sans s'abîmer (le papier gommé de la première épreuve se séparant même parfois tout seul de l'épreuve). A l'aide d'une pointe d'aiguille et de pinces, on soulève doucement le bord du papier gommé et on le retire lentement, on lave l'épreuve obtenue afin d'enlever ce qui reste de gomme sur les écailles et on a devant les yeux l'expression des couleurs des ailes telles qu'un peintre ne pourrait les rendre, puisque c'est la nature elle-même qui apparaît.

On laisse sécher en suspendant le bristol à l'aide d'une épingle, pour le laisser égoutter; lorsqu'il est presque sec, on le replace sous presse entre quelques doubles de buvard pour aplatir le bristol, s'il est gondolé; on n'a plus qu'à s'occuper de la reproduction du corps et des antennes.

Ce procédé aussi recommandable que le précédent ne permettait pas de reproduire les couleurs bleues; M. Poulain[1] a eu la bonne fortune de découvrir le tour de main permettant d'obtenir avec toute leur richesse ces brillants coloris. Voici comment il nous le décrit : « Le bleu, cette jolie couleur chatoyante de l'aile de l'Adonis et de l'Alexis, en un mot, les écailles bleues qui recouvrent en tout ou en partie la membrane de l'aile de certains papillons, deviennent noirâtres à l'impression.

« En voici la raison : la couleur bleue n'existe, pour ainsi dire pas, ou du moins elle est le résultat d'un reflet; chez certains individus du genre polyommate, lycana, apatura, plania et autres, l'écaille est formée de trois lamelles. La troisième lamelle s'appliquant immédiatement sur la membrane, sous les deux autres

---

1. Poulain. La Lépidochromie, art de décalquer et de fixer les couleurs des ailes de papillons. Paris, 1899.

qui lui sont superposées, a seule la propriété de réfléchir les couleurs. Or il est matériellement impossible d'obtenir cette réflexion au premier transfert, puisqu'alors cette lamelle se trouve transportée en dessus des deux autres au lieu d'être en dessous.

« La seule épreuve du retournement peut seule permettre de la fixer à sa vraie place ; mais, pour que la réussite soit satisfaisante, il est indispensable que les lamelles supérieures soient complètement pures et que nulle substance n'en ternisse la face ; et comme après l'opération finale, il reste, malgré tout, sur les écailles, une couche de gomme, si mince qu'elle soit, la couleur bleue n'apparaît pas ou apparaît mal.

« J'avoue m'être livré à de nombreux essais pour arriver à un bon résultat ; que de recherches, que d'études n'ai-je pas faites, que de centaines de papillons bleus immolés et sacrifiés, que de temps perdu jusqu'au jour où j'ai eu le plaisir de voir aboutir mes efforts, aussi est-ce avec une grande satisfaction et désireux de faire profiter de mes recherches tous les entomologistes que je vais indiquer le moyen d'obtenir des impressions bleues.

« Rien n'est plus simple.

« Après avoir retiré de la presse votre contre épreuve au vernis, en avoir enlevé le papier gommé comme il est dit précédemment, vous placez ladite épreuve dans le bain d'eau claire et l'y laissez séjourner quatre ou cinq heures. Vous la soulevez avec soin et la tirez hors de l'eau.

« En la faisant égoutter, votre surprise sera grande de voir votre papillon devenir *vert* ; attendez quelques instants, à mesure que le papillon séchera, le bleu vous apparaîtra et bientôt vous aurez obtenu cette couleur si ardemment désirée. Les espèces d'un bleu pâle demandent un séjour plus prolongé dans l'eau. »

Le décalque des ailes obtenu, il s'agira de peindre

les antennes et le corps du papillon dans l'espace réservé entre les deux paires d'ailes. Tout le monde ne sait pas évidemment manier le pinceau ; l'opération pourtant n'est pas très difficile et après quelques essais les plus inhabiles arriveront à prendre le corps des papillons d'une façon très acceptable.

L'important est de donner aux antennes une forme bien exacte et de marquer sur le corps les caractères spéciaux de chaque famille et de chaque insecte en particulier. Un bon exercice consiste à essayer de copier les gravures coloriées des ouvrages d'entomologie, puis on s'efforcera d'imiter, d'après nature, les corps que l'on aura conservés avec soin. Voici comment il convient de procéder. Tracez d'abord au crayon le plus exactement qu'il vous sera possible le pourtour de la tête, des yeux, du thorax et de l'abdomen, ainsi que les pattes antérieures et postérieures si vous le jugez utile. Choisissez une couleur à l'aquarelle se rapprochant le plus possible de la teinte de fond en général du corps, passez sur tout le croquis une teinte légère en lavis ; laissez sécher cette première teinte, puis passez de même une seconde et une troisième si nécessaire, jusqu'à ce que le ton soit assez intense. Ensuite avec un pinceau très fin et chargé de la même couleur, mais délayée dans beaucoup moins d'eau afin d'être plus intense, imitez les teintes du corps, en formant les poils tels que l'indique le modèle, vous serez surpris du résultat obtenu.

Les procédés indiqués nous permettent d'obtenir une épreuve de l'une des surfaces des ailes, la supérieure généralement. Il peut être intéressant d'obtenir la reproduction à la fois des surfaces supérieures et postérieures, un petit tour de main nous permettra de l'obtenir très facilement.

Pliez en deux un carré de papier écolier et encollez-le avec de la colle d'amidon ou de la gomme arabique, placez les ailes du papillon en opérant comme précé-demment sur l'un des côtés, puis vous rabattez le côté opposé de manière à ce que les ailes se trouvent emprisonnées entre deux papiers. Appuyez la paume de la main pour que les deux feuillets se placent bien l'un sur l'autre et placez le tout sous la presse entre plusieurs épaisseurs de buvard. Cinq ou six heures après, vous desserrez la presse; vous vous assurez que la colle est bien sèche, vous retirez l'épreuve et vous plaçant contre une vitre pour mieux voir par transparence, vous tracez au crayon le contour des ailes emprisonnées, vous découpez à environ un demi-centimètre du trait, laissant ainsi une petite marge. Vous humectez à plusieurs reprises cette marge à l'aide d'un pinceau imbibé d'eau, *en ayant bien soin de ne pas mouiller la partie se trouvant sur les ailes* et lorsque vous supposez que les deux surfaces de la marge sont assez humides pour se décoller, vous insérez la pointe d'une aiguille ou la lame d'un canif entre les deux feuilles de papier que vous écartez lentement l'une de l'autre. Du centre tombe la membrane, incolore maintenant et dont la matière colorée est restée attachée au papier. Parfois elle est adhérente à l'un des côtés, vous l'enlevez alors adroitement à l'aide du grattoir, de manière qu'il n'en reste aucune parcelle sur les écailles, puis vous découpez avec soin la marge qui les entourait. Vous avez ainsi deux épreuves, l'une représentant le dessus du papillon, l'autre le dessous, dont vous pouvez tirer des contre-épreuves.

On n'est pas dans l'obligation de reproduire le papillon étalé, on peut aussi l'obtenir dans l'attitude posée, placez sur le papier encollé les ailes comme suit : d'abord l'aile *inférieure*, puis l'aile *supérieure*,

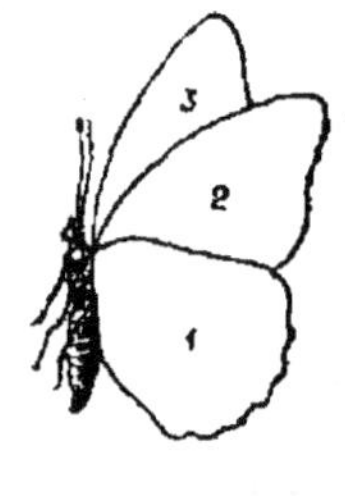

Fig. 132.

Ordre d'arrangement des ailes pour donner l'attitude posée.

toutes deux ayant le dessous face au papier, puis l'autre aile *supérieure* le dessus faisant face au papier. Il reste une aile inférieure dont on n'a pas besoin (*fig.* 132).

EMPLOI DES PAPILLONS DANS LES ARTS ET L'INDUSTRIE

Vitraux. — Il est facile de décorer un vitrail avec des papillons. Sur un carreau destiné à figurer l'envers de ce vitrail, on dispose les plantes sèches que l'on y destine ; on y colle légèrement à l'aide de vernis blanc à l'alcool, les papillons, en leur donnant des poses diverses et naturelles autant que possible. On met sur le carreau et à côté des plantes deux règles de un demi-centimètre d'épaisseur, sur lesquelles on place une nouvelle vitre de même grandeur que la première. Il ne reste plus qu'à entourer le tout d'un cadre ou à mettre le vitrail à la place qu'il doit occuper en le fixant soit avec des baguettes de bois, soit avec du mastic.

Décalcomanie, sur porcelaines, faïences, éventails. — Nous avons décrit plus haut les procédés de décalcomanie, nous n'y reviendrons point, l'opération est identique, c'est celle que nous avons dénommée par double transfert et l'on emploie le vernis, mais le subjectile au lieu d'être un morceau de carton est soit un plat, une assiette, etc., soit une étoffe destinée à être montée en éventail. On enduit donc après le premier transfert les écailles *elles-mêmes* de vernis blanc à l'alcool ; appliquer vivement le côté vernis sur l'objet à décorer (assiette, éventail, etc.) presser régulièrement partout avec un tampon, en ayant soin de ne pas déplacer le papier, laisser sécher pendant trois heures, humecter le papier avec de l'eau, l'enlever avec une pointe d'aiguille et l'image apparaît.

Laver avec un pinceau ou blaireau chargé d'eau

claire jusqu'à ce que la colle soit entièrement partie ;
laisser sécher à nouveau, peindre à la gouache le corps

Fig. 133. — Montage d'un papillon pour les modes.

et la tête du papillon et passer une couche de vernis,
vous aurez alors une figure résistante et agréable.

Pour les éventails, l'étoffe étant très molle, il est
nécessaire de les coller sur du papier fixé lui-même

par les bords à un carton solide, on le retirera à la fin de l'opération en l'humectant d'eau et en ayant bien soin de ne pas gratter ni frotter.

Presse-papiers ornés de papillons. — On peut faire de très jolis presse-papiers, fort à la mode en ce moment, en plaçant sur un bloc de verre bombé un papillon aux couleurs chatoyantes ; on place en dessous une autre plaque enduite de vernis noir (bien sec) et l'on joint les deux morceaux à l'aide de mastic ou d'une autre colle.

Broches ornées de papillons. — En plaçant un papillon entre deux verres on peut le monter en broche.

Papillons pour la mode. — Ce travail demande une très grande légèreté de main. Avoir soin avant d'opérer de faire ramollir les papillons sur du sable humide pendant une journée. On l'étale ensuite sur un étaloir ordinaire. Prendre alors le papillon, enduire les quatre ailes à *l'envers* avec du vernis blanc à l'alcool, appliquer dessus une étoffe (satinette) de couleur appropriée à celle de l'insecte, appuyer avec un tampon, légèrement, mais régulièrement sur toute la surface ; laisser sécher, découper l'étoffe exactement de la grandeur du papillon, traverser de part en part le thorax en dessous des ailes avec un fil de fer d'acier ou d'argent (*fig.* 133) et l'on aura une monture légère gracieuse, le papillon ainsi préparé placé sur un chapeau résistera longtemps aux intempéries, seuls les chocs violents pouvant casser les ailes. Ces papillons montés peuvent aussi s'employer pour les coiffures de bal.

PRÉPARATION DES CHENILLES

Une méthode assez simple pour conserver les chenilles consiste à les enfermer dans de petits flacons, ou mieux dans des tubes ou éprouvettes en verre (*fig.* 134) remplis avec de l'alcool assez étendu d'eau et bouchés hermétiquement. Il est bon avant de mettre les insectes dans ce bain définitif de les laisser séjourner dans un premier bain d'alcool où ils dégorgent les matières âcres et colorantes qu'ils dégagent durant leur agonie.

On reproche à l'alcool, s'il est tant soit peu concentré d'altérer au bout d'un temps plus ou moins long les couleurs des chenilles et s'il est trop faible de ne point assurer leur conservation, il est préférable de le remplacer par la liqueur suivante due à Boitard.

Alcool......................	360	grammes
Eau distillée...............	500	—
Sublimé corrosif...........	8	—
Alun calciné...............	90	—

Les collectionneurs préfèrent un autre procédé qui permet une inspection plus facile de toutes les parties du corps de l'insecte, il consiste à souffler les chenilles. Lorsque l'opération est bien réussie, elles se conservent très bien sans perdre ni leurs formes ni leurs caractères.

On commence généralement par tuer la chenille dans le flacon à cyanure ; pourtant certains amateurs préfèrent la *vider* vivante. Ils prétendent que la chenille, soumise à une émanation asphyxiante quelconque, se tord, se débat, perd une partie de sés poils, si elle est velue et se salit toujours ; ce n'est d'ailleurs que l'affaire d'une trentaine de secondes.

Fig. 134.
Chenille en éprouvette.

D'ailleurs que la chenille soit morte ou vivante, voici comment il faut opérer : prenez la victime par la tête entre le pouce et l'index de la main gauche, puis avec les doigts correspondant de la main droite pressez lentement les deux ou trois anneaux postérieurs pour chasser par l'ouverture anale une partie des in

testins, remontez ensuite de deux ou trois anneaux et
pressez encore, très rapidement tout ce qui était dans

Fig. 135. — Soufflage d'une chenille.

le corps de la chenille est projeté au dehors et il ne
reste plus entre les mains qu'une peau transparente
et intacte à laquelle pend une partie du rectum re-

tourné comme un sac, il faut conserver de cet organe une longueur de 4 à 5 millimètres. Certains collectionneurs opèrent d'une manière un peu différente; on pose la chenille sur une table, sur une plaque de verre ou sur un marbre et on la lamine sous un crayon ou une baguette de verre en allant de la tête à la queue et en prenant garde de ne pas écraser la tête jusqu'à ce que tous les viscères soient sortis par l'extrémité postérieure.

La chenille vidée et bien essuyée, on prend un tuyau de paille de la grosseur à peu près du rectum et en soufflant à l'aide de ce tube on force la membrane à s'ouvrir, il est alors aisé d'introduire l'extrémité du tuyau dans la peau vidée (*fig.* 135). On lie l'extrémité retournée du rectum sur cette paille à l'aide d'un fil et on souffle, la chenille se gonfle comme une baudruche et prend l'apparence de la vie;

FIG. 136.
Séchage d'une chenille
dans l'entonnoir.

il suffit de la faire sécher dans cet état en l'exposant sur une plaque de tôle chauffée pour la sécher et la conserver dans cet état.

Pour cette dernière opération on se sert d'un manchon ou mieux d'un entonnoir en tôle (*fig.* 136) ayant 0ᵐ,20 de longueur sur 0ᵐ,07 à 0ᵐ,08 de diamètre à l'ouverture, placé sur la flamme d'une lampe à huile à l'aide d'un trépied. On maintient la chenille à l'intérieur de cet entonnoir tout en soufflant et en la tenant assez éloignée des parois pour qu'elle ne se brûle pas, le séchage s'effectue assez rapidement. On trouve d'ailleurs dans le commerce des souffleries en caoutchouc qui dispensent du soufflage avec la bouche. Il vaut mieux chauffer à l'huile qu'à l'alcool, car ce dernier donnant une chaleur fort élévée, les coups de feu sont à craindre et une peau si fine est vite brûlée. On doit aussi faire remarquer que les chenilles vertes ne conservent une partie de leur couleur que si elles sont séchées lentement et à une température peu élevée.

Il est facile de détacher la chenille du tuyau de paille qui a servi à la souffler en brisant la partie du rectum qu'on avait conservée et qui est désormais devenue inutile.

On doit choisir avec quelque discernement le moment où il convient de préparer les chenilles par le soufflage, ainsi les chenilles velues, telles que celles des Ecailles et de certains Bombyx, devront être vidées peu de temps après leur dernier changement de peau ; sans cette précaution les poils se détacheraient du corps pendant qu'on le pressure pour le vider et l'on n'aurait plus que des sujets méconnaissables. Il ne faut pas non plus souffler une chenille à l'époque de sa mue, ce qui se reconnaît au gonflement des anneaux et à la tension de la tête ; à ce moment elle perd d'ordinaire sa forme et la vivacité de ses couleurs. Les sujets à souffler doivent, autant que possible, être très sains, car lorsqu'une chenille est ichneumoniée, outre qu'on risque de crever la peau en la vidant, les piqûres d'ichneumons laissent de petits trous par où l'air s'échappe, ce qui rend l'opération impossible. Les chenilles vertes doivent être vidées avec grand soin, car l'empreinte des doigts apparaîtrait après dessiccation.

Les tubercules colorés de certaines chenilles se décolorent parfois en se desséchant, on leur rend leur couleur primitive à l'aide d'une couleur à l'huile.

Certains collectionneurs très soigneux ne laissent pas leurs chenilles vides ; pour leur donner l'aspect de la vie, ils introduisent à l'intérieur un mélange fondu au bain-marie de cire vierge additionnée de moitié de son poids de suif. Quelques uns ajoutent une matière colorante en poudre offrant un coloris se rapprochant de la couleur de fond de la chenille. Pour introduire ce mélange au lieu de souffler avec la paille, on se sert d'une fine pipette en verre formant sphère en son centre. On introduit dans la boule la préparation à la cire, puis portant la boule sur une lampe à alcool afin de maintenir la cire en état de fusion, on souffle la chenille poussant dans sa peau la matière liquéfiée.

Pour fixer la chenille soufflée dans la boîte à côté du papillon, on la colle sur un petit carton ou mieux sur une feuille d'arbre desséchée que l'on pique avec une épingle. M. de Labonnefont opère comme suit[1] : « Prenez un fil de laiton de la grosseur d'une épingle nᵒ 7 et coupé au double de la longueur de la chenille à monter, pliez ce fil en deux parties égales, passez une grosse épingle dans la bouche et faites trois ou quatre tours de torsion, le laiton sera ainsi fixé solidement à l'épingle ; introduisez les deux branches libres dans la chenille en les réunissant, ces deux branches une fois introduites en entier et laissées libres feront ressort, l'insecte sera solidement maintenu dans une position horizontale et vous pouvez ainsi le piquer avec la plus grande facilité. »

Les chrysalides se desséchant d'elles-mêmes se conservent comme les papillons adultes piqués avec une épingle. Il est bon de les tremper quelques heures dans une solution de sublimé avant de les faire sécher.

Les cocons se conservent aisément fixés dans les boîtes à l'aide d'une épingle ; lorsque les chrysalides sont vivantes, on les tue en les passant à l'étuve, on bourre de coton de couleur brune les cocons faits avec un tissu léger.

1. *Intermédiaire des Bombyculteurs,* 1901.

Les œufs non fécondés se déforment et s'aplatissent ; ceux au contraire qui ont été fécondés conservent leur apparence primitive, il suffit de les soumettre à une température de 50 degrés centigrades pour tuer le germe ; on les place sur un morceau de carton blanc légèrement enduit de gomme arabique liquide, carton que l'on pique dans la boîte,

CHAPITRE XI

LES COLÉOPTÈRES
Leur chasse, leur préparation

CHASSE AUX COLÉOPTÈRES

Instruments de chasse. — Les instruments nécessaires ou utiles pour chasser les coléoptères sont les mêmes que ceux employés pour la chasse aux papillons. Le plus important est le filet fauchoir qui sert à râcler les graminées et autres plantes basses. Il se compose d'un sac en toile de lin d'environ 1/3 de mètre de longueur et de 25 centimètres de large un peu retréci dans le bas. Ce sac est fixé à un solide cercle en fer, muni d'une douille recevant un manche d'environ 1 mètre de long. On peut faire établir le cercle avec une charnière permettant de le replier.

Le troubleau, qui sert à capturer les espèces aquatiques, est de construction identique, mais doit porter un sac d'étoffe assez lâche pour laisser facilement écouler l'eau sans entraîner les petits insectes.

Le parapluie sera fort utile pour récolter les coléoptères que l'on fait tomber en battant les buissons et les arbustes avec une canne. L'administration forestière fait souvent des observations au sujet de ce genre de chasse, prétendant non sans raison que la canne cause des dégâts; aussi lorsqu'on habite une région où les gardes sont à cheval sur ce point, il faut abandonner la canne si commode et se faire une sorte de latte spéciale en entortillant serré de la toile d'emballage autour d'un bâton de 50 centimètres de long et cela sur la moitié de sa longueur. Avec cet instrument on ne peut blesser aucun arbre. Une petite et solide hache à main permettra de dépecer les vieux troncs pourris. Un petit râteau de fer, griffe ou crochet à trois branches (*fig.* 137) servira à découvrir les petites espèces qui se cachent sous les feuilles mortes, les débris végétaux, dans les mousses.

Ajoutons un écorçoir, des bouteilles à benzine, à cyanure, des bouteilles, ou petites boîtes pour placer différentes captures, des boîtes à pilules de diverses dimensions, notre arsenal sera complet.

FIG. 137.

Griffe pour découvrir les coléoptères enfouis.

Epoques de chasse. — On peut chasser les coléoptères toute l'année, car si l'hiver est une saison peu favorable, il n'y a que les moments de grand froid où cette chasse est infructueuse. Durant l'hiver, on recherche les insectes dans leurs retraites hivernales où ils se sont enfouis, sous les pierres, sous les vieux arbres, dans les détritus végétaux. Dès le mois de février, quand le temps s'adoucit, les coléopteres commencent à sortir de leurs cachettes, on les trouve sous les mousses, sous les pierres et surtout le long des rivières lorsque, après une inondation, les eaux commencent à se retirer; celles-ci en pénétrant dans les prés ont forcé une foule d'insectes à sortir de terre, ils sont entraînés par le fleuve et le courant les dépose aux endroits où il se ralentit mêlés à des détritus végétaux que l'on voit dans ces occasions amoncelées sur les rives.

Ces recherches sont toujours fructueuses et l'on prend de cette manière et en quantités des espèces que l'on ne rencontrerait jamais sans cette occasion.

En mars-avril, on trouve quantité de coléoptères

dans les prés, dans les étangs, sur leurs bords au milieu des roseaux.

La meilleure époque de chasse se trouve en mai et en juin alors que toute la nature refleurit, nous trouverons des insectes dans les prés, les jardins, les champs cultivés, les bois ; et lorsqu'on parcourt ces derniers et que l'on rencontre des fagots qui y ont passé l'hiver, il ne faut pas négliger de les battre ; plus ces fagots seront anciens, plus ils seront habités.

Pendant les mois d'été, la chasse est aussi abondante, certaines espèces d'ailleurs ne se montrent qu'à cette époque. Le moment le plus favorable est l'après-midi jusqu'à la tombée de la nuit. Les journées trop sèches ou venteuses sont défavorables et sont la cause de chasses dérisoires. Les captures abondent lorsque le temps est à l'orage, car la plupart des coléoptères terricoles grimpent souvent le long des plantes et des arbres.

L'automne est la saison où les Hydrocanthares se montrent le plus volontiers et lorsque les ouragans enlevant les dernières feuilles des arbres, ils font tomber aussi quantité d'insectes.

La chasse des coléoptères est donc possible durant toute l'année, mais la façon d'opérer varie grandement suivant les endroits ainsi que le genre de sujets capturés.

Chasse sous les pierres. — Ce procédé qui consiste simplement à rechercher les insectes sous les pierres pourrait être considéré comme un genre spécial si elle n'était si productive. Elle peut se pratiquer partout au jardin, dans les champs, sur les bords des routes, des quais, des bois, à la montagne. Les pierres qui servent d'abri aux insectes sont surtout celles qui sont depuis longtemps à la même place, ce qu'on reconnaît à la végétation d'alentour et celle dont la surface inférieure offre des irrégularités permettant aux petits animaux de s'y terrer dessous : les blocs reposant sur le sol par une surface plane ne recèlent que peu d'insectes. Préparer son flacon à cyanure ou à benzine et tenant de la main droite la pince de chasse retourner vivement de la main gauche les pierres et saisir vivement les insectes qui grouillent en se sauvant. S'occuper d'abord de ceux qui fuient vers les herbes, puis gratter le sol avec l'écorçoir ou un couteau et on en fera sortir encore d'autres. Les mettre aussitôt dans le flacon ; on se procure sutout ainsi des *Carabes*, des *Nébria*, des *Procrustes*, des *Brachinus*, des *Harpales*, des *Staphylins*, des *Lampyres* dont la famille est plus connue sous le nom de *ver luisant*.

Chasse dans les bouses. — Cette chasse certes n'est pas ragoûtante, mais les collectionneurs enragés n'y regardent pas de si près, car ils savent qu'en fouillant les bouses de vaches, les crottins de chevaux, les excréments humains, la moisson est ample et fructueuse. Pour eux une bouse sera belle lorsqu'elle sera un peu desséchée, son dessus garni d'une croûte dure, car les excréments frais ne contiennent rien. Alors ils déchiquetteront cette surface à l'aide de pinces et saisiront les insectes qu'ils rencontreront pour les jeter dans les flacons. On se procurera ainsi des *Aphodius*, des *Onthophagus*, des *Atenchus* (dont le type le plus célèbre est le Scarabée sacré des Egyptiens), des *Sisyphes*, des *Gymnopleurus*, des *Copres*, des *Géotrupes*, etc.

Chasse dans les animaux putréfiés. — La chasse sur ou dans les cadavres plus ou moins avancés n'est pas plus agréable que celle dans les bouses ; elle n'arrête pourtant point le naturaliste, car il découvrira des insectes introuvables ailleurs [1], insectes qui ont du reste

1. On trouve pourtant partie de ces insectes sur les fleurs, des *arums*, qui dégagent des odeurs de charogne très prononcées.

la bienfaisante mission de détruire les matières animales en décomposition.

Cette chasse est bien simple, il suffit de prendre avec les pinces les coléoptères qui se trouvent sur les animaux morts; mais il est une recommandation essentielle, celle de ne jamais prendre ces insectes avec la main mais toujours avec les pinces, car certains de ces coléoptères mordent et si leur morsure par elle-même n'est pas venimeuse, elle peut, par suite des substances ingérées et dont des particules restent dans la bouche, causer des maladies plus ou moins graves telles que la pourriture, le charbon, le tétanos. Il est bon de prendre la précaution dans cette chasse de se ganter les mains et si par hasard une morsure se produisait, il faudrait immédiatement déposer sur la plaie une goutte d'ammoniaque ou mieux cautériser avec le nitrate d'argent.

Lorsqu'on trouve une charogne, on recueille d'abord les insectes que l'on trouve à la surface, puis soulevant le cadavre peu à peu on saisit les nombreux coléoptères qui se trouvent sous lui, il convient même de défoncer légèrement le sol, on pourra y faire de nouvelles prises.

On trouve parfois sur les cadavres des *Bousiers*, venus trompés par l'odeur, mais on rencontre surtout les *Nécrophores*, les *Silpha*, les *Hister*, quelques espèces de *Staphylins* ainsi que des *Dermestes* qui viennent ronger les poils.

Chasse dans les prés. — Comme on ne peut examiner les herbes brin à brin, on se sert du filet fauchoir, voici d'après M. Coupin comment on fauche avec ces instrument : « On tient le manche solidement avec les deux mains et on le dirige obliquement vers la terre. Le cercle est placé verticalement ou mieux un peu obliquement dans la direction où l'on va le faire mouvoir. Le filet pend en arrière de lui. L'instrument étant ainsi disposé, on le fait mouvoir absolument de la même façon que le fait un paysan avec sa faux. On s'arrange de manière à ce que les têtes des herbes arrivent au centre du cercle. Quand celui-ci vient les frapper vers le bas (et c'est pour cela qu'on doit le maintenir oblique) la tête s'incline vers le sac et y laisse tomber les nombreux insectes qu'elle renfermait. On fauche d'abord, par exemple, de droite à gauche. Quand le filet est au bout de sa course, on le retourne et pour cela, il faut acquérir une certaine habileté de manière à placer le sac en sens inverse, sans en vider le contenu. On opère très rapidement et on fauche *la même place* de gauche à droite. Puis on avance d'un pas et on répète la même opération de droite à gauche. Les mouvements doivent être rapides pour ne pas permettre aux insectes de s'échapper. Il ne faut pas donner plus de quatre à cinq coups de fauchoir. Moins nombreux, la récolte serait peu abondante. Plus, elle le serait trop et se détériorerait. Ce dernier point est assez important, car souvent dans le fauchoir, avec les insectes tombent des escargots dont la sécrétion muqueuse agglutine les bestioles et les salit. En fauchant trop longtemps donc, le mollusque roule dans le sac et englue les insectes qui viennent d'être pris. Nous venons de donner le dernier coup de fauchoir. Qu'allons-nous faire ? On relève l'instrument verticalement, on le fiche en terre s'il a une pointe en fer ou mieux on maintient simplement le manche avec les genoux rapprochés. Et, sans *perdre de temps*, on embrasse le filet de la main gauche, le plus près possible du cercle et on serre. On crée de cette façon une cavité complètement close, contenant tous les animaux capturés et qui, dès lors, ne peuvent plus s'échapper. C'est là un point sur lequel nous insistons, car nous avons vu plusieurs chasseurs laisser le filet ouvert et perdre ainsi les coléoptères qui volent ou qui sautent. La main gauche étant occupée, on prend avec la droite le flacon à double tubulure ouvert et, à mesure on tire petit à petit le filet au dehors, on y fait glisser les insectes, on peut fort bien se passer de pinces; mais il faut se méfier de trois sortes d'insectes, ceux qui volent, ceux qui sautent et qui font « le mort » et que l'on rejette parfois sans y faire attention. »

On peut faucher partout, mais la meilleure herbe est celle qui a 30 à 50 centimètres de hauteur. Il faut explorer des prairies de diverses natures pour rapporter des insectes différents. On évitera de pratiquer cette chasse de bon matin, car la rosée mouille le filet et les insectes s'y transforment en bouillie informe. Il est bon d'examiner séparément les fleurs élevées des ombellifères qui dépassent l'herbe, on y prend à la pince les insectes qui s'y trouvent.

Fig. 138.

Troubleau ou filet Aubé.

La chasse au filet fauchoir se pratique surtout le printemps et l'été, elle est des plus fructueuses, on y prend des *Elater ou Taupins*, *Telephorus* ou *Moines*, des *Driles*, des *Clerus* ou *Clairon*, des *Œdemera*, des *Apions*, des *Ceutorhynchus*, des *Chlythra*, des *Chrysomèles*, des *Haltises*, des *Coccinelles* (Bêtes à Bon Dieu), etc., etc.

Chasse dans les étangs, mares. — Les insectes d'eau se prennent au moyen du troubleau, mais dans les petites mares, dans les ornières peu profondes on peut se servir d'une passoire ou d'un filet Aubé (*fig.* 138), petit troubleau dont l'ouverture de la poche n'a que 10 centimètres et le manche 30 centimètres de long. Lorsqu'on arrive près d'un étang, d'une mare que l'on veut pêcher, on prépare à l'avance son troubleau afin de ne point effrayer les insectes, puis on plonge la poche dans l'eau et on la promène rapidement à peu de distance de la surface, non seulement horizontalement, mais en l'élevant et en l'abaissant successivement tout en restant sous l'eau et *surtout en allant très vite.* Ainsi à l'extrémité de la course retourner vivement le troubleau et revenir dans les mêmes parages en sens inverse ; le difficile est de retourner la poche sans renverser son contenu, on y arrive en lui faisant décrire une boucle assez large ; les recettes les plus abondantes se font dans les alentours des plantes aquatiques et en ramenant la poche le plus près possible de celles-ci. On vide le contenu après avoir laissé l'eau s'égoutter durant quelques instants sur une nappe que l'on a étendue sur la berge et se mettant à plat ventre, on récolte les insectes qui essaient de s'échapper de tous côtés.

On prend aussi un grand nombre de sujets en arrachant vivement des herbes aquatiques et en les projetant de suite sur la nappe, les insectes quittent aussitôt les herbes pour courir de tous côtés. Lorsque les bords offrent des plantes semi-aquatiques, c'est-à-dire dépassant la surface de l'eau, on peut faucher celle-ci avec le filet fauchoir.

Les petites mares laissées sur les plages par la marée s'explorent comme les eaux douces.

Les coléoptères aquatiques que l'on capture le plus souvent sont : les *Dytiques,* les *Cybister,* les *Pelobius,* les *Hydroporus,* les *Girons* vulgairement *Tourniquets,* les *Hydrophiles,* sur les plages certains *Hæmonia, Pimelia,* des *Æpus.*

Chasse au parapluie. — La chasse au parapluie consiste à battre les buissons et les branches basses au moyen d'une canne ou à ébranler les arbres avec un maillet (voir page 226) de façon à faire tomber les coléoptères que l'on recueille dans le parapluie ou sur une nappe. Cette chasse est très fructueuse surtout si l'on a soin de visiter des arbres d'essences différentes, car chacune à ses habitants particuliers : on capture ainsi les *Lucanes* ou *cerfs volants* (sur les chênes), les *Dorcus* (saules, hêtres, etc.), *Melolontha* ou *Hannetons* (tous les arbres) les *Cantharides* (frènes, lilas, troènes) *Phyllobius* (arbres fruitiers), les *Hylobius* (sapins, pins) *Apions* (tous les arbres), les *Orchestes* (hêtres, aulnes), les *Balaninus* (chênes, noisetiers), les *Rynchites* (peupliers), les *Cryptorhynchus* (saules ou aulnes blancs), les *Cerambyx* ou *Capricornes* (chênes), le *C. Cerdo* (prunelier, viorne, troène), les *Rosalia* (hêtres), les *Saperda Carchanas* (peupliers en juin-juillet), S. *populnea* (trembles, mai-juin), les *Galeruca* (viorne, aulne, orne, saules).

Chasse sur les troncs d'arbres. — Les coléoptères ne vivent pas seulement sur le feuillage des arbres, mais on en trouve aussi sur leurs troncs, sur et sous l'écorce, sur la mousse et les lichens qui les recouvrent, au milieu des végétaux qui poussent aux pieds et enfin dans le cœur même de l'arbre : 1° *La chasse sur le tronc* de l'arbre à la surface de l'écorce produit peu, car il faut prendre individuellement chaque individu avec la pince, il est pourtant un procédé assez simple qui donne un meilleur rendement, il consiste dans l'emploi du *filet demi-cercle* (*fig.* 139), car un grand nombre d'insectes se maintiennent cachés dans les interstices de l'écorce ou sous les lichens ; pour s'en emparer on applique sur le tronc la partie du sac resté libre, tandis que le reste de la circonférence est maintenu ouvert par un jonc et avec une brosse on nettoie l'arbre de façon à faire tomber dans le sac tout ce qui peut se trouver sur l'écorce ; 2° *Chasse sous l'écorce*. Le dessous de l'écorce est habité par des colonies plus

Fig. 139.

Filet demi-cercle pour placer contre le tronc des arbres.

nombreuses que l'extérieur surtout chez les vieux arbres car quand l'écorce est solidement fixée comme dans les branches aucun insecte ne l'habite. Dans certainsjeunes arbres : pins, platanes, l'écorce s'enlève facilement, mais chez les autres essences, elle adhère plus ou moins, on la fait alors sauter avec l'écorçoir en le maniant comme un levier. Il ne faut pas se contenter d'examiner les troncs des arbres vivants mais aussi ceux qui sont abattus, les piquets de barrière, les fagots, etc., etc. La chasse sous l'écorce, déjà très fructueuse durant la belle saison l'est encore plus pendant l'hiver, car de nombreux coléoptères viennent chercher là un abri contre le froid ; 3° *Chasse sous la mousse, les lichens* — Les vieux sujets ont souvent le tronc recouvert d'un épais tapis de mousse ou de lichen, ces couches se laissent facilement enlever mettant l'écorce à nu sur laquelle se trouve une multitude de petits coléoptères ; mais les matières enlevées en contiennent un plus grand nombre, il faut les mettre sur une nappe étendue sur le sol, les éparpiller avec une petite baguette et cueillir les insectes ; 4° *Chasse au pied des arbres.* Le pied des arbres est généralement entouré d'un amas de petits végétaux serrés, on trouvera sur ceux-ci et principalement dans l'espace vide entre eux et le tronc des coléoptères que l'on saisira avec les pinces ; 5° *Chasse dans le cœur de l'arbre.* Le tronc de l'arbre est souvent creusé de galeries qui sont l'œuvre de coléoptères adultes ou de leurs larves, cela est encore plus fréquent chez les spécimens morts ; dans ce dernier cas la chasse est facile, car on déchiquète le bois en suivant les galeries jusqu'à la découverte de l'auteur du méfait. Ce procédé est inapplicable avec les arbres encore debout que l'on détruirait et dont on causerait la mort ; pour faire sortir les habitants de l'intérieur, on les enfume en insufflant de la fumée de tabac avec une paille, un roseau, un tube de verre ou une pipe préparée dans ce but, sur le point d'être asphyxiés ; les insectes quittent leur retraite et on les cueille à leur sortie.

Par ces divers procédés on peut se procurer des *Calosoma* (surface extérieure de l'écorce), *Cychrus* (sous la mousse des troncs). *Hydrophilides* (insectes aquatiques que l'on trouve durant l'hiver sous les mousses ou sous l'écorce). *Lucanus* (larves dans le cœur des bois). *Prionus* (vieilles souches à l'extérieur ou à l'intérieur en juillet). *Ergaser* (sur le tronc des pins). *Cerambyx* (larve et nymphe cœur des vieux chênes). *Lamia textor* (sur l'écorce des saules, larve à l'intérieur dans une galerie). *Acanthocinus edulis* ou *Charpentier* (surface des troncs de pins). *Saperda* (surface des peupliers juin-juillet, larves dans le cœur de l'arbre). *Pissodes, petit charançon des pins. Blastophagus, Tomicus* (sur le tronc des pins, larves sous l'écorce ou au cœur). *Scolytes* (sous l'écorce des ormes). *Rhizophagus* (sous les écorces). *Ips* (sur ou sous les écorces). *Colydium* (bois en décomposition). *Bitoma* (sous les écorces), etc.

La chasse sur les arbres fruitiers. — Nous consacrons un paragraphe spécial à ces coléoptères, car leur étude est d'autant plus intéressante que ces coléoptères sont particulièrement nuisibles aux cultures fruitières. On les capture à la pince en inspectant les arbres. Ce sont : *Rhynchites conicus*, dont les femelles perforent le bourgeons des arbres fruitiers, se trouve surtout sur le poirier. *Rhynchites Bacchus*, printemps sur les poiriers et pommiers en fleurs, larves dans les fruits. *Rynchites betuleti*, vigne, poirier, etc., il enroule les feuilles en forme de cigare. *Anthonomus pomorum*, qui cause de grands désastres dans les pays à cidre, dépose au printemps ses œufs dans les bourgeons, se prend au parapluie en frappant avec le maillet les pommiers au tout premier printemps ; *Anthonomus* *pyri*, mêmes mœurs que le précédent mais attaque les poiriers. *Scolytus pruni* perce l'écorce des pommiers malades, le rechercher dans le cœur des arbres abattus. *Hypoborus fici*, dans le cœur des branches du figuier. *Hylesinus oleiperda*, dans les branches de l'olivier. *Luperus flavipes* sur les poiriers dont il crible de trous les feuilles, *Luperus flavus* sur les pommiers. *Byturus* sur les framboisiers, sa larve est le *ver des framboisiers*. *Sinoxylon* qui attaque les branches récemment mortes ou malades de la vigne, du figuier, du mûrier, de l'olivier, etc., on le trouve au mois de septembre, il passe l'hiver sous les écorces. *Xylopertha* mêmes mœurs que le précédent. *Vesperus Xatartii* tiges de vignes. *Eumolphus vitis*, feuilles de vigne qu'il ronge d'une façon bizarre d'où le nom d'*écrivain*. *Graptodera* ou *altise*, tiges de la vigne, on le chasse à l'aide d'un sac terminé par un entonnoir en fer-blanc au-dessus duquel on secoue les tiges, l'insecte tombe au fond du sac; faire cette chasse de grand matin.

Fig. 410.
Filet
pour
tamiser
les
feuilles
mortes.

Chasse dans les feuilles mortes. — Les feuilles mortes qui durant l'été et l'automne forment souvent un épais tapis, renferment une multitude d'insectes, mais ceux-ci sont fort difficiles à apercevoir par suite de leur petite taille et de leur couleur qui ressemble au milieu, aussi si l'on se borne à gratter seulement la couche de feuilles mortes n'en prend-on que très peu; il faut prendre une poignée de ces feuilles et l'éparpiller sur une nappe blanche, on distingue ainsi les insectes qui cherchent à fuir. On peut aussi se servir d'un filet à larges mailles (*fig.* 140), on y met une brassée de feuilles que l'on secoue au-dessus de la nappe; les feuilles restent, les menus morceaux et les animaux tombent sur la nappe.

On prend ainsi beaucoup d'animaux des genres *Ptilium* et *Trichopteryx*.

Chasse dans les champignons. — Nombreux sont les coléoptères de petite taille qui habitent les champignons ; voici comment on les prend. Ayant ramassé un de ces cryptogammes, on l'agite au-dessus d'une nappe, d'un mouchoir blanc ou d'une simple feuille de papier en lui donnant quelques chiquenaudes, les petits insectes qui vivent dans les tubes et feuillets tombent sur la nappe, on casse ensuite le champignon en petits morceaux examinant avec une loupe la cassure pour voir si elle ne contient aucune bestiole. On trouve ainsi *Oxyporus rufus*, *Scaphidium quadrimaculatum*, *Thymalus limbatus* (bolets). *Cryptophagus Lycoperdi* (vesces de loup), *Cis boleti*, *Diaperis* (bolets) ainsi que les membres des tribus des Mycétophagiens et des Erotyliens.

La chasse sur les fleurs et dans les jardins. — Les coléoptères qui habitent les fleurs et les plantes de nos jardins fleuristes ou potagers sont nombreux ; on les chasse avec les pinces, mais il faut une certaine habitude pour les discerner, car si les coléoptères sont faciles à distinguer sur les fleurs à nuance vive telles que les roses, dahlia, lys, ils se voient très mal quand ils vivent sur les feuilles; il ne faut pas oublier que la plupart des espèces aiment à se réfugier dans les aisselles des feuilles, c'est-à-dire le point où elles s'insèrent sur la tige. Les principales espèces sont les *Lebia* (fleurs des bruyères, des genêts). *Meligethes* (toutes les fleurs). *Phyllopertha* (fleurs d'ornement et d'arbres fruitiers). *Citonia, cétoines* (fleurs de roses, spirées, rhubarbes, troènes, etc. *Trichius* (ronces et fleurs de prairies). *Gnorimus* (ombellifères et fleurs de sureau). *Clerus* (ombellifères). *Mordella* (ombellifères et marguerites), *Cerocoma* (scabieuse et marguerites). *Baridius* (colza. choux raves). *Ceuthorhyncus* (crucifères). *Bruchus,* *bruches* (fleurs des pois, lentilles, haricots). *Leptura* (fleurs des bois). *Agapanthia*, (fleurs des chardons). *Crioceris* (fleurs des lys, asperges). *Silpha opaca* (betteraves). *Anthrenus* (grandes marguerites).

La chasse dans les fourmilières. — A l'intérieur des fourmilières vivent un grand nombre de coléoptères qui sont là, les uns comme parasites, les autres comme de véritables bestiaux utiles aux fourmis qui les soignent. On se sert pour leur récolte d'un crible (*fig.* 141), qui peut se mettre replié dans la gibecière. Sur un cercle de fort fil de fer est consu un disque de toile métallique à mailles moyennes de 3 millimètres environ de côté. Ce disque ainsi soutenu, on le recoud par ses bords à un manchon de molesquine, dont on laisse la partie unie occuper l'intérieur. La hauteur du manchon doit être de 30 centimètres, le disque ayant 20 centimètres de diamètre. Quand on veut explorer une fourmilière, il faut, avec une pelle, enlever et jeter vivement dans le sac du crible tout, habitation, terreau, fourmis. Puis on ferme bien le sac par la coulisse dont il est muni à son extrémité supérieure et on le secoue sur une nappe étendue sur le sol. Il tombe alors une poussière noirâtre ou roussâtre dans laquelle il faut chercher les coléoptères qui, grâce à leur petite taille, ont passé par les mailles tandis que les fourmis et les gros matériaux de leur nid ont été retenus.

Fig. 141.

Crible à fourmi.

En été, on trouve fort peu de coléoptères dans les fourmilières, leur recherche en ces endroits n'est vraiment fructueuse qu'au printemps et en automne; il est préférable d'opérer de grand matin, les fourmis sont encore engourdies. Il faut aussi visiter les feuilles sèches amassées près des fourmilières, on y rencontre des types spéciaux. On trouve dans les fourmilières des *Myrmedonia*, des *Lomechusa*, *Batrisus*, *Amaurops*, *Claviger testaceus*, *Monotoma*.

La chasse dans les nids d'hyménoptères. — On trouve dans les nids des guêpes et autres hyménoptères des coléoptères parasites fort curieux ; cette chasse n'est pas sans danger il faut d'abord enfumer et tuer les guêpes suivant les procédés que nous indiquons en parlant de la recherche des nids de ces insectes [1] on y trouve des *Buprestes* (récoltés par les *Cerceris Lupresticida* en vue de leur nourriture), des *Sitaris*, des *Rhipiphorus*, des *Meloé* (larves).

La chasse dans les grottes. — La chasse dans les cavernes et dans les grottes amène la découverte de coléoptères inconnus ; M. Argod-Vallon notre voisin a su faire une admirable collection de ces insectes peu étudiés jusqu'à lui ; on rencontre surtout dans les cavernes des *Trechus*, des *Anophtalmus*, des *Aphœnops*, des *Troglorhynchus* (complètement aveugles).

Chasse dans la maison. — La chasse dans nos demeures n'est pas la moins intéressante ni la moins fructueuse, on y rencontre des coléoptères un peu partout, dans les boiseries, les bois de chauffage, les caves, les matières alimentaires, les vêtements, les fourrures, les vieux livres, les collections zoologiques et entomologiques. Ce sont : *Sphodrus Leucophtalmus* (caves, pierres et morceaux de bois pourris), *Dermestes*, *D. du lard* (garde-manger, fourrures, collections zoologiques), *D. onfulé* (collections zoologiques), *Attagènes* (fourrures, tapis, étoffes de laine, coll. zoologiques qu'ils rongent), *Anthrènes* (étoffes, collections qu'ils détruisent), *Ptinus* (herbiers qu'ils détruisent perçant même le papier), *Anobium* (meubles qu'ils piquent), *Ptilinus* (meubles que perce sa larve), *Blaps* (caves),

1. Page 384.

Tenebrio charançon du blé (céréales), sa larve est le ver de farine, *Calandra* (entrepôts de céréales), *Bruches* (graines alimentaires, pois, lentilles, haricots), *Callidium* (buches de bois pour chauffage, etc.).

Chasse à l'aide de pièges. — Les coléoptères peuvent se prendre à l'aide de certains pièges. Ils sont particulièrement attirés par la lumière, on peut les *chasser à la lanterne*, comme les papillons on utilise le piège lumineux suivant : « Disposer dans un jardin ou sur le seuil d'une fenêtre une cuvette à moitié pleine d'eau. Au milieu de cette cuvette on place un pot à confiture renversé ou tout autre vase ; on dresse une lanterne qu'on laisse allumée toute la nuit, sans plus autrement s'occuper du piège. Le lendemain matin, on trouve toujours un plus ou moins grand nombre d'insectes qui se sont laissés tomber dans l'eau dont ils n'ont pu sortir. Mais, comme ces animaux résistent à la noyade pendant des heures et des jours, il est bon de les jeter tous morts ou non, dans le flacon à sciure de bois avec quelques gouttes de benzine » Maindron. Les coléoptères crépusculaires qui viennent à la lumière sont les *Bolboceras*, les *Serica*, les *Lampyris mâles*, les *Cebrio*, les *Luciola* (lucioles), les *Vesperus, Œgosoma*, etc.

Un excellent piège consiste en un pot à fleur, ou mieux un vase à intérieur vernissé enterré jusqu'au ras du sol et à moitié rempli d'eau, les coléoptères y tomberont durant leurs promenades nocturnes.

On peut aussi attirer les coléoptères par divers appâts déposés dans un jardin, fruits pourris, vieux paillassons de bouteilles humides, morceaux de pain moisi, escargots écrasés, cadavres de petits animaux ; les coléoptères viendront en masse à l'entour.

PRÉPARATION

Comment tuer les coléoptères récoltés. — Lorsque l'entomologiste sera de retour chez lui, il inspectera le résultat de sa chasse ; les insectes capturés seront dans deux états soit morts, soit vivants. Seront bien morts tous ceux mis dans le flacon à cyanure ; ceux mis dans le flacon à benzine, le seront certainement s'ils sont de petite taille, mais s'ils sont gros ils ne seront peut être qu'engourdis ; dans ce cas il sera bon d'imbiber un tampon de ouate de benzine et de le mettre dans le flacon (il ne faut jamais verser directement le liquide sur les animaux, car il pourrait détériorer les couleurs de certains d'entre eux). Cette addition de benzine suffira pour les tuer ; quant aux sujets délicats soit par leurs écailles, soit par leurs poils qui ont été placés dans des tubes ou boîtes séparés ils seront bien vivants ; pour les tuer il suffira de les introduire, s'ils ne le sont déjà dans un petit tube et maintenant ce tube verticalement on piquera en dessous du bouchon un petit tampon imbibé de benzine, on fermera et l'insecte ne tardera pas à périr. Enfin si l'on avait recueilli toute la chasse dans des boîtes, on les videra, dans le flacon à cyanure ou dans la bouteille à benzine (ajouter de la benzine fraîche) la mort ne tardera pas à faire son œuvre.

Conservation des coléoptères récoltés. — Si l'on ne peut préparer de suite les captures, on les conservera en ayant grand soin de ne point trop les entasser dans des boîtes remplies de sciure de bois. Cette sciure bien tamisée doit provenir d'une essence non résineuse, du peuplier par exemple ; on la passera à l'eau bouillante pour la débarrasser de ses impuretés, puis une fois sèche, on la lavera à l'alcool, on la fera sécher au four puis on l'imprégnera d'acide phénique, mais très légèrement. Les boîtes ayant servi à contenir des cigares sont excellentes, car imprégnées de l'odeur du tabac, elles sont peu visitées par les insectes dévastateurs.

Ramollissement. — Si l'on prépare de suite les insectes en revenant de la chasse, le ramollissement préalable n'est pas nécessaire, il suffit de bien brosser avec un pinceau le corps des coléoptères pour les débarrasser des particules de sciure qui ont pu s'attacher à leur corps. S'ils ont eu le temps de se dessécher, le ramollissement est indispensable. On se sert pour cela d'un vase plat rempli aux deux tiers de sable suffisamment humecté d'eau, additionné d'un peu d'acide phénique, sans pourtant ressembler à une bouillie, pour qu'une feuille de papier buvard déposée au-dessus soit imbibée immédiatement. On dépose les insectes sur ce papier buvard et on recouvre le tout d'une cloche pour que les vapeurs humides ne puissent s'échapper. Au bout de vingt-quatre à quarante-huit heures suivant leur taille, on peut retirer les coléoptères, ils sont alors prêts à être préparés, ce dont on peut se rendre compte en manœuvrant leurs articulations qui doivent jouer facilement. On les époussèra alors avec un petit pinceau taillé en brosse.

Préparation. — Les gros coléoptères seront piqués, ceux dont la taille n'atteint pas 8 millimètres seront collés. Pour piquer on donnera la préférence aux épingles noires pour les raisons suivantes : 1° elles ne se recouvrent point de vert-de-gris; 2° elles ne se ternissent pas; 3° elles ne se détériorent pas aussi facilement dans le liège. L'épingle est enfoncée à droite, perpendiculairement, dans le premier sixième de l'élytre, de manière à ce que la pointe sorte entre les pattes médianes et postérieures; afin de pouvoir saisir plus tard facilement l'insecte, on laissera dépasser l'épingle de 3/4 de centimètre, mais pas davantage, car pour les petits coléoptères, les extrémités trop longues feraient un mauvais effet dans les collections. Il faut une certaine habitude pour bien piquer un coléoptère et c'est un petit talent que le collectionneur doit acquérir, ce qui lui sera du reste facile après quelques essais. L'insecte à piquer sera placé sur une planchette de liège devant l'opérateur, appuyé sur le ventre, la tête en avant, les pattes écartées et maintenu en cette position par la main gauche, on enfoncera d'abord l'épingle dans l'élytre droite au point voulu ; si le corps était trop dur on émousserait la pointe de l'épingle, il serait alors utile de percer au préalable le passage avec une aiguille d'acier emmanchée sur un manche en bois, mais toujours d'une grosseur moindre que celle de l'épingle définitive. Celle-ci ayant pénétré dans le corps, on soulève ce dernier sur le pouce et l'index de la main gauche, tandis que la main droite finit d'enfoncer l'épingle en la tenant par la tête entre le pouce et l'index : le plus difficile est de piquer tous les sujets à la même hauteur et bien droit, c'est-à-dire de façon à ce que l'épingle soit bien perpendiculaire au plan du corps du coléoptère, ceci a une grande importance, car il faut que tous les sujets soient bien horizontaux dans la collection.

On ne laisse pas l'insecte piqué avec ses membres dirigés dans tous les sens, on leur donne une attitude symétrique ; à ce sujet les coléoptéorologistes se divisent en deux écoles. Les uns, les Anglais en particulier, se plaisent à étaler leurs membres de manière à rappeler autant que possible l'insecte vivant. Le coléoptère étant piqué sur une plaque de liège, voici d'après M. Coupin comment il faut procéder à l'étalage pour répondre à la mode anglaise : « C'est alors à l'aide des pinces et des aiguilles montées, qu'on étale les appendices, les antennes et les pattes, en leur faisant prendre autant que possible une position quasi naturelle. Le plus souvent quand les insectes viennent d'être fraîchement tués, les appendices restent dans la position où on les place, quelquefois cependant, les pattes retombent et pendent sous l'insecte d'une manière lamentable, il suffit alors d'introduire sous l'insecte une plaquette de carton, sur laquelle viennent reposer les appendices; on ne retire la plaque que lorsque le coléoptère est desséché. De même, les longues antennes des Longicornes retombent d'une façon fort disgracieuse ; on les maintient dans la position choisie à l'aide d'épingles sur lesquelles sont enfilés des petits carrés de papier qui, rapprochés, font l'office de pinces fixes » *(fig. 142)*.

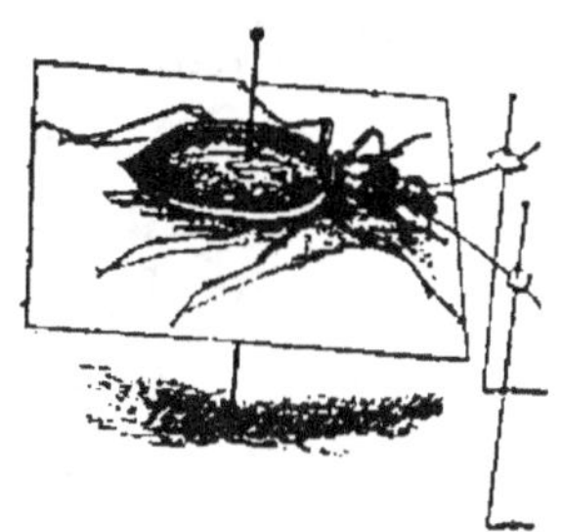

Fig. 142.
Etalage des antennes d'un coléoptère.

En France et en Allemagne on a reconnu qu'en serrant les antennes le long du corps et en ramenant les pattes sous le ventre on n'enlève rien au cachet de l'insecte, mais on le rend beaucoup moins fragile et on restreint la place qui lui est nécessaire dans les boîtes. Pour donner à un coléoptère cette attitude on le pique sur une planchette de liège, puis les pattes, antennes, appendices, ayant été placés dans leur position définitive en les repoussant ou les étendant à l'aide d'une aiguille emmanchée, on les cale avec des épingles piquées tout autour du corps en aussi grand nombre qu'il faut.

La préparation terminée, on laisse les Coléoptères se dessécher avant de les mettre dans la collection; il ne faut jamais les laisser sécher à l'air libre de peur que des insectes parasites ne viennent y déposer leurs œufs, on place le sujet dans une boîte hermétiquement fermée ou mieux sous une cloche dans laquelle il est bon de mettre dans une soucoupe quelques morceaux de chlorure de calcium. Le séchage complet des gros spécimens demande trois semaines. Certains coléoptères comme les Meloé ont un abdomen énorme qui en se desséchant se raccornit et devient méconnaissable, il est bon d'enlever cet abdomen, de le vider complètement et de le bourrer ensuite de coton, on le recolle alors en place.

Préparation des petits coléoptères et des microcoléoptères[1]. — La première préoccupation est d'avoir une bonne colle. Nous faisons simplement dissoudre de la gomme arabique blanche de première qualité dans de l'eau et y ajoutons un peu de sucre candi. M. Maindron donne les conseils suivants sur l'obtention d'une colle parfaite et nous pouvons qu'engager nos lecteurs de les suivre. « On choisira de la gomme arabique de bonne qualité que l'on fera dissoudre dans un peu plus son volume d'eau distillée et bien claire, soit sur un feu doux soit à froid. Quand la masse sera fondue, on la passera à travers un morceau de linge tendu au-dessus d'un verre, en ayant soin de remuer de temps en temps avec une petite baguette de façon que les interstices du tissu ne s'engorgent pas et laissent filtrer le liquide. La dissolution de gomme ainsi obtenue doit être à consistance de sirop. On y ajoutera alors environ un cinquième de sa masse de sucre ordinaire imbibé d'eau, on agitera doucement, puis on ajoutera quelques gouttes d'acide phénique. Ces diverses précautions sont destinées à donner du liant à la gomme par le sucre et à lui communiquer une odeur persistante qui éloigne les insectes ravageurs des collections. Quand la solution de gomme

---

1. Tous ces petits coléoptères se manient facilement avec une allumette ordinaire taillée en pointe et humectée avec un peu d'eau ou de salive, l'insecte s'y attache assez solidement pour être manœuvré.

est faite, on la met dans un flacon bien bouché ou tout autre récipient muni d'un couvercle ; on en garde une petite provision dont on se sert couramment. »

Les petits coléoptères se collent sur des paillettes en carton qu'on peut découper dans du bristol et même utiliser pour cela les vieilles cartes de visite à la condition qu'elles ne soient pas glacées. Les entomologistes n'ont pas encore pu s'entendre sur la forme à donner à ces paillettes, chacun prépare à sa manière, cependant l'uniformité doit régner dans une collection bien tenue et l'œil doit aussi y trouver son agrément. Le mieux est d'adopter des cartons rectangulaires. La paillette doit être assortie à la taille des insectes, mais dans la majeure partie des cas deux grandeurs doivent suffire. A l'aide de la pointe d'une épingle on met sur la paillette une petite goutte de gomme, toujours plus petite que l'insecte lui-même, car il ne faut pas qu'elle s'étende et bave en dehors du corps et on transporte le coléoptère sur le point encollé, de façon à ce qu'il soit collé par son ventre, en ayant soin dans ce cas de ramener les pattes non sous le corps mais de les étaler sur la paillette sans pourtant la dépasser (employer pour cela une aiguille emmanchée).

Fig. 143. Montage des petits coléoptères sur paillettes triangulaires.

Ce mode de préparation a le défaut de ne pas permettre la vue du dessous de l'insecte, ce qui contrarie beaucoup pour la détermination de certaines espèces. Nombre de collectionneurs, surtout dans l'Allemagne du Nord et du Sud, emploient des paillettes en forme de triangle isocèle à la pointe duquel ils collent l'insecte de manière à laisser voir la majeure partie du dessous (*fig.* 143). Mais quelle que soit la manière de préparer, le travail doit toujours être propre et présentable. Rien n'est plus vilain qu'une collection où tous les procédés de préparation sont représentés et où les insectes sont négligemment piqués ou noyés dans la colle.

Lorsque les insectes ont le ventre très saillant ou le bec fortement recourbé, il est très difficile de les coller horizontalement sur la paillette, ils prennent toujours une position plus ou moins couchée. On arrive à remédier à cet inconvénient en collant sur la paillette un petit coussinet formé de deux ou trois épaisseurs de carton et on le coupe aux dimensions exactes des parties creuses ou en retrait de l'insecte, de cette façon toute la surface inférieure du corps du sujet est régulièrement soutenue.

Rangement de la collection. — Les coléoptères étant moins fragiles que les Lépidoptères, il n'y a pas lieu de craindre les accidents causés par la fréquente ouverture des boîtes, aussi est-il préférable d'employer des cartons de boîtes à couvercle plein en place des modèles à dessus vitré: ils ne se différencient d'ailleurs qu'en ce point avec ceux utilisés pour les papillons.

Tout ce que nous avons dit au sujet de l'étiquetage en parlant des lépidoptères s'applique aux coléoptères.

Les soins à donner aux collections pour leur conservation sont d'ailleurs les mêmes.

Accidents. — Les Coléoptères qui tournent *au gras* sont traités par la benzine comme les papillons, mais à l'exception de certaines espèces à fond jaune clair ou presque blanc comme certains Cicindèles, on peut se dispenser du séchage dans de l'argile smectique et les déposer simplement sur une feuille de papier buvard à leur sortie du bain de benzine.

Les moisissures s'enlèvent en plongeant l'insecte dans de l'éther, après l'avoir bien ramolli au préalable avec du sable humide, on le frotte alors avec un pinceau taillé en brosse de façon à enlever toutes ces végétations cryptogamiques.

Il arrive parfois que les coléoptères se cassent, ou perdent leurs membres, leurs antennes, on les recolle avec de la gomme laque dissoute dans l'alcool.

UTILISATION DES COLÉOPTÈRES DANS LA PARURE

Si les coléoptères de couleurs ternes, brunes ou noirâtres sont nombreux, il existe à côté d'eux des espèces dont les élytres nous offrent des reflets métalliques des plus brillants leur permettant de rivaliser avec avantage avec les plus belles gemmes et l'on comprend aisément que quelques personnes aient eu l'idée d'utiliser ces petits insectes pour des parures féminines et masculines. M. Coupin consacrait dans la *Chronique scientifique* (mai 1897) un article sur ces bijoux en insectes. « Les pays chauds, nous disait-il, ont une ressource commerciale à laquelle ils ne songent généralement pas ! Ce sont ces magnifiques insectes auxquels ils donnent asile et qui, convenablement apprêtés, peuvent donner lieu à de fortbelles parures, au moins aussi jolies que les oiseaux empaillés. En France, les bijoux en insectes ne sont pas inconnus, loin de là, mais ils ne sont pas encore très employés. Il faut, je crois, chercher la cause de ce peu d'extension aux parures entomologiques à ce que les bijoutiers ne leur font pas assez de réclame : il vaut mieux vendre un scarabée en rubis ou en diamants que l'insecte lui-même, qui ne rapporte que la monture. L'esthétique y perd d'ailleurs, car ces insectes en pierres sont absolument « mastocs, » grossiers en diable et ne tirent leur valeur que des pierres qui les composent. Nous ferons exception cependant pour les mouches ordinaires que l'on imite fort bien en boucles d'oreilles et en épingles de cravates.

« Mais combien sont plus jolis encore les insectes naturels, surtout ceux des pays chauds dont les couleurs, variées à l'infini, rendent souvent des points aux plus belles pierreries. Je possède dans ma collection plusieurs bijoux ainsi confectionnés et toutes les personnes à qui je les montre en sont émerveillées.

« La mode, si variée qu'elle paraisse de premier abord, n'en est pas moins d'une monotonie désespérante ; en fait de parures elle ne sort pas des chiffons, des perles, des fourrures, des plumes et des fleurs ou bijoux artificiels. On a essayé timidement de se servir de fruits et de graines, mais la tentative n'a pas eu beaucoup de succès. Pourquoi n'essayerait-on pas des insectes ? Les coléoptères possèdent des élytres très résistantes, qui se prêtent à des travaux multiples. Avec des plumes détachées et recollées, on fait des fleurs, des tours de cou, des manchons, des bordures de vêtements : tous ces colifichets pourraient aussi bien se faire en élytres.

« Mais revenons aux bijoux proprement dits. Chez nous on vend surtout le *Curculio imperialis*, fort beau, mais un peu volumineux. On le monte généralement en boucles d'oreilles en remplaçant le ventre et les pattes par de l'or. On ne voit plus alors que la tête, le corselet et les élytres. Ces dernières, d'un beau vert, portent des séries longitudinales de ponctuations en creux, au fond desquelles brillent des perles et des écailles resplendissantes. Ces *curculios* sont extrêmement communs au Brésil, ils vivent sur les mimosas dont, par leur abondance, ils font souvent craquer leurs branches ; c'est dire que leur prix de revient n'est guère plus élevé que celui des hannetons chez nous. Une autre espèce dont on a fait aussi des boucles d'oreilles ressemble à la précédente, mais les points font défaut et les élytres, d'un vert plus clair, sont rehaussées par des taches dorées irrégulières.

« C'est surtout comme épingles de cravates que les insectes ont beaucoup de cachet. On se sert à cet effet de petits curculionides ou de petits buprestes ; je possède une de ces épingles avec une jolie espèce à couleur bleue et verte, dont le dessin noir, parfaitement régulier, contraste agréablement avec la teinte claire qui les entoure. On utilise aussi divers coléoptères à orner des broches. Le plus employé est un coléoptère brésilien, voisin des *Cassida* (?) aplati, vert métallique et couvert de poils en creux qui lui donnent l'air d'un dé à coudre. Sa dureté permet de le travailler comme du métal. Si l'on compte les insectes exotiques actuellement employés, on n'en trouve guère plus de six à huit. C'est là un tort, les bijoutiers ne varient pas assez leur marchandise. Nombreux sont cependant les coléoptères exotiques que l'on pourrait utiliser dans l'ornement ; il suffit pour cela de parcourir les galeries des musées d'histoire naturelle. Toutes les tailles, toutes les formes, toutes les couleurs, y sont représentés. Les uns ont des teintes mates, d'autres des teintes métalliques, ceux-ci des reflets irisés, ceux-là des reflets polychromes. Il en est aux formes élégantes, d'autres aux contours étranges, on n'a que l'embarras du choix. »

Nous trouvons aussi parmi nos espèces indigènes dont la beauté peut presque rivaliser avec les espèces exotiques, telles sont les *Hoplies*, jolis hannetons bleu d'azur, au ventre argenté ; leur fragilité ne permet pas de les utiliser comme bijoux, mais on s'en sert pour orner les fleurs artificielles et desséchées ; il se pratique sur les bords de la Loire des envois assez importants de ces insectes aux fleuristes parisiens ; les *Chrysomèles* sont aussi recherchés pour le même emploi que les Holies, mais outre ces deux genres qui ont déjà une utilisation commerciale, nous pourrions faire des bijoux avec les *Cantharides*, les *Ce-*

toines aux élytres vertes, bronzées, mordorées, panachées, avec les *Trichies* toutes veloutées jaunes avec des taches noires, avec les *Cryptocéphales* qui forment des petites boules métalliques, avec les *Rhyncites*, parasites de la vigne connus sous le nom de cigariers et qui ont une livrée des plus brillantes, avec certains *Carabes* dont les nuances peuvent rivaliser avec les plus beaux insectes exotiques et quantité d'autres?

Quant aux coléoptères, qui n'attirent pas nos regards par la richesse de leurs couleurs, mais nous offrent des formes curieuses et élégantes, nous pouvons encore les utiliser pour la confection des bijoux, broches, épingles de cravate, en recouvrant leur corps d'une couche métallique à l'aide de la galvanoplastie : voici comment il convient de procéder : on laisse bien sécher les insectes que l'on veut dorer ou argenter, puis on les saupoudre avec de la plombagine en poudre que l'on applique au pinceau. Les insectes ainsi préparés sont mis au bain galvanique.

CHAPITRE XII

AUTRES INSECTES

Orthoptères, Nevroptères, Diptères, Hémiptères Héminoptères

CHASSE ET PRÉPARATION

Nous nous sommes longuement étendus sur le moyen de chasser les Lépidoptères et les Coléoptères ainsi que sur les procédés de préparation, les autres insectes se chassant et se préparant de manière analogue, nous n'aurons point à nous arrêter sur ces opérations, nous nous bornerons simplement à indiquer quelques modes spéciaux de chasses, quelques tours de main dans la préparation que nécessitent les spécimens de certains genres, renvoyant aux pages précédentes pour les indications générales sur la façon d'opérer.

I. — Orthoptères. — Anciens Pseudo-névroptères, Névroptères

Chasse. — Le meilleur instrument pour la chasse des orthoptères est le filet à faucher ; le parapluie, l'écorçoir, sont aussi utiles dans cette chasse ainsi que les pinces habituelles.

Les meilleures époques de chasse sont l'été et l'automne les jours ensoleillés, le collectionneur devra braver ses ardeurs et s'habiller en conséquence.

Dès que les insectes sont saisis, on les met dans le flacon à cyanure en ayant soin de faire entrer les espèces sauteuses la tête la première, sans cette précaution l'insecte trouverait souvent le moyen de s'élancer au dehors au lieu de pénétrer dans le récipient.

Préparation. — La principale difficulté consiste dans leur desséchement surtout pour les grosses espèces qui tournent facilement au gras ; certains entomologistes conseillent de vider ces insectes et de les bourrer de coton. Cette opération donne de bons résultats, mais elle est très délicate et demande une certaine dextérité pour être pratiquée avantageusement, le meilleur moyen est de les faire dessécher dans de la sciure de bois très sèche dans laquelle on a préalablement versé une petite quantité d'essence de thym ou de lavande. On peut employer indistinctement pour cet usage des boîtes en fer-blanc ou en carton, ou encore des flacons de verre bien bouchés.

Les orthoptères pouvant être piqués, soit avant d'être séchés, soit après dessiccation complète ; s'ils sont entièrement secs, il faut les faire ramollir sur du sable humide. On les sèche ensuite sous une cloche avec du chlorure de calcium.

Pour bien voir les ailes des orthoptères, il est nécessaire de les déployer et de les étaler ; on se sert pour cela d'étaloirs pareils à ceux utilisés pour les Lépidoptères, mais à rainures relativement plus larges et plus profondes à cause des jambes postérieures très développées.

Les collections se rangent dans des boîtes pleines comme les Coléoptères, elles s'étiquettent de même. Mêmes procédés de conservation que ceux indiqués pour les lépidoptères.

Anciens pseudonévroptères. — Il y a tout un groupe d'orthoptères désignés autrefois sous le nom de pseudonévroptères qui est particulièrement intéressant à collectionner, car il contient la nombreuse famille des Libellules.

Leur chasse n'offre aucune difficulté, ils se chassent comme les coléoptères ou comme les papillons, car de nombreuses espèces volent en plein jour.

Les larves de certaines espèces se développent dans l'eau, comme les libellules, on pourra les recueillir et les mettre dans un aquarium où elles écloront ; il faut pourtant avoir soin que l'aquarium ne contienne pas de poissons qui les dévoreraient infailliblement et de le recouvrir d'une gaze pour que les nouveau-nés ne s'échappent point. Il faut laisser aux insectes le temps de sécher au soleil et de développer leurs ailes, puis on les pique, on les tue en les introduisant dans le flacon à cyanure ou dans un bocal muni d'une éponge imbibée de benzine.

Préparation des libellules. — La préparation des libellules et autres orthoptères du même genre est assez délicate. Certains entomologistes enlèvent les viscères du thorax et de l'abdomen afin d'empêcher la putréfaction, et de diminuer l'altération des couleurs. M. de Selys-Longchamp nous explique sa façon d'opérer : « En rentrant de la chasse, s'il s'agit de Libellules de forte taille ou d'Eschnides, je fais avec des ciseaux une incision partant du milieu de la poitrine et se prolongeant jusqu'au huitième segment de l'abdomen en-dessous en ayant soin, s'il s'agit d'un mâle, d'interrompre l'incision aux deuxième et troisième segments afin de ne pas altérer les organes génitaux externes dont les caractères ont une grande importance. Au moyen d'une pince, j'extrais les viscères et je place dans l'intérieur du papier ayant la forme de l'abdomen et d'une couleur appropriée s'il s'agit d'une espèce à abdomen transparent. Du jaune, du rouge, du bleu, du vert clair et plus souvent du blanc suffisent pour rétablir approximativement la coloration, car les des-

sins noirs subsistent naturellement, et, quant aux espèces peu nombreuses où le bleu et le vert sont asso-
ciés le bleu clair suffit, les restes du pigment vert modifiant assez la couleur du papier. Pour les Eschnides et
Gomphines à abdomem cylindrique, je fais un petit
rouleau de papier qui, en tout cas, doit être plus long
que l'abdomen, pour se fixer dans le thorax dont on
complète le bourrage au moyen d'un peu de ouate.
Pour les libellules de petite taille, et surtout pour les
Agrionides, je regarde en général l'extraction des viscères comme inutile, à moins qu'il ne s'agisse de femelles remplies d'œufs. Je me borne donc pour assurer
la solidité de l'abdomen à introduire par le thorax un
support traversant le corps dans toute sa longueur. Je
préfère un ou plusieurs crins à un fil de fer inoxydable
ou à un végétal (graminée ou feuille de pin) parce que
le crin est plus flexible et ne se brise pas. Le fil de fer
est d'ailleurs plus lourd. »

Les sujets ainsi préparés sont étalés à la manière
des lépidoptères, mais cette opération n'exige pas
d'aussi grandes précautions, car leurs ailes ne sont
point recouvertes d'écailles.

La plupart du temps en voyage on n'a pas le temps
de pratiquer cette série d'opérations et on fait simplement dessécher les sujets capturés sur une plaque de
liège, il est pourtant utile de passer un crin dans la
longueur du corps.

Voici comment il convient d'opérer pour préparer
les *libellules desséchées*, procédé opératoire que nous
empruntons encore à M. de Selys-Longchamps : « Je
les ramollis sous une cloche de verre, en les piquant
sur une planche de liège, qui nage sur l'eau. Dix à
douze heures suffisent, selon la solidité des espèces.
Le ramollissement n'offre pas d'inconvénients, excepté
pour quelques espèces dont le corps est en partie couvert d'une exsudation pulvérulente. Pour celles-là, il

faut des ménagements ou bien encore séparer l'abdomen, que l'on s'abstient alors de ramollir. Après avoir changé les épingles, s'il y a lieu, j'étale sur des planchettes en bois avec rainures en liège, au moyen de petits carrés de verre suffisamment pesants pour maintenir les ailes étendues. Aussitôt avec un pinceau j'imbibe tout le corps et les ailes d'alcool rectifié. Cela tue le germe des insectes rongeurs, s'il y en a, solidifie l'exemplaire et favorise la dessiccation. J'y trouve un avantage si grand, que je ne m'arrête pas à l'inconvénient de ternir parfois les couleurs métalliques ou de coller quelques poils. S'il y a de la pulvérulence, je m'abstiens de l'opération. L'insecte étalé étant sec, si son corps n'a pas été préalablement traversé par un crin, un morceau de papier ou tout autre support, voici comment je procède pour lui donner de la solidité : au moyen de la pointe d'un scalpel, je sépare l'abdomen pour y introduire un ou plusieurs crins, une feuille de pin desséchée, une fine paille de graminée, ou bien un fil métallique inoxydable, trempé dans une colle composée de gomme arabique et d'un peu de farine, dans laquelle je verse, de temps en temps, un peu d'alcool saturé d'arséniate de soude. Pour empêcher cette colle de se dessécher, on la place sous la cloche à ramollir ou bien on y ajoute un peu d'eau. La colle qui n'est pas récente devient meilleure, se fendille moins et prend une couleur brune qui convient à l'emploi qu'on fait. Je replace l'abdomen contre le thorax au moyen de la même colle, en introduisant dans son intérieur le bout du support, que dans ce but, j'ai laissé dépasser l'origine de l'abdomen. En général ce dernier forme en se desséchant un petit canal longitudinal, qui permet facilement l'introduction du support végétal ou du crin. Je n'emploie du fil métallique que lorsqu'il s'agit de femelles remplies d'œufs, qu'on ne peut transpercer qu'avec un fil métallique pointu et même dans ce dernier cas, s'il s'agit de petits agrions ou de libellules à abdomen très court, il est plus prudent de s'abstenir de toute préparation interne, sauf à recoller plus tard l'abdomen ou les segments qui viendraient à se désarticuler. Il ne faut pas séparer du corps l'abdomen de plusieurs individus à la fois, afin de ne pas s'exposer à des méprises fâcheuses. Ces opérations que je viens de décrire, étaler et préparer, ne sont pas très longues, car avec un peu d'habitude, on peut facilement préparer tout à fait vingt à vingt-cinq libellules par heure. »

Ajoutons que beaucoup d'entomologistes préfèrent garder les orthoptères en alcool dans des flacons ou des tubes.

Vrais névroptères. — Les vrais névroptères qui comprennent les Myrméléonides (Fourmi-lion, etc.), Ascalaphes) les Hémérobiides, les Sialides, les Panorphides, les Phryganes, se chassent au filet, ils se préparent comme les papillons, mais il faut opérer avec de grandes précautions, car ce sont des insectes très fragiles.

II. — Diptères

Chasse des Diptères. — Les diptères se capturent au moyen du filet à papillon ordinaire et du filet fauchoir. Les insectes sont pris à la pince où à la main dans le filet, ils ne sont nullement dangereux, ils sont de suite mis dans le flacon à cyanure ou dans la bouteille à benzine ; certaines espèces comme les cousins, moustiques, tipules sont excessivement fragiles et il est prudent de les piquer de suite, ou de les coller sur paillettes s'ils sont très petits.

Les diptères se rencontrent en tous lieux et en toute saison sous nos latitudes, on les rencontre principalement depuis les mois d'avril et de mai jusqu'en oc-

tobre durant les heures les plus chaudes.de la journée.
dans les champs, autour des animaux domestiques
comme les œstres, dans nos demeures, comme les
mouches, près des cours d'eau, comme les cousins et
moustiques; les plus rares et les plus curieux sont ceux
qui vivent au détriment des oiseaux, des mammifères
y compris les chauves-souris. certaines espèces affectionnent particulièrement les matières végétales et
animales décomposées, d'autres vivent sur les plages
maritimes, il est même une tipule (g. chionea) qui
parcourt rapidement la surface des champs de neige.

Préparation. — Les diptères doivent être préparés
aussitôt que possible dès le retour de la chasse, ce
sont en général des insectes très fragiles et leur ramollissement (si on les a laissé sécher) demande de
grandes précautions. On pique les grosses espèces, on
colle les plus petites comme les coléoptères.

Certains diptères comme les cousins ont les pattes
très longues et très fragiles, si on les laissait dans le
flacon, ou même si on les piquait simplement dans la
boîte de chasse, ces membres ne manqueraient pas de
se briser aux moindres secousses un peu fortes. Voici
comment il faut procéder pour conserver ces organes
intacts :

On prépare et on emporte à la chasse, dans une petite boîte, des paillettes rondes ou carrées en fort bristol dont la surface a été induite d'une couche de gomme
arabique que l'on a laissé sécher, et percée d'un trou
correspondant à la grosseur de l'épingle que l'on em-
ploiera. L'insecte étant piqué sur l'épingle, on mouille
la surface gommée de la paillette, on le glisse sur la
tige de l'épingle et on réunit sur elle l'extrémité des
jambes qui y restent collées.

III. — Hémiptères et Homoptères

Chasse des Hémiptères. — Ces insectes se chassent comme les coléoptères avec le filet à papillons, avec le filet fauchoir et à la nappe, ce dernier procédé est très productif; on prend ainsi les *Cixius*, les *Delphax*, les *Acocephalus*, les *Jassus* et les *Typhlocyba*. Pour saisir les insectes que l'on fait tomber en battant les arbustes et hautes herbes qui entourent l'endroit où est étendue la nappe, il faut agir vivement et les mettre dans le flacon à cyanure et à benzine.

Certaines espèces comme les *Tingis*, les *Paropia* se tiennent dans des cachettes pour les faire sortir de leur retraite, le seul moyen consiste à les enfumer avec de la fumée de tabac. On peut recueillir des Hémiptères toute l'année, mais les mois de juin, juillet, août et septembre, sont ceux où les récoltes sont les plus abondantes. En hiver on peut prendre sous les mousses des *Tingis*, des *Paropia* et des *Jassites*, dans les fagots des *Pachymerus*. En été la chasse à la nappe sera fructueuse et donnera les familles que nous avons signalées; dans les endroits humides et sablonneux, on trouvera : *Asiraca clavicornis*, *Caloscelis Bonellii* sous le thym : *Paropia scanica*, les *Ulopa obtecta* et *trivia*. Dans les touffes d'herbes en enfumant on fera sortir des *Attysanus;* les *Tingis* se rencontrent sur les arbres fruitiers, les *aphis* sur divers arbres où ils forment des excroissances vraiment extraordinaires, on y trouve aussi des *Kermes*, des *Cochenilles*. Au bord des eaux on prendra plusieurs petites espèces intéressantes : *Hydroessa pygmea*, *Hebrus pusillus*, *Pelogonus marginalus*, *Salda*. Au bord de la mer *Henestaris Spinolæ*, *Micropus Sabuleti*, etc. Enfin un peu partout toute la tribu des Punaises.

Préparation. — Les homoptères (cigales et genres

voisins) s'étalent comme des papillons, mais en principe les Hémiptères se piquent comme les Coléoptères sur l'élytre droite : les petites espèces se collent sur paillettes. On peut préparer de suite les grosses espèces, on les pique pour les faire sécher, remettant la préparation à plus tard ; dans ce cas lorsqu'on veut pratiquer cette opération, on les fait ramollir comme les Coléoptères.

Les petites espèces demandent à être collées, et comme elles sont très fragiles, il faut faire cette opération au moment de la chasse ; on se munit donc de paillettes et d'un flacon de colle, comme il faudrait piquer une à une toutes ces paillettes si elles étaient séparées, le mieux est de ne pas découper entièrement le carton, et si on en laisse un certain nombre adhérer les unes aux autres par leur base, une seule épingle suffit alors pour les maintenir toutes.

HÉMINOPTÈRES

Chasse. — Les Héminoptères constituent un ordre particulièrement intéressant ; malheureusement si leur chasse n'est pas difficile, elle n'est pas sans un certain danger car plusieurs d'entre eux sont munis d'aiguillons assez redoutables pour faire des blessures sérieuses tels les frelons, les guêpes. Disons tout de suite que si la douleur est grande. les suites ne seront pas bien sérieuses surtout si l'on a soin d'examiner avec soin la plaie, d'arracher aussitôt l'aiguillon avec des pinces fines, de laver la plaie et de mettre une goutte d'ammoniaque, la douleur très vive d'abord passe rapidement.

Si l'on excepte les fourmis dont les sujets neutres sont terrestres, les autres héminoptères se prennent au vol et pour cela on se sert soit du filet à papillon, soit du filet fauchoir. Les pinces à raquettes garnies de grillage en fil de fer sont particulièrement commodes pour prendre les insectes sur certaines fleurs armées d'aiguillon comme les chardons.

C'est en effet sur les fleurs, au soleil, qu'on trouve le plus grand nombre d'héminoptères. Les chasses les plus abondantes se font au printemps sur les chatons des saules et en automne sur les labiées, les cardulacées, les ombellifères.

On saisit l'insecte pris dans le filet avec les pinces pour le mettre dans le flacon à cyanure, ou on le pique immédiatement en opérant de la même façon que pour le papillon, mais si la bête est capable de faire des piqûres il faut opérer autrement. L'insecte est chassé dans le fond du sac formé par le filet et on l'y emprisonne en serrant la gaze avec les pinces. On aura alors le flacon à cyanure qui pour cette chasse devra être muni d'un goulot particulièrement large et on y introduit dedans la tête toujours emprisonnée dans le filet et on rebouche par-dessus la gaze, au bout d'une minute l'insecte est aux trois quart asphyxié ; on en profite pour le sortir du filet et le piquer dans la boîte de chasse ou le mettre dans le flacon à sciure imbibé de benzine.

Préparation. — La préparation des Héminoptères de forte taille ou de taille moyenne se fait comme celle des papillons. On les pique au milieu du corselet et on étale leurs ailes sur l'étaloir ; quelques amateurs se contentent d'étaler les ailes d'un seul côté, les sujets tiennent ainsi moins de place dans les boîtes.

Les petites espèces se collent sur des paillettes comme les coléoptères, on traite de même les espèces aptères comme les neutres des fourmis.

Pour les sexes, on emploie en outre des signes habituels ♂ mâle ♀ femelle le signe ⚲ indiquant la femelle stérile, ou mieux neutre des abeilles, guêpes, fourmis, etc.

Guêpes. — Les guêpes construisent des nids qui sont très intéressants à conserver. La manière de s'en emparer, qui exige toujours des précautions sérieuses, varie suivant leur situation, car les guêpiers sont soit aériens, soit souterrains. Si le nid est sous terre, la première chose à faire consiste à s'assurer des entrées du terrier, de leur position et de leur nombre, car il peut y en avoir plusieurs; on y arrivera en examinant d'une certaine distance durant le jour les allées et venues des habitants. On se rend ensuite de très grand matin auprès du nid, à l'aurore les guêpes sont engourdies et sont moins dangereuses, il est prudent néanmoins de se munir d'un voile et de gants d'apiculteur ainsi que de jambières ou tout au moins serrer avec une ficelle le bas du pantalon sur le soulier; on bouche alors avec de la terre foulée ou de l'argile toutes les ouvertures du terrier à l'exception d'une seule; dans celle-là on enfonce le plus profondément possible des tampons d'ouate imbibés de benzine en les poussant avec une baguette flexible, de manière à obstruer le passage, on verse encore de la benzine et l'on remet des tampons; enfin on bouche l'orifice extérieur avec un verre ou un bol renversé de la façon la plus hermétique possible afin que les vapeurs émanées par la benzine ne s'échappent pas dans l'air. On laisse le nid dans cet état durant deux jours, il est bon durant ce temps de faire quelques visites à l'entrée du terrier autour duquel on verra voltiger quelques insectes vagabonds qui n'étaient pas rentrés dans le nid le soir de l'opération, on les prendra au filet.

Enfin au bout de ces 48 heures, on applique son oreille à terre pour écouter le bruit particulier produit par les guêpes lorsqu'elles sont en grand nombre analogue à celui que l'on entend près d'une ruche ou d'un essaim d'abeilles. Si l'on ne perçoit rien, on commence par dégager le nid avec la pioche et la pelle en opérant avec beaucoup de précaution afin de ne pas endommager le nid. On n'a alors plus qu'à emporter le nid en veillant de ne pas briser les enveloppes cartonneuses qui recouvrent les rayons ; si par hasard il s'y trouvait encore des guêpes vivantes, il serait prudent de battre en retraite ; on revient la nuit et on jette sur le guêpier des linges imbibés de benzine afin de détruire ses derniers habitants. Au lieu de benzine, liquide communément employé dans ce but, nous avons obtenu un meilleur et plus prompt résultat avec du sulfure de carbone que nous versons en assez grande quantité dans le conduit d'entrée que nous nous empressons de boucher avec des tampons de chiffon. Quand on a bien repéré la position de la construction, on peut continuer à injecter du sulfure à l'aide d'un de ces pals spéciaux dont on se sert pour traiter les vignes atteinte du phylloxera.

Lorsque le guêpier est aérien, attaché aux branches d'un arbre, il faut agir autrement. On vient préalablement le visiter un matin à l'aurore et muni de vêtements protecteurs on le dégage autant que possible, coupant à l'aide d'un élagueur toutes les petites branches qui sont dans son voisinage ; on revient le lendemain, l'on monte sur l'arbre et après avoir disposé un sac sous le guêpier, on coupe d'un coup de serpette la branche qui le supporte, il tombe dans le sac et on coulisse vivement. Pour tuer toute la population on suspend le sac dans un endroit quelconque et on l'imbibe de benzine ou mieux de sulfure de carbone et cela jusqu'à ce que l'on n'entende plus le bruissement particulier que nous avons signalé, malgré l'absence de tout bruit, il est prudent de renouveler encore une ou deux fois l'opération [1], et le lende-

1. On trouvera non seulement des guêpes mais aussi une foule d'insectes parasites qui habitaient également le guêpier et qui sont pour l'entomologiste particulièrement intéressants à étudier.

main seulement on ouvre le sac et on vide le contenu. Les guêpiers se conservent très bien sans soins spéciaux, il est pourtant utile de verser de temps en temps à l'intérieur et à l'extérieur quelques gouttes de benzine phéniquée pour détruire les insectes destructeurs : anthrènes, dermestes, mites, qui sans cette précaution **y pulluleraient bientôt.**

TABLE DES MATIÈRES

PREMIÈRE PARTIE

ANIMAUX VERTÉBRÉS ET ARTICULÉS

CHAPITRE PREMIER

GÉNÉRALITÉS

CHAPITRE II

LES OISEAUX

Chasse, dépouillement, mise en peau

CHAPITRE III

LES OISEAUX *(suite)*

Montage, méthode classique ; montages divers

CHAPITRE IV

LES OISEAUX *(suite)*

Les plumes et leur utilisation

CHAPITRE V

LES MAMMIFÈRES

Dépouillement et montage

CHAPITRE VI

MAMMIFÈRES (suite)

Les fourrures et les peaux, leurs préparation et utilisation

CHAPITRE VII

Reptiles, batraciens, poissons, crustacés, araignées

DEUXIÈME PARTIE

LES INSECTES

CHAPITRE VIII

LES LÉPIDOPTÈRES

CHAPITRE IX

LES LÉPIDOPTÈRES (suite)

CHAPITRE X

LES LÉPIDOPTÈRES (suite)

CHAPITRE XI

LES COLÉOPTÈRES

CHAPITRE XII

AUTRES INSECTES

Tours. — Imprimerie Deslis Frères, 6, rue Gambetta, 6.

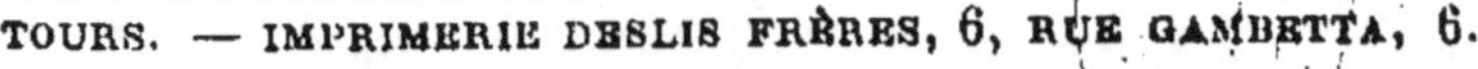